Berliner Studienreihe zur Mathematik

herausgegeben von

Prof. Dr. R. Gorenflo
und
Prof. Dr. H. Lenz
Freie Universität Berlin
Fachbereich Mathematik
Arnimallee 3
D-1000 Berlin-West 33

Diese Buchreihe in deutscher Sprache wendet sich an Studenten der Mathematik. Die Texte sind meist aus Vorlesungen entstanden und deshalb geeignet, als Grundlage oder Ergänzung zu Veranstaltungen des behandelten Themas zu dienen.

Bislang sind erschienen

Band 1 H. Herrlich: Einführung in die Topologie
Band 2 H. Herrlich: Topologie I (in Vorbereitung)
Band 3 H. Herrlich: Topologie II (in Vorbereitung)
Band 4 B. Huppert: Angewandte lineare Algebra. Vorlesungen über Eigenwerte und Normalformen von Matrizen (in Vorbereitung)

Horst Herrlich
Fachbereich Mathematik
Universität Bremen
Postfach 33 04 40
D-2800 Bremen 33

CIP-Kurztitelaufnahme der Deutschen Bibliothek

Herrlich, Horst: Einführung in die Topologie / von Horst Herrlich. Unter Mitarb. von Hubertus Bargenda u. Carsten Trompelt.
Berlin: Heldermann, 1986.
(Berliner Studienreihe zur Mathematik; Bd. 1)
ISBN 3-88538-101-X
NE: GT

ISBN 3-88538-101-X

1

Berliner Studienreihe zur Mathematik

Horst Herrlich

Einführung in die Topologie

unter Mitarbeit von H. Bargenda und C. Trompelt

Heldermann Verlag Berlin

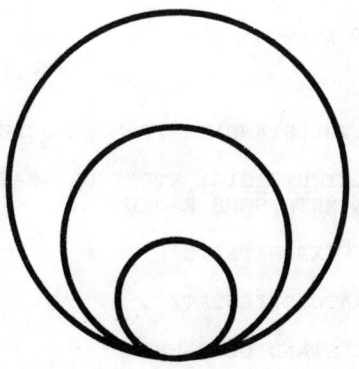

INHALTSVERZEICHNIS Seite

Seite

VORWORT

Das vorliegende Buch ist konzipiert als ein Kurs zum Selbststudium der Topologie, versehen mit zahlreichen Studierhinweisen, Beispielen und Aufgaben. Es eignet sich jedoch auch als Begleitmaterial für eine Vorlesung oder ein Seminar.

Inhalt des Kurses ist die elementare Theorie metrischer Räume, die in ihren Grundzügen vollständig dargestellt wird. Somit kann vorliegender Kurs alternativ als abgerundetes Ganzes oder als Einführung in die weniger anschauliche und technisch kompliziertere Theorie der topologischen und uniformen Räume betrachtet werden. Fortsetzungen Topologie I (Topologische Räume) und Topologie II (Uniforme Räume) sind geplant.

Für mannigfache Hilfen danke ich meinen Freunden und Kollegen H.L. Bentley, B. Hoffmann, H. Lenz, H. Müller, D. Pumplün, W. Tholen und insbesondere meinen Mitarbeitern H. Bargenda und C. Trompelt, für das kompetente Anfertigen des Manuskripts meiner Sekretärin Frau Gabriele Engel.

Horst Herrlich

ALLGEMEINE STUDIERHINWEISE

Im vorliegenden Buch erhalten Sie eine Einführung in die Theorie metrischer Räume.

Ziel des Buches ist es, Ihre Kenntnisse über grundlegende Begriffe und Ergebnisse der Analysis zu vertiefen, sie mit zentralen topologischen Fragestellungen und Methoden vertraut zu machen und Sie auf die Untersuchung komplizierter Räume in weiterführenden Büchern (u.a. Topologie, Funktionalanalysis) vorzubereiten.

ALLGEMEINE EMPFEHLUNGEN

(1) Versuchen Sie stets, neu eingeführte Begriffe nicht nur formal zu verstehen, sondern sich von ihnen eine möglichst klare (wenn immer möglich, anschaulich-geometrische) Vorstellung zu verschaffen. Sie können dieses am besten erreichen durch das Studium möglichst vieler konkreter Beispiele in dem Ihnen durch vorangegangene Vorlesungen (z.B. Analysis) oder vorangegangene Teile dieses Buches bereits vertraut gewordenen Rahmen. Scheuen Sie sich dabei nicht, möglichst viele Figuren zu malen. Der zweidimensionale Euklidische Raum $\mathbb{R}^2$ - veranschaulicht durch das Zeichenblatt - ist eine unerschöpfliche Quelle von Einsichten und Veranschaulichungsmöglichkeiten.

(2) Erliegen Sie nicht der Gefahr, nur rezeptiv zu sein. Versuchen Sie vielmehr, so kreativ wie möglich zu bleiben. Als erster Schritt hierzu sei die sorgfältige Bearbeitung aller Aufgaben empfohlen, als zweiter Schritt der Versuch, alle in diesem Kurs aufgestellten Sätze zunächst selbst zu beweisen. Für manche Aussagen ist das nicht schwer; denn die Beweisideen sollten aus der Analysis bereits bekannt sein. Für andere Aussagen wird es Ihnen vielleicht trotz erheblicher Anstrengung nicht gelingen, selbständig einen Beweis zu finden. Auch der vergebliche Versuch erweist sich jedoch in der Regel als nützlich. Sie werden den im Kurs gelieferten Beweis nämlich meist besser verstehen und sicher besser die Beweisidee behalten. Finden Sie Gefallen an dieser Methode, sollten Sie gelegentlich auch einen dritten oder gar vierten Schritt wagen: das Vermuten und Überprüfen neuer Sätze oder gar das selbständige Entwickeln neuer Begriffe.

(3) Sind Ihnen gewisse Begriffe oder Bezeichnungsweisen entfallen, so greifen Sie zum Index bzw. zur Symbolliste.

§ 1 METRISCHE RÄUME, GRUNDBEGRIFFE UND BEISPIELE

STUDIERHINWEISE ZU § 1

Der § 1 sollte für Sie im wesentlichen wiederholenden Charakter haben. Wichtig und z.T. neu sind allerdings die Beispiele 1.1.2-6. Studieren Sie diese sehr sorgfältig. Insbesondere sollten Sie sich die in 1.2 und 1.3 definierten Begriffe nicht nur anhand der Ihnen aus der Analysis bekannten metrischen Räume $\mathbb{R}$, $\mathbb{R}^2$, $\mathbb{R}^3$, etc. veranschaulichen, sondern anhand jedes der beschriebenen Beispiele.
Eine souveräne Handhabung der Begriffe und Ergebnisse von § 1 ist für das Verständnis der weiteren §§ unbedingt erforderlich. Legen Sie § 1 also nicht allzu rasch als "bekannt" zur Seite. Keiner der Beweise sollte Ihnen Schwierigkeiten bereiten, ausgenommen der von Satz 1.3.18, den Sie ruhig mehrmals durcharbeiten sollten. Der Satz 1.3.18 selbst erscheint vielleicht zunächst etwas merkwürdig. Er wird Ihnen aber später die Arbeit erheblich erleichtern, da er es gestattet, den Begriff der benachbarten Folgen auf den einfachen und besonders anschaulichen Begriff der benachbarten Mengen zurückzuführen.

1.0 EINFÜHRUNG

Beim Studium der Analysis wird Ihnen aufgefallen sein, daß Ihnen Begriffe wie "Häufungspunkt einer Menge", "abgeschlossene Menge", "Grenzwert einer Folge", usw. an zwei Stellen begegnen, nämlich (i) bei der Topologie von $\mathbb{R}$ und (ii) bei der Topologie von $\mathbb{R}^n$. Ihnen wird ferner aufgefallen sein, daß in den Fällen (i) und (ii) ganz analoge Sätze gelten und darüber hinaus die Beweise zu den Sätzen ganz analog verliefen. Das ist kein Zufall. Wie wir in diesem Kapitel sehen werden, lassen sich für jeden metrischen Raum, d.h. für jede Menge, für die in sinnvoller Weise ein Abstand zwischen je zweien ihrer Punkte erklärt ist, die eingangs erwähnten Begriffe so definieren, daß viele aus der Analysis bekannte Ergebnisse in diesem viel allgemeineren Rahmen (d.h. dem der metrischen Räume) richtig bleiben. Das hat unter anderem folgende Vorteile:

(1) Man braucht viele Ergebnisse, die analog in $\mathbb{R}$ und $\mathbb{R}^n$ gelten, nicht - wie in der Analysis geschehen - in beiden Situationen getrennt zu beweisen, sondern nur einmal in einem allgemeineren Rahmen. Das ist offenbar ökonomischer.

(2) Der Anwendungsbereich ist viel größer, als durch die Beispiele $\mathbb{R}$ und $\mathbb{R}^n$ angedeutet wird. In vielen anderen mathematischen Gebieten, u.a. in der Maßtheorie und insbesondere in der Funktionalanalysis spielt die Untersuchung metrischer Räume eines bestimmten Typs eine wesentliche Rolle.

(3) Begriffsbildungen und Beweise werden oft erheblich durchsichtiger dadurch, daß der Begriff des metrischen Raumes von topologisch unwesentlichem Ballast weitgehend befreit ist.

1.1 DEFINITION UND BEISPIELE

1.1.1 DEFINITION

Sei X eine Menge, $\mathbb{R}^+ := \{x \mid x \in \mathbb{R} \text{ und } x \geq 0\}$. Eine Abbildung $d: X \times X \to \mathbb{R}^+$ heißt eine *Metrik* auf X, wenn für alle $x,y,z \in X$ die folgenden Bedingungen erfüllt sind:

(M1) $d(x,y) = 0 \Leftrightarrow x = y$,

(M2) $d(x,y) = d(y,x)$,

(M3) $d(x,y) \leq d(x,z) + d(z,y)$.

Das Paar (X,d) heißt ein *metrischer Raum*. Für $x,y \in X$ heißt $d(x,y)$ der *Abstand* von x und y. X heißt die *Trägermenge* von (X,d). Die Bedingung (M3) nennt man auch die *Dreiecksungleichung*. Die Elemente von X heißen *Punkte*.

1.1.2 BEISPIELE

(1) Sei X (irgend-)eine Menge. Dann wird durch

$$d_D(x,y) := \begin{cases} 0 & \text{für } x = y \\ 1 & \text{für } x \neq y \end{cases}, \quad x,y \in X$$

eine Metrik auf X definiert. d_D heißt die *diskrete Metrik* auf X. Der Raum (X,d_D) heißt *diskret*.

(2) Für $x,y \in \mathbb{R}$ setze man $d(x,y) := |x-y|$. Dann ist $(\mathbb{R},d)$ ein metrischer Raum.

(3) Sei $n \in \mathbb{N}$. Für $x = (x_1,\dots,x_n) \in \mathbb{R}^n$ und $y = (y_1,\dots,y_n) \in \mathbb{R}^n$ setze man $d_E(x,y) := \sqrt{(x_1-y_1)^2 + \dots + (x_n-y_n)^2}$. Dann ist $d_E: \mathbb{R}^n \times \mathbb{R}^n \to \mathbb{R}^+$ eine Metrik auf $\mathbb{R}^n$. Für $n = 1$ stimmt die Metrik d_E offensichtlich mit der in (2) definierten Metrik d auf $\mathbb{R}$ überein. d_E heißt die *Euklidische Metrik* des $\mathbb{R}^n$. Der Abstand zwischen zwei Punkten $x,y \in \mathbb{R}^n$ ist gleich der Länge des kürzesten Weges von x nach y. Der Raum $(\mathbb{R}^n,d_E)$ heißt der n-*dimensionale Euklidische Raum* und wird im folgenden immer mit $\underline{\mathbb{R}}^n$ bezeichnet. Der Raum $\underline{\mathbb{R}}^1$ wird einfachheitshalber auch mit $\underline{\mathbb{R}}$ bezeichnet.

(4) Ist V ein normierter Vektorraum mit Norm $\|\cdot\|$, so wird durch $d(x,y) = \|x-y\|$ eine Metrik d auf V definiert. Vermöge der so definierten Metrik lassen sich normierte Räume als metrische Räume behandeln.

Daß auf dem $\mathbb{R}^n$, $n \in \mathbb{N}$, auch noch andere als die oben angegebenen Metriken existieren, können Sie sehen, wenn Sie die folgende Aufgabe gelöst haben:

1.1.3 AUFGABE

Gegeben sei $\mathbb{R}^n$, $n \in \mathbb{N}$. Zeigen Sie, daß die folgenden Abbildungen Metriken auf $\mathbb{R}^n$ sind, wenn für alle $x = (x_1,\dots,x_n)$ und $y = (y_1,\dots,y_n)$ aus $\mathbb{R}^n$ gesetzt wird:

(1) $d_M(x,y) := \max\{|x_i - y_i| \mid 1 \le i \le n\}$.

(2) $d_S(x,y) := \sum_{i=1}^{n} |x_i - y_i|$.

Offenbar gilt für $n = 1$: $d_E = d_M = d_S$.

d_M heißt die *Maximum-Metrik* des $\mathbb{R}^n$. Für $n = 2$, $x,y \in \mathbb{R}^2$ ist $\sqrt{2}d_M(x,y)$ gleich der Länge des kürzesten Streckenzuges von x nach y, dessen Strecken parallel zu einer der Diagonalen sind:

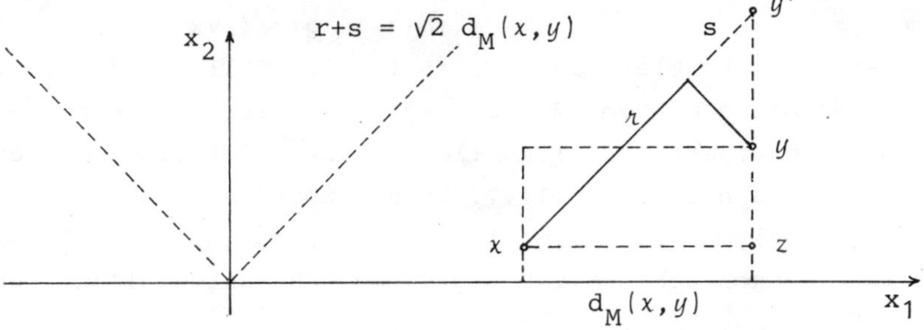

Eine elementargeometrische Begründung für $r+s = \sqrt{2}\, d_M(x,y)$ erhält man, wenn man den klassischen Satz des Pythagoras auf das Hilfsdreieck, das von x,y',z gebildet wird, anwendet.

d_S heißt die *Summen-Metrik* des $\mathbb{R}^n$. Für $n = 2$, $x,y \in \mathbb{R}^2$, ist $d_S(x,y)$ gleich der Länge des kürzesten Streckenzuges von x nach y, dessen Strecken parallel zu den Koordinatenachsen sind:

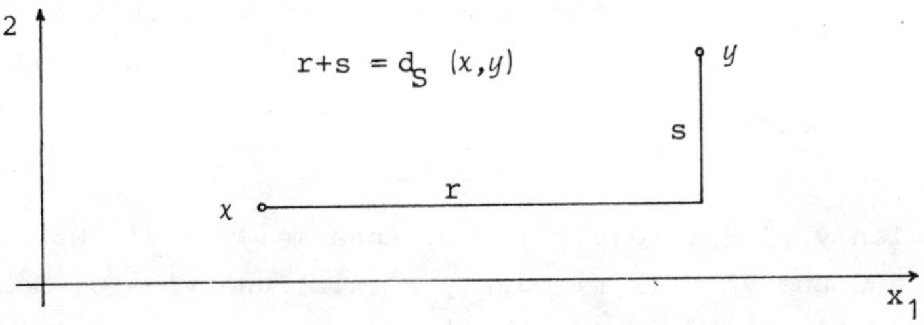

Deshalb wird d_S für $n = 2$ auch Taxi-Metrik genannt.

1.1.4 BEISPIEL

Sei X eine Menge und B(X) die Menge aller beschränkten reellwertigen Funktionen auf X.

[Im Fall $X=\emptyset$ ist $B(X)=\{i\}$, wobei $i : \emptyset \to \mathbb{R}$ die Inklusionsabbildung ist.] Für $f,g \in B(X)$ setzt man

$$d(f,g) := \begin{cases} 0, & \text{falls } X = \emptyset \\ \sup\limits_{x\in X}|f(x) - g(x)|, & \text{falls } X \neq \emptyset. \end{cases}$$

Damit ist d eine Metrik auf B(X), die sogenannte *Supremum-Metrik*.

Beweis:

Der Fall "$X=\emptyset$" ist klar. Sei $X\neq\emptyset$, und seien $f,g \in B(X)$.

(M1) "$\Rightarrow$" : $d(f,g) = 0 \Rightarrow \sup_{x\in X} |f(x) - g(x)| = 0$

$\Rightarrow f(x) = g(x) \ \forall x \in X \Rightarrow f = g.$

"$\Leftarrow$" : trivial.

(M2) gilt wegen $|f(x) - g(x)| = |g(x) - f(x)| \ \forall x \in X$.

(M3) gilt wegen $|f(x) - g(x)| \leq |f(x) - h(x)| + |h(x) - g(x)| \ \forall x \in X$.

Man kann sich leicht klar machen, daß für den Fall $X = \{1,2,...,n\}$ der Raum $(B(X),d)$ mit dem Raum $(\mathbb{R}^n,d_M)$ identifiziert werden kann. Dazu betrachte man die bijektive (!) Abbildung, die jeder beschränkten Funktion $f \in B(X)$ das n-Tupel $(f(1),...,f(n))$ zuordnet. Es gilt dann $d(f,g) = d_M((f(1),...,f(n)),(g(1),...,g(n)))$ für alle $f,g \in B(X)$, da für endliche Mengen bekanntlich Supremum- und Maximumbildung übereinstimmen.

1.1.5 BEISPIEL

Sei X eine Menge, $Y:=\{0\} \cup (X \times]0,1])$. Man setzt für $y,y' \in Y$:

$$d(y,y') := \begin{cases} 0 & \text{für } y = y' = 0 \\ r & \text{für } y = 0,\ y' = (x,r) \\ r & \text{für } y = (x,r),\ y' = 0 \\ r + r' & \text{für } y = (x,r),\ y' = (x',r') \text{ und } x \neq x' \\ |r-r'| & \text{für } y = (x,r),\ y' = (x',r') \text{ und } x = x' \end{cases}$$

Dann ist d eine Metrik auf Y.

Beweis:

(M1) "$\Rightarrow$": Seien $y,y' \in Y$, $d(y,y') = 0$. Annahme: $y \neq y'$. Es kann nicht sein, daß $y = 0$ und $y' = (x,r)$ oder $y = (x,r)$ und $y' = 0$. Sonst wäre nämlich $0 \in]0,1]$. Auch $y = (x,r)$, $y' = (x',r')$ mit $x \neq x'$ ist unmöglich. Bleibt also $y = (x,r)$, $y' = (x',r')$ mit $x = x'$. Dann ist aber $r = r'$, also auch $y = y'$. (M1) ist also erfüllt. (Die Richtung "$\Leftarrow$" ist trivial.)

(M2) folgt direkt aus der in y,y' symmetrischen Definition von d.

(M3) Seien $y,y',y'' \in Y$. Zu zeigen ist:

(*) $d(y,y'') \leq d(y,y') + d(y',y'')$.

Sind irgendwelche der drei vorgegebenen Punkte gleich, so ist (*) erfüllt; denn für $y = y''$ gilt $d(y,y'') = 0$, und damit ist (*) automatisch erfüllt, und für $y = y'$ bzw. $y' = y''$ reduziert sich (*) zu einer trivialen Ungleichung $d(y',y'') \leq 0 + d(y',y'')$ bzw. $d(y,y') \leq d(y,y') + 0$.

Seien also y, y', y'' paarweise voneinander verschieden. Ist etwa $y = 0$, $y' = (x', r')$, $y'' = (x'', r'')$, so ist

$$d(y, y'') = r'' \le \begin{cases} r' + r' + r'' & \text{für } x' \neq x'' \\ r' + |r' - r''| & \text{für } x' = x'' \end{cases}$$

Die Fälle $y' = 0$ bzw. $y'' = 0$ verlaufen analog. Sind etwa $y = (x, r)$, $y' = (x', r')$ und $y'' = (x'', r'')$ und ist $x = x' = x''$, so folgt (*) aus der wohlbekannten Dreiecksungleichung von $\mathbb{R}$. Betrachten wir nun einmal den Fall $x \neq x'$, $x' = x''$. Dann ist

$$d(y, y'') = r + r'' \le r + r' + |r' - r''|.$$

Die anderen noch nicht ausgespielten Fälle untersucht man analog.
Der Raum (Y, d) heißt X-*stacheliger Igel*. Die folgende Zeichnung macht uns den Namen klar:

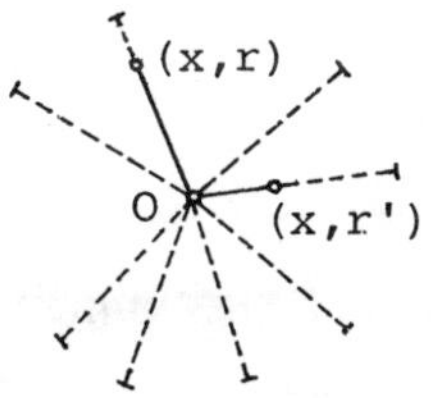

Für jedes $x \in X$ hat (Y, d) einen "Stachel" $\{(x, r) \mid r \in]0, 1]\} \cup \{0\}$ und alle Stacheln "beginnen" in dem festen Punkt 0.

1.1.6 AUFGABE

Sei $X := \mathbb{R} \times [0, 1]$. Für $(x, y), (x', y') \in X$ setze man

$$d((x, y), (x', y')) := \begin{cases} |y - y'|, & \text{falls } x = x' \\ |x - x'| + y + y', & \text{falls } x \neq x'. \end{cases}$$

Zeigen Sie, daß d eine Metrik auf X ist.
Die folgende Zeichnung veranschaulicht, daß die Konstruktion dieser Metrik eine "Stacheldrahtproduktion" ist. Man nennt (X, d) oft *Stacheldraht*:

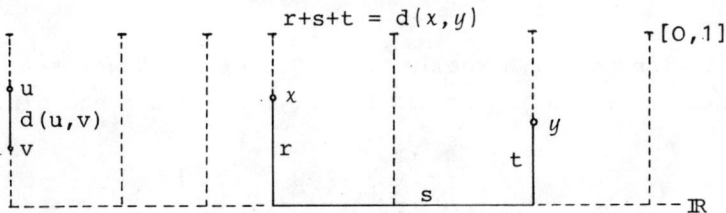

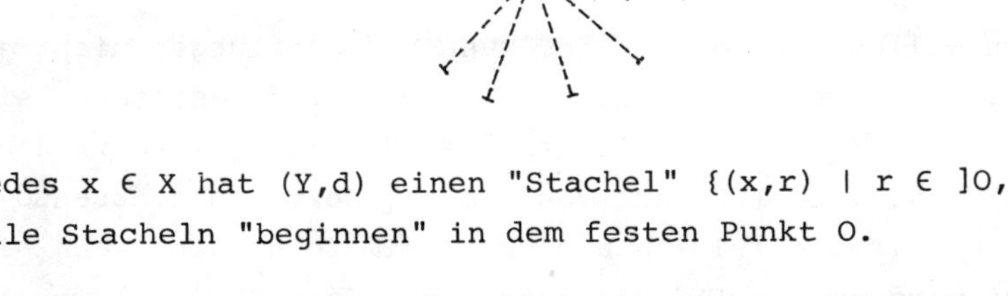

Der folgende Satz bringt uns zwei nützliche Anwendungen der Dreiecksungleichung.

1.1.7 SATZ

Sei (X,d) *ein metrischer Raum.* $x,y,z,w \in X$, $n \in \mathbb{N}$, $x_i \in X$ *für* $i \in \mathbb{N}_{n+1} = \{1,\dots,n+1\}$. *Dann gilt:*

(1) $d(x_1,x_{n+1}) \leq \sum_{i=1}^{n} d(x_i,x_{i+1})$.

(2) $|d(x,z) - d(y,z)| \leq d(x,y)$ (*zweite Dreiecksungleichung*).

(3) $|d(x,y) - d(z,w)| \leq d(x,z) + d(y,w)$ (*Vierecksungleichung*).

1.1.8 BEMERKUNG

Daß man aus einem metrischen Raum auf einfachem Weg sehr viele andere Beispiele für metrische Räume gewinnen kann, zeigt folgende Überlegung: Ist (X,d) ein metrischer Raum und $Y \subset X$, so ist $(Y,d \mid Y \times Y)$ wieder ein metrischer Raum (wobei $d| \, Y \times Y$ die Einschränkung von d auf $Y \times Y$ bezeichnet). Dies veranlaßt uns zu der folgenden

1.1.9 DEFINITION

(X,d) sei ein metrischer Raum, $Y \subset X$. Dann heißt $(Y,d \mid Y \times Y)$ *der durch* Y *bestimmte Teilraum* (oder *Unterraum*) *von* (X,d).

Im allgemeinen wollen wir von nun an, wenn Verwechslungen nicht zu befürchten sind, d.h. wenn die zugrundegelegte Metrik feststeht, einen metrischen Raum (X,d) mit $\underline{X}$ bezeichnen. Ist $Y \subset X$, so wird in diesem Fall der von Y bestimmte Teilraum von $\underline{X}$ mit $\underline{Y}$ bezeichnet. Ebenso wollen wir - wie bereits in 1.1.2 eingeführt - im folgenden, wenn nichts anderes gesagt wird, unter $\underline{\mathbb{R}^n}$ den metrischen Raum $(\mathbb{R}^n,d_E)$ verstehen. Von besonderem Interesse sind Teilräume $\underline{X}$ des $\underline{\mathbb{R}^n}$, so z.B. für n = 1 die Teilräume $\underline{\{0,1\}}$, $\underline{]0,1[}$, $\underline{I} := \underline{[0,1]}$, $\underline{\mathbb{Q}}$, $\underline{\mathbb{P}} := \underline{\mathbb{R}\setminus\mathbb{Q}}$, $\underline{\mathbb{N}}$, $\underline{\mathbb{Z}}$.

Es sei in diesem Zusammenhang ausdrücklich darauf hingewiesen, daß es auf einer Menge X i.a. sehr viele verschiedene Metriken gibt. Die Schreibweise $\underline{X}$ macht deshalb nur Sinn, wenn unmißverständlich klar ist, welche Metrik auf X betrachtet wird. Dies ist insbesondere bei den im folgenden eingeführten Standardbezeichnungen zu beachten.

1.1.10 DEFINITION

Sei $x \in X$ und r eine positive reelle Zahl. Die *offene Kugel mit Zentrum* x *und Radius* r ist definiert als $S(x,r) := \{y \mid y \in X \text{ und } d(x,y) < r\}$:

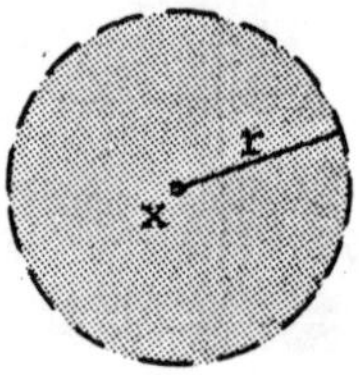

Wenn aus dem Zusammenhang nicht eindeutig hervorgeht, welche Metrik d wir auf der Menge X betrachten, so schreiben wir $S_d(x,r)$ statt $S(x,r)$.

Wie sehen die offenen Kugeln aus?
Einige Skizzen sollen Ihnen hier behilflich sein.
Sie werden sehen, daß - je nach Wahl der Metrik - auch Kugeln vorkommen, die keine Kugeln im herkömmlichen, anschaulichen Sinn sind.

1.1.11 BEISPIELE

(i) In $(\mathbb{R}^2, d_E)$ hat $S((0,0),1)$ folgende Gestalt:

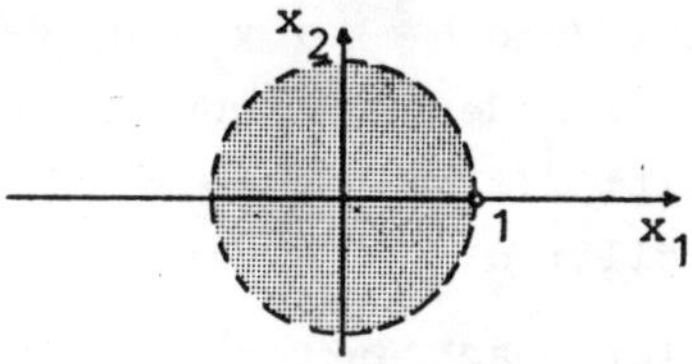

(ii) In $(\mathbb{R}^2, d_M)$ hat $S((0,0),1)$ folgende Gestalt:

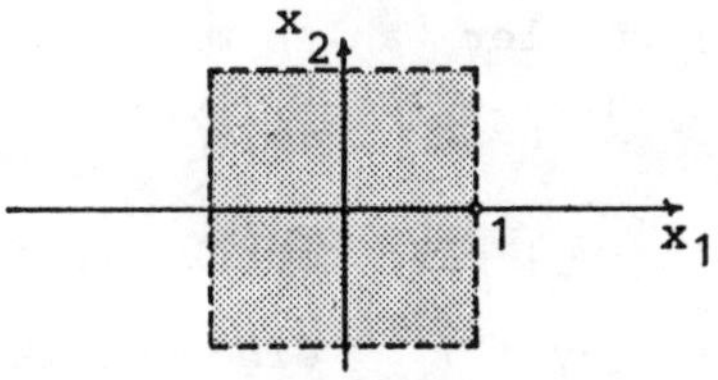

(iii) In $(\mathbb{R}^2, d_S)$ hat $S((0,0),1)$ folgende Gestalt:

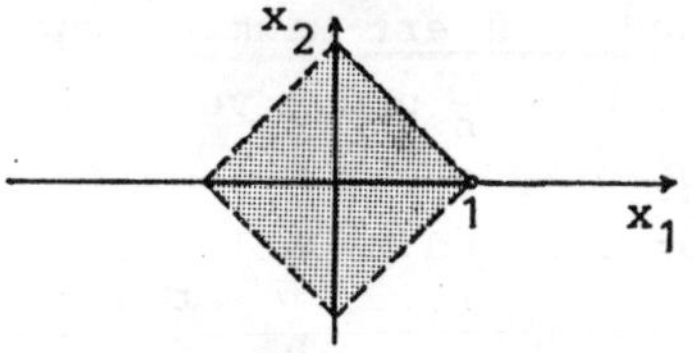

(iv) Ist $(B(X),d)$ der Raum der beschränkten reellwertigen Funktionen mit der Supremum-Metrik (vgl. 1.1.4), so besteht für beliebiges $f \in B(X)$ die Menge $\{g \mid g \in B(X),\ d(f,g) < 1\}$ aus allen (automatisch beschränkten) Funktionen $g: X \to \mathbb{R}$, die sich ganz in dem "Schlauch" um f mit Radius $1 - \varepsilon$ mit einem (von g abhängigen) ε, $0 < \varepsilon < 1$, befinden:

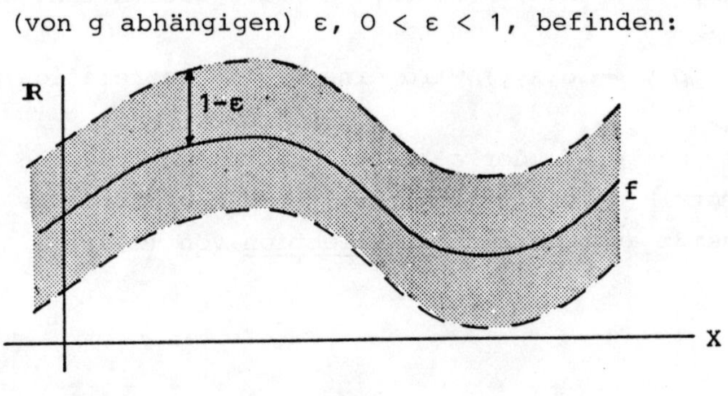

(v) Ist (Y,d) ein X-stachliger Igel (vgl. 1.1.5), so hat $S(0,\frac{1}{2})$ folgende Gestalt:

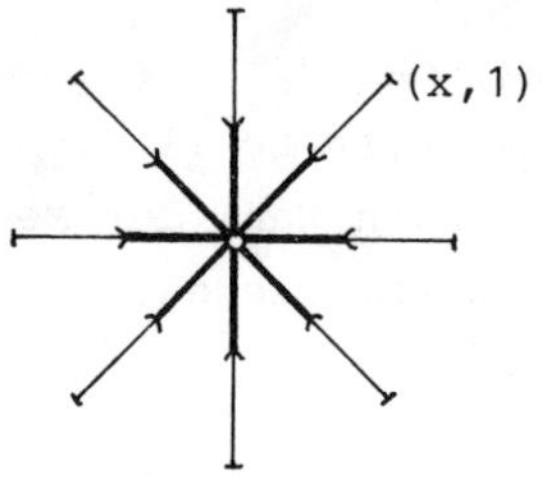

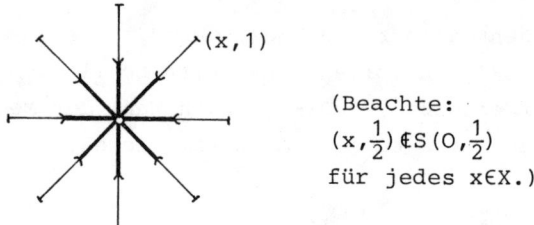

(Beachte: $(x,\frac{1}{2}) \notin S(0,\frac{1}{2})$ für jedes $x \in X$.)

1.1.12 AUFGABEN

(1) Zeigen Sie: Eine Abbildung $d: X \times X \to \mathbb{R}$ ist genau dann eine Metrik auf X, wenn die beiden folgenden Bedingungen erfüllt sind:

(a) für alle $x,y \in X$ gilt: $d(x,y) = 0 \iff x = y$

(b) für alle $x,y,z \in X$ gilt: $d(x,y) \leq d(x,z) + d(y,z)$.

(2) l_∞ sei die Menge aller beschränkten Folgen reeller Zahlen, l_1 sei die Menge aller Folgen (x_n) reeller Zahlen mit $\Sigma|x_n| < \infty$, l_2 sei die Menge aller Folgen (x_n) reeller Zahlen mit $\Sigma x_n^2 < \infty$. Zeigen Sie, daß durch

(a) $d_\infty((x_n),(y_n)) = \operatorname{Sup}\{|x_n - y_n| \mid n \in \mathbb{N}\}$ eine Metrik auf l_∞ definiert wird

(b) $d_1((x_n),(y_n)) = \Sigma|x_n - y_n|$ eine Metrik auf l_1 definiert wird

(c) $d_2((x_n),(y_n)) = (\Sigma(x_n - y_n)^2)^{1/2}$ eine Metrik auf l_2 definiert wird.

Die zugehörigen metrischen Räume werden mit l_∞, l_1 bzw. l_2 bezeichnet. Insbesondere heißt l_2 auch <u>Hilbert</u>-Raum. Ferner gilt $l_\infty = B(\mathbb{N})$.

(3) Sei p eine Primzahl. Sind $\frac{m}{n}$ und $\frac{r}{s}$ verschiedene rationale Zahlen, dann existiert eine eindeutig bestimmte ganze Zahl k, so daß $\frac{m}{n} - \frac{r}{s} = p^k \cdot \frac{a}{b}$, wobei a und p bzw. b und p teilerfremd sind.

Definieren Sie $d_p(\frac{m}{n},\frac{r}{s}) = \begin{cases} 0 & \text{falls } \frac{m}{n} = \frac{r}{s} \\ p^{-k} & \text{sonst} \end{cases}$ und zeigen Sie, daß d_p eine Metrik auf $\mathbb{Q}$ ist (d_p heißt <u>p-adische Metrik</u> auf $\mathbb{Q}$).

(4) Sei d eine <u>Pseudometrik</u> auf X, d.h. eine Abbildung $d: X \times X \to \mathbb{R}^+$, die (M2),(M3) und (M1*): "$d(x,x) = 0$ für jedes $x \in X$" erfüllt zeigen. Zeigen Sie:

(a) durch $x \rho y \iff d(x,y)$ wird eine Äquivalenzrelation ρ auf X definiert.

(b) auf der Menge $X/_\rho$ der ρ-Äquivalenzklassen $[x]_\rho$ von X gibt es genau eine Metrik d' mit $d'([x]_\rho,[y]_\rho) = d(x,y)$ für alle $x \in X$ und $y \in X$. $((X/_\rho,d')$ heißt auch <u>metrische Reflektion</u> von (X,d)).

1.2 PUNKTE UND MENGEN IN METRISCHEN RÄUMEN

Im folgenden sei (X,d) = X *ein metrischer Raum;* A,B,... *seien Teilmengen von* X; x,y,... *seien Elemente von* X.

1.2.1 DEFINITION

Für $A,B \subset X$ führt man den *Abstand von* A *und* B durch

$$\operatorname{dist}(A,B) := \begin{cases} \infty, & \text{falls } A = \emptyset \text{ oder } B = \emptyset \\ \inf \{d(a,b) \mid a \in A, b \in B\}, & \text{falls } A \neq \emptyset \neq B. \end{cases}$$

Offensichtlich gilt $\operatorname{dist}(\{x\},\{y\}) = d(x,y)$.

Der *Abstand zwischen einem Punkt* x *und einer Menge* $A \subset X$ wird eingeführt durch

$$\operatorname{dist}(x,A) := \operatorname{dist}(\{x\},A).$$

Die Abkürzung dist kommt vom englischen Wort distance (= Abstand, Entfernung).

Bei der Definition des Abstandbegriffes von Mengen in einem metrischen Raum wird die gegebene Metrik verwendet; der Abstand dist(A,B) von A und B hängt also von der Metrik d des metrischen Raumes (X,d) ab. Wenn aus dem Zusammenhang nicht eindeutig klar ist, welche Metrik auf X gerade betrachtet wird, so müßte man etwa $\operatorname{dist}_d(A,B)$ schreiben, um Mißverständnissen vorzubeugen.

1.2.2 SATZ

Es seien A,A', $B \subset X$. *Dann gilt:*

(1) $\operatorname{dist}(A,B) = \infty \iff (A = \emptyset$ *oder* $B = \emptyset)$.

(2) $\operatorname{dist}(A,B) = \operatorname{dist}(B,A)$.

(3) $A \subset A' \Rightarrow \operatorname{dist}(A',B) \leq \operatorname{dist}(A,B)$.

(4) $A \cap B \neq \emptyset \Rightarrow \operatorname{dist}(A,B) = 0$.

Beweis:

(1) folgt direkt aus der Definition 1.2.1.

(2) Ist $A = \emptyset$ oder $B = \emptyset$ so ist $\operatorname{dist}(A,B) = \infty = \operatorname{dist}(B,A)$. Für $A \neq \emptyset \neq B$ folgt (2) aus 1.1.1 (M2).

(3) Ist $A = \emptyset$, so ist auf alle Fälle $\operatorname{dist}(A',B) \leq \infty$. Für $B = \emptyset$ ist $\operatorname{dist}(A',B) = \infty = \operatorname{dist}(A,B)$.

Für $A \neq \emptyset$ und $B \neq \emptyset$ ist

$$\begin{aligned} \operatorname{dist}(A',B) &= \inf \{d(a',b) \mid a' \in A', b \in B\} \\ &\leq \inf \ d(a,b) \mid a \in A, b \in B\} \\ &= \operatorname{dist}(A,B). \end{aligned}$$

(4) Ist $a \in A \cap B$, so ist $\operatorname{dist}(A,B) \leq d(a,a) = 0$; also ist $\operatorname{dist}(A,B) = 0$.

1.2.3 DEFINITION
$A, B \subset X$ heißen genau dann *benachbart*, wenn $\text{dist}(A,B) = 0$ ist. Ein Punkt x heißt *Berührpunkt von A*, wenn $\text{dist}(x,A) = 0$ gilt.

1.2.4 SATZ
Seien $A \subset X$ und $x \in X$. Dann gilt:
x ist genau dann Beührpunkt von A wenn jede offene Kugel mit Zentrum x die Menge A trifft (d.h. mit A einen nicht-leeren Durchschnitt hat).

Beweis:
"$\Rightarrow$" Sei $S(x,r)$ eine offene Kugel mit Zentrum x und x Berührpunkt von A, d.h. $0 = \text{dist}(x,A)$. Dann gibt es zu $r > 0$ einen Punkt $y \in A$ mit $d(x,y) < r$, also $y \in S(x,r) \cap A$.
"$\Leftarrow$" Sei $r > 0$ vorgegeben. Dann gibt es voraussetzungsgemäß einen Punkt $y \in A$ mit $y \in S(x,r) \cap A$. Daraus folgt unmittelbar $d(x,y) < r$. Da $r > 0$ beliebig gewählt war, schließt man $\text{dist}(x,A) = 0$.

1.2.5 SATZ
Gibt es einen Punkt, der sowohl Berührpunkt von A als auch Berührpunkt von B ist, so sind A und B benachbart.

Beweis:
Sei x ein gemeinsamer Berührpunkt von A und B. Dann gibt es zu jeder positiven reellen Zahl r Elemente $a \in A$, $b \in B$ mit $d(x,a) \leq \frac{r}{2}$ und $d(x,b) \leq \frac{r}{2}$. Hieraus folgt
$$\begin{aligned}\text{dist}(A,B) &\leq d(a,b) \\ &\leq d(a,x) + d(x,b) = d(x,a) + d(x,b) \\ &\leq \frac{r}{2} + \frac{r}{2} = r.\end{aligned}$$
Da r beliebig war, muß $\text{dist}(A,B) = 0$ sein.

Daß die Umkehrung der Aussage dieses Satzes i.a. nicht richtig ist, zeigt das folgende

1.2.6 BEISPIEL
Benachbarte Mengen brauchen keinen gemeinsamen Berührpunkt zu haben. So sind im 2-dimensionalen Euklidischen Raum $\underline{\mathbb{R}}^2$ die Mengen $A = \{(x,0) \mid x \in \mathbb{R}\}$ und $B = \{(x,\frac{1}{x}) \mid x \in \mathbb{R} \setminus \{0\}\}$ benachbart, haben aber keinen gemeinsamen Berührpunkt.

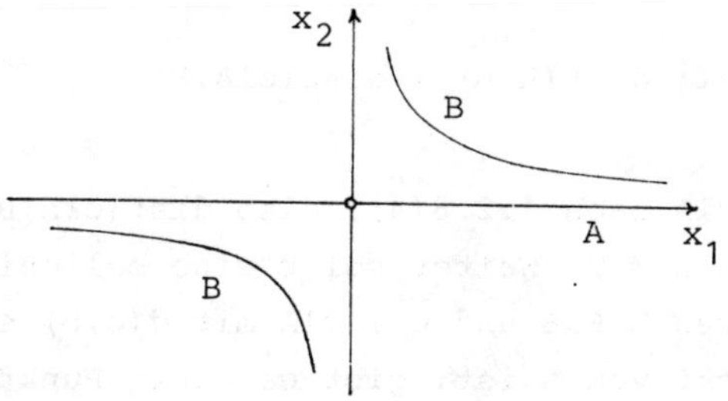

1.2.7 SATZ *(Eigenschaften der Nachbarschaftsrelation)*
Seien A,B,C ⊂ X. *Dann gilt:*
(1) A *und* B *benachbart* ⇒ A ≠ ∅ ≠ B.
(2) A *und* B *benachbart* ⇒ B *und* A *benachbart.*
(3) A *und* B *benachbart und* B ⊂ C ⇒
A *und* C *benachbart.*
(4) A *und* B ∪ C *benachbart* ⇒ (A *und* B *benachbart)*
oder (A *und* C *benachbart).*
(5) A ∩ B ≠ ∅ ⇒ A *und* B *benachbart.*

Beweis:
(1) folgt unmittelbar aus 1.2.2(1).
(2) folgt aus 1.2.2(2).
(3) folgt aus 1.2.2(3).
(4) folgt aus der Gleichung
dist(A,B ∪ C) = min {dist(A,B), dist(A,C)}, die Sie selbst beweisen sollen.
(5) folgt aus 1.2.2(4).

1.2.8 FOLGERUNG *(Eigenschaften der Berührpunkt-Relation)*
Seien A,B ⊂ X, x ∈ X. *Dann gilt:*
(1) x *Berührpunkt von* A ⇒ A ≠ ∅.
(2) x *Berührpunkt von* A, A ⊂ B ⇒ x *Berührpunkt von* B.
(3) x *Berührpunkt von* A ∪ B ⇒ x *Berührpunkt von* A
oder x *Berührpunkt von* B.
(4) x ∈ A ⇒ x *Berührpunkt von* A.

1.2.9 DEFINITION
Für A ⊂ X definiert man
$$\mathrm{cl}(A) := \{x \mid x \in X \text{ und } x \text{ ist Berührpunkt von } A\}.$$
Meist schreibt man nur clA. clA heißt die *abgeschlossene Hülle von* A.
cl ist die Abkürzung des englischen Wortes closure (= Abschluß).
Mit Definition 1.2.3 gilt offensichtlich:
$$\mathrm{cl}A = \{x \mid x \in X \text{ und } \mathrm{dist}(x,A) = 0\}.$$

1.2.1o SATZ

Für A,B ⊂ X *ist stets* dist(A,B) = dist(clA,B).

Beweis:

Offenbar gilt A ⊂ clA nach 1.2.8(4), also dist(clA,B) ≤ dist(A,B) (1.2.2(3)). Seien A,B ≠ ∅. Weiter sei r eine beliebige positive reelle Zahl. Dann existieren b ∈ B und c ∈ clA mit d(c,b) ≤ dist(clA,B) + $\frac{r}{2}$ und, da c Berührpunkt von A ist, gibt es einen Punkt a ∈ A mit d(a,c) ≤ $\frac{r}{2}$. Insgesamt folgt mit Hilfe der Dreiecksungleichung: dist(A,B) ≤ d(a,b) ≤ d(a,c) + d(c,b) ≤ dist(clA,B) + r. Dann ist aber, da r > beliebig war, auch dist(A,B) ≤ dist(clA,B).

Ist B = ∅, so gilt mit 1.2.2(1) sicherlich dist(A,B) = ∞ = dist(clA,B).

Ist A = ∅, so hat A wegen 1.2.8(1) keinen Berührpunkt, d.h. clA = ∅, und wir schließen wieder mit 1.2.2(1) die Gleichung dist(A,B) = ∞ = dist(clA,B).

1.2.11 SATZ (*Eigenschaften der abgeschlossenen Hülle*)

Seien A,B ⊂ X. *Dann gilt:*

(1) cl∅ = ∅

(2) A ⊂ clA.

(3) A ⊂ B ⇒ clA ⊂ clB.

(4) cl(A ∪ B) = clA ∪ clB.

(5) cl(clA) = clA.

Beweis:

(1): 1.2.8(1); (2): 1.2.8(4); (3): 1.2.8(2).

(4) Wegen A,B ⊂ A ∪ B gilt nach (3) clA, clB ⊂ cl(A ∪ B), also auch clA ∪ clB ⊂ cl(A ∪ B). Aus 1.2.8(3) folgt cl(A ∪ B) ⊂ clA ∪ clB.

(5) Aus (2) folgt clA ⊂ cl(clA). Gilt x ∈ cl(clA), so gilt nach 1.2.3 dist(x,clA) = 0 und wegen 1.2.1o dist(x,A) = 0, also x ∈ clA. Somit gilt auch cl(clA) ⊂ clA.

1.2.12 DEFINITION

Eine Menge A ⊂ X heißt *abgeschlossen*, wenn A = clA gilt, d.h. wenn A alle Berührpunkte von A enthält oder, äquivalent dazu, A = {x|x ∈ X und dist(x,A) = 0} gilt.

Der folgende Satz rechtfertigt den Namen "abgeschlossene Hülle von A" für clA.

1.2.13 SATZ

clA *ist die kleinste* A *umfassende abgeschlossene Teilmenge von* X.

Beweis:
Wegen 1.2.11(2) umfaßt clA die Menge A und ist nach 1.2.11(5) abgeschlossen. Ist $A \subset B \subset X$ und B abgeschlossen, so ist andererseits wegen 1.2.11(3) $clA \subset clB = B$. Jede A umfassende abgeschlossene Teilmenge B von X umfaßt also auch clA. Folglich ist clA die kleinste Teilmenge von X mit der Eigenschaft, abgeschlossen zu sein und A zu umfassen.

1.2.14 SATZ (*Eigenschaften abgeschlossener Mengen*)
(1) *$\emptyset$ und X sind abgeschlossen.*
(2) *Sind A und B abgeschlossen, so ist $A \cup B$ abgeschlossen.*
(3) *Ist $\mathcal{A}$ eine Menge abgeschlossener Teilmengen von X, so ist*
$\cap\mathcal{A} := \{x \in X \mid \forall A \in \mathcal{A}\ x \in A\}$ *abgeschlossen.*

Beweis:
(1) und (2) folgen unmittelbar aus 1.2.11(1) bzw. 1.2.11(2) für A = X und aus 1.2.11(4).
(3) Für jedes $A \in \mathcal{A}$ gilt $\cap\mathcal{A} \subset A$, woraus gemäß 1.2.11(3) $cl(\cap\mathcal{A}) \subset clA = A$ folgt. Also ist $cl(\cap\mathcal{A}) \subset \bigcap_{A\in\mathcal{A}} clA = \cap\mathcal{A}$; die umgekehrte Inklusion ist wegen 1.2.12(2) trivial. Es folgt $cl(\cap\mathcal{A}) = \cap\mathcal{A}$.

1.2.15 DEFINITION
Ein Punkt $x \in X$ heißt *innerer Punkt* von $B \subset X$, wenn es eine positive reelle Zahl r mit $S(x,r) \subset B$ gibt.

1.2.16 SATZ
x ist genau dann innerer Punkt von B, wenn x nicht Berührpunkt von $X \setminus B$ ist.

Beweis:
x ist genau dann innerer Punkt von B, wenn ein $r > 0$ mit $S(x,r) \subset B$, oder äquivalent $S(x,r) \cap (X\setminus B) = \emptyset$, existiert. Nach 1.2.4 bedeutet dies genau, daß x nicht Berührpunkt von $X\setminus B$ ist.

1.2.17 DEFINITION
Für $B \subset X$ definiert man

$$int(B) = \{x \mid x \in X \text{ und } x \text{ ist innerer Punkt von } B\}.$$

Meist schreibt man nur intB. intB heißt der *offene Kern* von B oder das *Innere* von B. int ist die Abkürzung des englischen Wortes interior (= Inneres).

1.2.18 SATZ

Für $B \subset X$ *ist* $\mathrm{int}B = X \setminus \mathrm{cl}(X \setminus B)$.

Beweis:

folgt unmittelbar aus 1.2.9 und 1.2.16.

1.2.19 SATZ (*Eigenschaften des offenen Kerns*)

Seien $A, B \subset X$. *Dann gilt:*

(1) $\mathrm{int}X = X$.

(2) $\mathrm{int}A \subset A$.

(3) $B \subset A \Rightarrow \mathrm{int}B \subset \mathrm{int}A$.

(4) $\mathrm{int}(A \cap B) = \mathrm{int}A \cap \mathrm{int}B$.

(5) $\mathrm{int}(\mathrm{int}A) = \mathrm{int}A$.

Beweis:

Man kann die Aussagen entweder mit Hilfe der Definitionen 1.2.17 und 1.2.15 direkt beweisen oder wegen 1.2.18 auf die in 1.2.11 bereits bewiesenen "dualen" Aussagen für cl zurückführen. Für den Fall von (4) führen wir dies unter Verwendung von 1.2.11(4) exemplarisch vor:

$$\begin{aligned}\mathrm{int}(A \cap B) &= X \setminus \mathrm{cl}(X \setminus (A \cap B)) \\ &= X \setminus \mathrm{cl}((X \setminus A) \cup (X \setminus B)) \\ &= X \setminus (\mathrm{cl}(X \setminus A) \cup \mathrm{cl}(X \setminus B)) \\ &= (X \setminus \mathrm{cl}(X \setminus A)) \cap (X \setminus \mathrm{cl}(X \setminus B)) \\ &= \mathrm{int}A \cap \mathrm{int}B.\end{aligned}$$

1.2.2o DEFINITION

Eine Menge $B \subset X$ heißt *offen*, wenn $B = \mathrm{int}B$ gilt, d.h. wenn jeder Punkt von B innerer Punkt von B ist, d.h. wenn zu jedem $x \in B$ ein $r > 0$ mit $S(x,r) \subset B$ existiert.

Der folgende Satz rechtfertigt den Namen "offene Kugel" für die in Definition 1.1.1o eingeführte Teilmenge $S(x,r)$:

1.2.21 SATZ

Für $x \in X$ *und* $r > 0$ *ist* $S(x,r)$ *offen*.

Beweis:

Sei $y \in S(x,r)$ ein beliebiger Punkt. Dann ist $d(x,y) < r$, also $\delta := r - d(x,y) > 0$. Für alle $z \in X$ mit $z \in S(y,\delta)$, d.h. $d(y,z) < r - d(x,y)$ oder äquivalent dazu $d(x,y) + d(y,z) < r$, folgt mittels der Dreiecksungleichung $d(x,z) \le d(x,y) + d(y,z) < r$ und somit $z \in S(x,r)$. Wir haben $S(y,\delta) \subset S(x,r)$ und damit die Offenheit von $S(x,r)$ nachgewiesen.

1.2.22 SATZ

Eine Menge $B \subset X$ *ist genau dann offen, wenn ihr Komplement* $X \setminus B$ *abgeschlossen ist.*

Beweis:

$$\begin{aligned} B \text{ offen} &\iff B = \mathrm{int}B && (1.2.20) \\ &\iff X\setminus B = X\setminus \mathrm{int}B \\ &\iff X\setminus B = X\setminus(X\setminus \mathrm{cl}(X\setminus B)) && (1.2.18) \\ &\iff X\setminus B = \mathrm{cl}(X\setminus B) \\ &\iff X\setminus B \text{ abgeschlossen} && (1.2.12). \end{aligned}$$

1.2.23 SATZ *(Eigenschaften offener Mengen)*

(1) $\emptyset$ *und* X *sind offen.*

(2) *Sind* A *und* B *offen, so ist* $A \cap B$ *offen.*

(3) *Ist* $\mathcal{B}$ *eine Menge offener Mengen, so ist* $\bigcup \mathcal{B} := \{x \in X \mid \exists B \in \mathcal{B}\ x \in B\}$ *offen.*

Beweis:

Wegen 1.2.22 folgt alles unmittelbar aus 1.2.14 durch Komplementbildung, denn es gelten nach de Morgan die Gesetze $X\setminus(A \cap B) = (X\setminus A) \cup (X\setminus B)$ und $X\setminus \bigcup\mathcal{B} = \bigcap\{X\setminus B \mid B \in \mathcal{B}\}$.

Natürlich kann man die Aussagen des Satzes auch direkt unter Verwendung der Definition 1.2.21 beweisen:

(1) gilt trivialerweise.

(2) Sei $x \in A \cap B$. Wegen der Offenheit von A und B gibt es dann $r > 0$ und $s > 0$ mit $S(x,r) \subset A$ und $S(x,s) \subset B$. Offensichtlich gilt dann für $t = \min\{r,s\} > 0$ die gewünschte Inklusion $S(x,t) \subset A \cap B$.

(3) Sei $x \in \bigcup \mathcal{B}$. Dann gibt es ein $B \in \mathcal{B}$ mit $x \in B$ und aufgrund der Offenheit von B ein $r > 0$ mit $S(x,r) \subset B$. Dann gilt natürlich erst recht $S(x.r) \subset \bigcup \mathcal{B}$, d.h. $\bigcup \mathcal{B}$ ist offen.

Die Bezeichnung "offener Kern" aus 1.2.17 rechtfertigt der folgende

1.2.24 SATZ

Für $B \subset X$ *ist* $\mathrm{int}B$ *die größte offene Teilmenge von* B.

Beweis:

Nach 1.2.19(5) ist $\mathrm{int}B = \mathrm{int}(\mathrm{int}B)$ offen. Sei A eine offene Menge mit $A \subset B$. Dann ist nach 1.2.22 $X\setminus A$ abgeschlossen. Wegen $X\setminus B \subset X\setminus A$ folgt mit 1.2.13 $\mathrm{cl}(X\setminus B) \subset X\setminus A$, also mit 1.2.18

$$A \subset X\setminus \mathrm{cl}(X\setminus B) = \mathrm{int}B.$$

Jede offene Teilmenge A von B ist also in der offenen Teilmenge $\mathrm{int}B$ enthalten. Folglich ist $\mathrm{int}B$ die größte offene Teilmenge von B.

1.2.25 DEFINITION

Seien $x \in X$, $A \subset X$, $U \subset X$.

(1) U heißt *Umgebung von* x, wenn x innerer Punkt von U ist, d.h. wenn es ein $r > 0$ mit $S(x,r) \subset U$ gibt.

(2) U heißt *Umgebung von* A, wenn U Umgebung jedes Punktes von A ist, d.h. wenn es für jedes $a \in A$ ein $r = r(a) > 0$ mit $S(a,r) \subset U$ gibt.

(3) U heißt *gleichmäßige Umgebung von* A, wenn es ein $r > 0$ gibt, so daß für alle $a \in A$ gilt: $S(a,r) \subset U$.

1.2.26 SATZ

Seien $x \in X$ *und* $A,U \subset X$.

(1) U *Umgebung von* $A \Rightarrow A \subset U$.

(2) U *gleichmäßige Umgebung von* A $\Rightarrow$ U *Umgebung von* A.

(3) *Äquivalent sind:*

(a) U *Umgebung von* x.

(b) U *Umgebung von* $\{x\}$

(c) U *gleichmäßige Umgebung von* $\{x\}$.

Beweis:

Alle Aussagen sind unmittelbare Konsequenzen aus der vorangegangenen Definition 1.2.25.

Die folgende Aufgabe belegt, daß die Umkehrung der Aussage 1.2.26(2) im allgemeinen nicht gilt.

1.2.27 AUFGABE

In $\mathbb{R}$ sei $U := \cup\{]n - \frac{1}{n}, n + \frac{1}{n}[\mid n \in \mathbb{N}\}$,

$A := \mathbb{N}$. Zeigen Sie:

(1) U ist Umgebung von A.

(2) U ist keine gleichmäßige Umgebung von A.

1.2.28 SATZ

Seien $x \in X$ *und* $A,U \subset X$.

(1) U *ist Umgebung von* x *genau dann, wenn* x *kein Berührpunkt von* $X\setminus U$ *ist.*

(2) U *ist gleichmäßige Umgebung von* A *genau dann, wenn* A *und* $X\setminus U$ *nicht benachbart sind.*

Beweis:

(1) Ist U Umgebung von x, so gibt es ein $r > 0$ mit $S(x,r) \subset U$. Folglich gilt

$\operatorname{dist}(x,X\setminus U) \geq \operatorname{dist}(x,X\setminus S(x,r)) \geq r > 0$, und x ist also nicht Berühr-

punkt von $X \setminus U$. Ist andererseits $\operatorname{dist}(x, X \setminus U) =: r > 0$, so folgt $S(x,r) \subset U$, und x ist innerer Punkt von U, U also Umgebung von x.
(2) Ist U gleichmäßige Umgebung von A, so gibt es ein $r > 0$ mit $\bigcup_{a \in A} S(a,r) \subset U$, und damit ist für alle $a \in A$ und alle $y \in X \setminus U$ der Abstand $d(a,y) \geq r$; denn wäre $d(a,y) < r$, so ergäbe sich der Widerspruch $y \in S(a,r) \subset U$. Folglich gilt dann $\operatorname{dist}(A, X \setminus U) \geq r$, und somit sind die Mengen $X \setminus U$ und A nicht benachbart.
Gilt umgekehrt $\operatorname{dist}(A, X \setminus U) =: r > 0$, so schließen wir unmittelbar die Inklusion $S(a,r) \subset U$ für alle $a \in A$; dann gäbe es eine Kugel $S(a,r)$ mit $S(a,r) \not\subset U$, d.h. $S(a,r) \cap (X \setminus U) \neq \emptyset$, so existierte ein $y \in X \setminus U$ mit $d(a,y) < r$ im Widerspruch zu $\operatorname{dist}(A, X \setminus U) = r$. U ist damit als gleichmäßige Umgebung von A nachgewiesen.

<u>1.2.29 SATZ</u> (*Eigenschaften von Umgebungen*)
Seien $A, B, U, V \subset X$. *Dann gilt:*
(1) U (*gleichmäßige*) *Umgebung von* A, $B \subset A$, $U \subset V$
$\Rightarrow V$ (*gleichmäßige*) *Umgebung von* B.
(2) U, V (*gleichmäßige*) *Umgebung von* A
$\Rightarrow U \cap V$ (*gleichmäßige*) *Umgebung von* A.
(3) U *gleichmäßige Umgebung von* A
$\Rightarrow U$ *gleichmäßige Umgebung von* $\operatorname{cl} A$.

Beweis:
(1) Ist U Umgebung von A, so gibt es für jedes $b \in B \subset A$ ein $r = r(b)$ mit $S(b,r) \subset U \subset V$, d.h. V ist Umgebung von B.
Ist U gleichmäßige Umgebung von A, so gibt es ein $r > 0$ mit $S(a,r) \subset U$ für alle $a \in A$, also erst recht $S(b,r) \subset U \subset V$ für alle $b \in B$; d.h. V ist gleichmäßige Umgebung von B.
(2) Sind U, V Umgebungen von A, so gibt es zu einem $a \in A$ reelle Zahlen $r = r(a) > 0$, $s = s(a) > 0$ mit $S(a,r) \subset U$, $S(a,s) \subset V$ und folglich gilt für $t := \min\{r,s\}$ $S(a,t) \subset U \cap V$ und wir haben $U \cap V$ als Umgebung von A nachgewiesen.
Sind U, V gleichmäßige Umgebungen von A, so sind nach 1.2.28(2), sowohl $X \setminus U$ und A als auch $X \setminus V$ und A nicht benachbart. Wäre $U \cap V$ keine gleichmäßige Umgebung von A, so wären nach 1.2.28(2) $X \setminus (U \cap V) = (X \setminus U) \cup (X \setminus V)$ und A benachbart und gemäß 1.2.7(4) wäre demnach $X \setminus U$ und A oder $X \setminus V$ und A benachbart. Widerspruch.
(3) Ist U gleichmäßige Umgebung von A, so gilt gemäß 1.2.28(2) $\operatorname{dist}(A, X \setminus U) > 0$ und mit 1.2.1o folgt $\operatorname{dist}(A, X \setminus U) = \operatorname{dist}(\operatorname{cl} A, X \setminus U) > 0$, d.h. wiederum nach 1.2.28(2) ist U gleichmäßige Umgebung von $\operatorname{cl} A$.

1.2.3o BEMERKUNG

Ist U gleichmäßige Umgeb ung von A, so ist U gleichmäßige Umgebung von clA. Das gilt für Umgebungen nicht, d.h. in 1.2.29(3) kann das Wort "gleichmäßige" nicht unterdrückt werden. So ist im eindimensionalen Euklidischen Raum $\underline{\mathbb{R}}$ die Menge U =]0,1[Umgebung von sich selbst, aber es gilt clU = [0,1] $\not\subset$ U.

1.2.31 BEISPIELE

(1) Sei (X,d_D) diskret. Dann gilt:

(i)
$$\text{dist}(A,B) = \begin{cases} 0, \text{ falls } A \cap B \neq \emptyset \\ 1, \text{ falls } A \cap B = \emptyset \text{ und } A \neq \emptyset \neq B \\ \infty, \text{ falls } A = \emptyset \text{ oder } B = \emptyset. \end{cases}$$

(ii) A und B benachbart $\iff A \cap B \neq \emptyset$.

(iii) x Berührpunkt von A $\iff x \in A \iff$ A ist Umgebung von x.

(iv) clA = intA = A für jede Teilmenge A von X.

(v) Jede Teilmenge von X ist sowohl offen als auch abgeschlossen.

(vi)
$$S(x,r) = \begin{cases} \{x\}, & \text{falls } r \leq 1 \text{ und } r > 0 \\ X, & \text{falls } r > 1 \end{cases}$$

(vii) U ist gleichmäßige Umgebung von A $\iff$
U ist Umgebung von A $\iff A \subset U$.

(viii) Enthält X mindestens zwei Punkte, so gilt insbesondere:
$\{x\} = \text{cl}(S(x,1)) \neq \{y \mid y \in X \text{ und } d_D(x,y) \leq 1\} = X$.

(2) Für den n-dimensionalen Euklidischen Raum $\underline{\mathbb{R}}^n = (\mathbb{R}^n, d_E)$ decken sich die Begriffe, die wir hier eingeführt haben, mit den Ihnen aus der Analysis bekannten.

(3) Für Teilmengen A,B des $\underline{\mathbb{R}}^n$ sind die folgenden Aussagen äquivalent:

(a) A und B sind benachbart bezüglich der Euklidischen Metrik d_E.

(b) A und B sind benachbart bezüglich der Maximum-Metrik d_M.

(c) A und B sind benachbart bezüglich der Summen-Metrik d_S.

Beweis:

Seien $x,y \in \mathbb{R}^n$, $x = (x_1,\dots,x_n)$, $y = (y_1,\dots,y_n)$.

(a) $\Rightarrow$ (b) : Wegen $\max\limits_{1\leq i\leq n} |x_i - y_i| \leq (\sum\limits_{i=1}^{n} |x_i - y_i|^2)^{\frac{1}{2}}$ und der Voraussetzung gibt es zu r > 0 Punkte $x \in A$, $y \in B$ mit $d_M(x,y) \leq d_E(x,y) < r$.

(b) $\Rightarrow$ (c): Wegen $\sum\limits_{i=1}^{n} |x_i - y_i| \leq n \cdot \max\limits_{1\leq i\leq n} |x_i - y_i|$ und der Voraussetzung gibt es zu r > 0 Punkte $x \in A$, $y \in B$ mit $d_S(x,y) \leq n \cdot d_M(x,y) < r$.

(c) ⇒ (a): Wegen $\left(\sum_{i=1}^{n} |x_i - y_i|^2\right)^{\frac{1}{2}} \leq \sum_{i=1}^{n} |x_i - y_i|$ und der Voraussetzung gibt es zu $r > 0$ Punkte $x \in A$, $y \in B$ mit $d_E(x,y) \leq d_S(x,y) < r$.

Hieraus folgt insbesondere, daß sich auch für die Räume $(\mathbb{R}^n, d_M)$ und $(\mathbb{R}^n, d_S)$ der Begriff "Berührpunkt" und dann auch die Begriffe "abgeschlossene Hülle, abgeschlossen, Umgebung, offen, offener Kern" mit den bekannten Begriffen aus der Analysis decken. So gilt zum Beispiel unter Verwendung von 1.2.28 und 1.2.31(3) folgende Überlegung: U ist Umgebung von A bzgl. d_E ⟺ A und X\U sind nicht benachbart bzgl. d_E ⟺ A und X\U sind nicht benachbart bzgl. d_M ⟺ U ist Umgebung von A bzgl. d_M. Ganz analog kann man die Äquivalenz aller weiteren, genannten Begriffe herleiten. Dieses merkwürdige Phänomen der "Gleichwertigkeit" von Metriken werden wir in § 2 genauer analysieren.

(4) Ist $\underline{X}$ ein Teilraum von $\underline{Y}$, so gilt für $A, B \subset X$, $x \in X$:

(i) A und B sind benachbart in $\underline{X}$ ⟺
A und B sind benachbart in $\underline{Y}$.

(ii) x ist Berührpunkt von A in $\underline{X}$ ⟺
x ist Berührpunkt von A in $\underline{Y}$.

(iii) B ist (gleichmäßige) Umgebung von A in $\underline{X}$ ⟺
Es gibt eine (gleichmäßige) Umgebung $B' \subset Y$ von A in $\underline{Y}$ mit $B = B' \cap X$.

(iv) A ist offen (abgeschlossen) in $\underline{X}$ ⟺
Es gibt eine offene (abgeschlossene) Teilmenge A' von $\underline{Y}$ mit $A = A' \cap X$.

1.2.32 AUFGABEN

Zeigen Sie:

(1)(a) $\mathrm{cl}A = X \setminus \mathrm{int}(X \setminus A)$

(b) A und B sind genau dann benachbart, wenn X\B keine gleichmäßige Umgebung von A ist

(c) x ist genau dann Berührpunkt von $A \setminus \{x\}$, wenn $U \cap A$ für jede Umgebung U von x unendlich ist.

(2) Ist A endlich, so gilt:

(a) A ist abgeschlossen

(b) jede Umgebung von A ist gleichmäßige Umgebung von A.

(3) In einem metrischen Raum gilt:

(a) jede Menge läßt sich als Vereinigung abgeschlossener Mengen darstellen

(b) jede Menge läßt sich als Durchschnitt offener Mengen darstellen

(c) jede offene Menge läßt sich als Vereinigung höchstens abzählbar vieler abgeschlossener Mengen darstellen.

(d) jede abgeschlossene Menge läßt sich als Durchschnitt höchstens abzählbar vieler offener Mengen darstellen.

(4) Ist $frA = clA \cap cl(X\setminus A)$ der Rand (englisch: frontier) von A, so gilt:

(a) $clA = A \cup frA$

(b) $intA = A\setminus frA$.

(5) (a) int cl int clA = int clA

(b) cl int cl intA = cl intA.

(c) Geben Sie eine Teilmenge A von $\mathbb{R}$ an, für die die sieben Mengen A , int A, clA, int clA, cl int A, int cl int A und cl int clA paarweise verschieden sind.

(6) Ist $K(x,r) = \{y \in X \mid d(x,y) \le r\}$ die abgeschlossene Kugel mit Zentrum x und Radius r, so gilt:

(a) K(x,r) ist abgeschlossen in $\underline{X}$

(b) $clS(x,r) \subset K(x,r)$

(c) in $\mathbb{R}^n$ gilt für $r > 0$ stets $clS(x,r) = K(x,r)$.

(7) Ein metrischer Raum heißt ultrametrisch, falls er die verschärfte Dreiecksungleichung $d(x,y) \le \text{Max}\ \{d(x,z), d(y,z)\}$ für alle x,y,z erfüllt.

(a) für jede Primzahl p ist der p-adische Raum $(\mathbb{Q},d_p)$ ultrametrisch (vergl. 1.1.12(3))

(b) jeder diskrete metrische Raum ist ultrametrisch

(c) in einem ultrametrischen Raum ist jede offene Kugel S(x,r) abgeschlossen und jede abgeschlossene Kugel K(x,r) offen

(d) in einem ultrametrischen Raum gilt für offene Kugeln:

1) $S(x,r) \cap S(y,s) \neq \emptyset \Rightarrow (S(x,r) \subset S(y,s)$ oder $S(y,s) \subset S(x,r))$

2) $S(x,r) \cap S(y,r) \neq \emptyset \Rightarrow (S(x,r) = S(y,r)$

3) $S(x,r) \cap S(y,r) = \emptyset \Rightarrow \text{dist}\ (S(x,r), S(y,r)) \ge r$.

(e) jeder ultrametrische Raum ist für jedes $r > 0$ disjunkte Vereinigung offener Kugeln S(x,r).

(8) Für jede Menge X wird auf $X^{\mathbb{N}}$ durch

$$d((x_n),(y_n)) = \begin{cases} \dfrac{1}{\text{Min}\{n \mid x_n \neq y_n\}} & \text{, falls } (x_n) \neq (y_n) \\ 0 & \text{, falls } (x_n) = (y_n) \end{cases}$$

eine Metrik d definiert. Bair(X)=(X,d) ist ein ultrametrischer Raum.

1.3 FOLGEN

Im folgenden seien (X,d) *ein metrischer Raum;* A,B *Teilmengen von* X*;* x,y,... *Punkte von* X*;* (x_n), (y_n) *Folgen in* X. *Für* $x \in X$ *sei* (x) *die konstante Folge mit* $x_n = x$ für alle $n \in \mathbb{N}$. $\mathbb{R}$ *sei der eindimensionale Euklidische Raum.*

Im Gegensatz zu den mehr statischen Aspekten des letzten Paragraphen wenden wir uns nun mehr dynamischen Aspekten zu:

1.3.1 DEFINITION

(1) Eine Folge (x_n) *konvergiert* gegen x, in Zeichen: $(x_n) \to x$, wenn jede Umgebung von x fast alle Glieder der Folge enthält, d.h. zu jeder Umgebung U von x existiert ein $n \in \mathbb{N}$, so daß aus $m \geq n$ stets $x_m \in U$ folgt. Eine Folge heißt *konvergent*, wenn es einen Punkt gibt, gegen den sie konvergiert.

(2) x heißt *Verdichtungspunkt* der Folge (x_n), wenn jede Umgebung von x unendlich viele Glieder der Folge (x_n) enthält, d.h. wenn zu jeder Umgebung U von x und zu jedem n ein $m \geq n$ mit $x_m \in U$ existiert.

1.3.2 SATZ

Äquivalent sind:

(a) $(x_n) \to x$ *in* $\underline{X}$

(b) $(d(x,x_n)) \to 0$ *in* $\underline{\mathbb{R}}$.

(c) $\forall\, r > 0\ \exists\, n\ \forall\, m \geq n \quad d(x,x_m) < r$.

Beweis:

Bekanntlich sind (b) und (c) äquivalent. Es genügt, die Äquivalenz von (a) und (c) nachzuweisen.

(a) $\Rightarrow$ (c): Sei $r > 0$. Dann ist die offene Kugel $S(x,r)$ trivialerweise eine Umgebung von x. Also gibt es nach (a) ein n, so daß aus $m \geq n$ stets $x_m \in S(x,r)$ folgt. Wegen $x_m \in S(x,r) \Longleftrightarrow d(x,x_m) < r$ folgt hieraus (c).

(c) $\Rightarrow$ (a): Ist U Umgebung von x, so gibt es definitionsgemäß ein $r > 0$ mit $S(x,r) \subset U$. Nach (c) existiert ein n, so daß aus $m \geq n$ stets $d(x,x_m) < r$ folgt, d.h. $x_m \in S(x,r) \subset U$ für $m \geq n$.

1.3.3 SATZ

Äquivalent sind:

(a) x *ist Verdichtungspunkt von* (x_n) *in* $\underline{X}$.

(b) 0 *ist Verdichtungspunkt von* $(d(x,x_n))$ *in* $\underline{\mathbb{R}}$.

(c) $\forall r > 0\ \forall\, n\ \exists\, m \geq n \quad d(x,x_m) < r$.

Beweis:

Der Beweis verläuft völlig analog zum Beweis des Satzes 1.3.2.

Die Sätze 1.3.2 und 1.3.3 zeigen, daß in der Definition 1.3.1 der Ausdruck "Umgebung von x" ersetzt werden kann durch "offene Kugel mit Zentrum x", ohne die Aussage zu ändern.

1.3.4 SATZ

Konvergiert (x_n) *gegen* x, *so ist* x *der einzige Verdichtungspunkt von* (x_n).

Beweis:

Konvergiert (x_n) gegen x, so ist x offenbar Verdichtungspunkt von (x_n). Zu $r > 0$ gibt es also ein $n \in \mathbb{N}$ mit $d(x_m,x) < \frac{r}{2}$ für <u>alle</u> $m \geq n$, und, falls y ebenfalls ein Verdichtungspunkt ist, zu diesem n auch ein $k \geq n$ mit $d(y,x_k) < \frac{r}{2}$.

Somit gilt: $d(y,x) \leq d(y,x_k) + d(x_k,x) < \frac{r}{2} + \frac{r}{2} = r$.

Wir haben also gezeigt: $d(y,x) < r \; \forall \; r > 0$. Daraus folgt aber $d(y,x) = 0$, also $x = y$.

1.3.5 FOLGERUNG

Konvergiert (x_n) *gegen* x *und gegen* y, *so ist* $x = y$.

Diese Eindeutigkeitsaussage veranlaßt uns zu der

1.3.6 DEFINITION

Konvergiert (x_n) gegen x, so heißt x <u>der</u> *Limes* oder *Grenzwert* von (x_n). Oft schreibt man - wie Ihnen aus der Analysis bekannt sein dürfte - statt $(x_n) \to x$ auch $x = \lim_{n\to\infty} x_n$.

1.3.7 BEISPIELE

(1) Von der Analysis her kennen Sie Folgen, die keinen Verdichtungspunkt haben, z.B. $(n) = (1,2,3,4,...)$ in $\mathbb{R}$. Ebenso gibt es Folgen, die einen Verdichtungspunkt haben, aber nicht konvergieren, z.B. in $\mathbb{R}$ die Folge $(1, \frac{1}{2}, 2, \frac{1}{3}, 3, \frac{1}{4}, ...)$.

(2) In einem diskreten Raum (X,d_D) ist x genau dann Grenzwert von (x_n), wenn fast alle Glieder der Folge gleich x sind und genau dann Verdichtungspunkt von (x_n), wenn unendlich viele Glieder der Folge gleich x sind.

1.3.8 SATZ

Aus $(x_n) \to x$ *und* $(y_n) \to y$ *folgt* $(d(x_n,y_n)) \to d(x,y)$.

Beweis:

Zu jedem $r > 0$ gibt es ein $n \in \mathbb{N}$, so daß aus $m \geq n$ sowohl $d(x,x_m) < \frac{r}{2}$ als auch $d(y,y_m) < \frac{r}{2}$ folgt. Somit gilt für $m \geq n$:

(1) $d(x_m,y_m) \leq d(x_m,x) + d(x,y) + d(y,y_m) < d(x,y) + r$ und

(2) $d(x,y) \leq d(x,x_m) + d(x_m,y_m) \circ d(y_m,y) < d(x_m,y_m) + r$,

also $|d(x,y) - d(x_m,y_m)| < r$ für alle $m \geq n$.

1.3.9 FOLGERUNG

Ist $a \in \mathbb{R}^+$ *und* $d(x_n,y_n) \le a$ *für alle* n, *so folgt aus* $(x_n) \to x$ *und* $(y_n) \to y$ *auch* $d(x,y) \le a$.

1.3.1o SATZ

Sei (x_{n_i}) *eine Teilfolge von* (x_n). *Dann gilt:*

(1) *Aus* $(x_n) \to x$ *folgt* $(x_{n_i}) \to x$.

(2) *Ist* x *Verdichtungspunkt von* (x_{n_i}), *so ist* x *auch Verdichtungspunkt von* (x_n).

Beweis:

(1) Jede Umgebung von x enthält fast alle Glieder von (x_n), somit erst recht fast alle Glieder von (x_{n_i}).

(2) Jede Umgebung von x enthält unendlich viele Glieder von (x_{n_i}), somit erst recht unendlich viele Glieder von (x_n).

1.3.11 SATZ

Äquivalent sind:

(a) x *ist Berührpunkt von* $A \subset X$.

(b) *Es gibt eine Folge* (a_n) *in* A, *die gegen* x *konvergiert.*

Beweis:

(a) ⇒ (b): Ist x Berührpunkt von A, so gilt $\mathrm{dist}(x,A) = 0$. Also existiert zu jedem $n \in \mathbb{N}$ ein $a_n \in A$ mit $d(x,a_n) < \frac{1}{n}$. Eine aus derartigen a_n gebildete Folge (a_n) konvergiert offenbar gegen x.

(b) ⇒ (a): Ist $x = \lim\limits_{n\to\infty} a_n$ und $r > 0$, so ist $d(x,a_n) < r$ für fast alle n. Somit ist auch $\mathrm{dist}(x,A) < r$, und da r beliebig war, folgt $\mathrm{dist}(x,A) = 0$.

1.3.12 DEFINITION

Folgen (x_n) und (y_n) heißen *benachbart*, wenn die Folge $(d(x_n,y_n))$ gegen 0 konvergiert, d.h. wenn gilt: $\forall r > 0\ \exists n\ \forall m \ge n\ \ d(x_m,y_m) < r$.

1.3.13 SATZ

Für eine Folge (x_n) *sind die folgenden Aussagen äquivalent:*

(a) $(x_n) \to x$.

(b) (x_n) *und* (x) *sind benachbart.*

Beweis:

Der Beweis folgt unmittelbar aus 1.3.2.

1.3.14 SATZ

Benachbartsein von Folgen ist eine Äquivalenzrelation auf der Menge aller Folgen in $\underline{X}$.

Beweis:

$(x_n),(y_n),(z_n)$ seien Folgen in $\underline{X}$.

(1) $d(x_n,x_n) = 0 \; \forall \, n \Rightarrow (x_n)$ ist zu sich selbst benachbart.

(2) Die Symmetrie folgt aus der Gleichung $d(x_n,y_n) = d(y_n,x_n)$.

(3) Wegen $0 \leq d(x_n,z_n) \leq d(x_n,y_n) + d(y_n,z_n)$ folgt aus dem Benachbartsein von (x_n) und (y_n) sowie (y_n) und (z_n) das Benachbartsein von (x_n) und (z_n).

1.3.15 BEMERKUNG

Das Benachbartsein von Mengen ist weder reflexiv noch transitiv. So ist $\emptyset$ nicht zu sich selbst benachbart (vgl. 1.2.1), und in $\mathbb{R}$ sind die Mengen $[0,1]$ und $[1,2]$ sowie $[1,2]$ und $[2,3]$ benachbart, aber $[0,1]$ und $[2,3]$ sind nicht benachbart.

1.3.16 SATZ

Konvergiert (x_n) *gegen* x, *so sind äquivalent:*

(a) (x_n) *und* (y_n) *sind benachbart.*

(b) $(y_n) \to x$.

Beweis:

(a) $\Rightarrow$ (b): folgt unmittelbar aus der Ungleichung

$$0 \leq d(x,y_n) \leq d(x,x_n) + d(x_n,y_n).$$

(b) $\Rightarrow$ (a): folgt unmittelbar aus

$$0 \leq d(x_n,y_n) \leq d(x_n,x) + d(x,y_n).$$

1.3.17 SATZ

Äquivalent sind:

(a) A *und* B *sind benachbart.*

(b) *Es gibt Folgen* (a_n) *in* A *und* (b_n) *in* B, *die benachbart sind.*

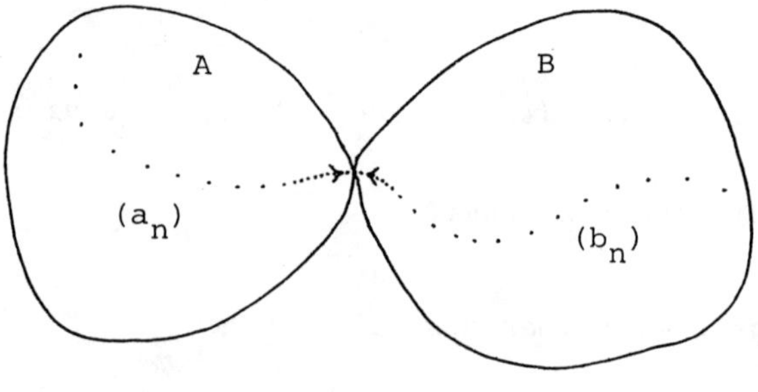

Beweis:

(a) ⇒ (b):

Aus dist(A,B) = 0 folgt, daß für jedes $n \in \mathbb{N}$ Elemente $a_n \in A$, $b_n \in B$ existieren mit $d(a_n,b_n) < \frac{1}{n}$. Folgen (a_n) und (b_n), die man auf diese Weise gewinnt, sind benachbart.

(b) ⇒ (a):

Sind (a_n) und (b_n) benachbart, so gibt es für jedes $r > 0$ ein n mit $d(a_n,b_n) < r$. Folglich gilt $\mathrm{dist}(A,B) \leq d(a_n,b_n) < r$ für jedes $r > 0$. Dann ist aber dist(A,B) = 0.

In obigem Satz wurde gezeigt, wie mit Hilfe benachbarter Folgen geprüft werden kann, ob zwei Mengen benachbart sind. Im nächsten Satz wird gezeigt, daß auch umgekehrt mit Hilfe benachbarter Mengen geprüft werden kann, ob zwei Folgen benachbart sind. Dieser Satz wird sich im nächsten Kapitel bei der Untersuchung der gleichmäßigen Stetigkeit von Funktionen als sehr nützlich erweisen. Die in ihm auftretende Bedingung ist allerdings etwas kompliziert, und der Beweis des Satzes ist schwieriger als der aller anderen Sätze dieses Kapitels.

1.3.18 SATZ

Äquivalent sind:

(a) (x_n) *und* (y_n) *sind benachbart.*

(b) *Für jede unendliche Teilmenge* M *von* $\mathbb{N}$ *sind die Mengen* $\{x_m | m \in M\}$ *und* $\{y_m | m \in M\}$ *benachbart.*

Beweis:

(a) ⇒ (b): Sei $r > 0$. Dann gibt es $n \in \mathbb{N}$, so daß für $m \geq n$ stets $d(x_m,y_m) < r$ ist. Da zu n ein $k \in M$ mit $k \geq n$ existiert, gilt: $\mathrm{dist}(\{x_m | m \in M\}, \{y_m | m \in M\}) \leq d(x_k,y_k) < r$.

(b) ⇒ (a): Wir nehmen an, daß (x_n) und (y_n) nicht benachbart sind. Dann gibt es eine positive reelle Zahl $r > 0$ und eine unendliche Teilmenge M_1 von $\mathbb{N}$, so daß aus $m \in M_1$ stets $d(x_m,y_m) \geq r$ folgt. Wir unterscheiden drei Fälle:

Fall 1:

Es gibt ein $x \in X$, so daß die Menge $M := \{m | m \in M_1, d(x,x_m) \leq \frac{r}{3}\}$ unendlich ist. Dann gilt für jedes Paar $(m,m') \in M \times M$ die Ungleichung: $r \leq d(x_m,y_m) \leq d(x_m,x) + d(x,x_{m'}) + d(x_{m'},y_m) \leq \frac{2}{3} r + d(x_{m'},y_m)$, woraus $\frac{1}{3} r \leq d(x_{m'},y_m)$ folgt. Also gilt $\mathrm{dist}(\{ x_m | m \in M\}, \{y_m | m \in M\}) \geq \frac{r}{3}$, $\{x_m | m \in M\}$ und $\{y_m | m \in M\}$ sind also nicht benachbart im Widerspruch zu (b).

Fall 2:

Es gibt ein $x \in X$, so daß die Menge $\{m | m \in M_1, d(x,y_m) \leq \frac{r}{3}\}$ unendlich ist. Wie im Fall 1 gelangt man zu einem Widerspruch zu (b).

Fall 3:

Für jedes $x \in X$ sind die Mengen $\{m \mid m \in M_1,\ d(x,y_m) \leq \frac{r}{3}\}$ und $\{m \mid m \in M_1,\ d(x,y_m) \leq \frac{r}{3}\}$ endlich.

Durch Induktion definieren wir eine unendliche Teilmenge $M = \{m_1, m_2, \ldots\}$ von M_1 folgendermaßen:

Induktionsanfang: Sei m_1 irgendein Element von M_1.

Induktionsvoraussetzung: $m_1, \ldots, m_k$ seien bereits definiert. Dann ist für jedes $i \in \mathbb{N}_k$ die Menge $\{m \mid m \in M_1,\ d(x_{m_i}, y_m) \leq \frac{r}{3}\}$ und die Menge $\{m \mid m \in M_1,\ d(y_{m_i}, x_m) \leq \frac{r}{3}\}$ endlich. Da M_1 unendlich ist, können wir ein Element m_{k+1} in M_1 finden, das in keiner dieser Mengen liegt. Auf diese Weise erhalten wir eine unendliche Teilmenge $M = \{m_1, m_2, \ldots\}$ von M_1. Sei $(m_i, m_j) \in M \times M$. Gilt $i = j$, so ist gemäß der Definition von $M_1 \supset M$ $d(x_{m_i}, y_{m_j}) \geq r$. Gilt $i < j$, so liegt nach Konstruktion m_j nicht in der Menge $\{m \mid m \in M_1,\ d(x_{m_i}, y_m) \leq \frac{r}{3}\}$. Daraus folgt $d(x_{m_i}, y_{m_j}) > \frac{r}{3}$. Gilt $j < i$, so liegt nach Konstruktion m_i nicht in der Menge $\{m \mid m \in M_1,\ d(y_{m_j}, x_m) \leq \frac{r}{3}\}$, woraus $d(y_{m_j}, x_{m_i}) > \frac{r}{3}$ folgt. Also gilt $\mathrm{dist}(\{x_m \mid m \in M\}, \{y_m \mid m \in M\}) \geq \frac{r}{3}$. Folglich sind auch in diesem Fall die Mengen $\{x_m \mid m \in M\}$ und $\{y_m \mid m \in M\}$ nicht benachbart im Widerspruch zu (b).

1.3.19 BEMERKUNG

Sind für Folgen (x_n) und (y_n) die Mengen $\{x_n \mid n \in \mathbb{N}\}$ und $\{y_n \mid n \in \mathbb{N}\}$ benachbart, so sind (x_n) und (y_n) nicht notwendig benachbart. So sind in $\mathbb{R}$ die Folgen $(\frac{1}{n})$ und (n) nicht benachbart, aber $\{\frac{1}{n} \mid n \in \mathbb{N}\}$ und $\{n \mid n \in \mathbb{N}\}$ haben wir ein gemeinsames Element, nämlich 1, und sind somit benachbart.

1.3.2o AUFGABEN

Zeigen Sie:

(1) x ist genau dann Berührpunkt der Menge A, wenn es eine Folge (a_n) in A gibt, die x als Verdichtungspunkt besitzt.

(2) x ist genau dann Grenzwert der Folge (x_n), wenn jede Teilfolge (x_{n_i}) von (x_n) den Punkt x als Verdichtungspunkt besitzt.

(3) x ist genau dann Verdichtungspunkt der Folge (x_n), wenn eine gegen x konvergierende Teilfolge (x_{n_i}) von (x_n) existiert.

(4) x ist genau dann Grenzwert der Folge (x_n), wenn die Mischfolge $x, x_1, x, x_2, x, x_3, \ldots$ konvergiert.

(5) die Menge aller Verdichtungspunkte einer Folge ist abgeschlossen.

1.3.21 AUFGABEN

Prüfen Sie die Richtigkeit folgender Behauptungen:

(1) Eine Folge (x_n) konvergiert genau dann gegen x, wenn jede Teilfolge von (x_n) eine Teilfolge besitzt, die gegen x konvergiert.

(2) Eine Folge (x_n) konvergiert genau dann, wenn jede Teilfolge von (x_n) eine konvergierende Teilfolge besitzt.

1.3.22 AUFGABEN

Eine Folge (x_n) heißt <u>fast konstant</u>, falls ein n_o so existiert, daß für alle $n \geq n_o$, $m \geq n_o$ gilt: $x_n = x_m$. Zeigen Sie:

(1) in jedem metrischen Raum konvergiert jede fast konstante Folge

(2) jede konvergente Folge eines endlichen metrischen Raumes ist fast konstant

(3) jede konvergente Folge eines diskreten metrischen Raumes ist fast konstant

(4) folgende Bedingungen sind äquivalent:

(i) alle konvergenten Folgen in $\underline{X}$ sind fast konstant

(ii) alle Teilmengen von X sind abgeschlossen

(iii) alle Teilmengen von X sind offen

(iv) alle einelementigen Teilmengen von X sind offen.

(5) Für jedes n sei $x^n = (x_m^n)$ ein Element von Bair(X). Die Folge (x^n) konvergiert in Bair(X) genau dann, wenn für jedes feste m die Folge (x_m^n) fast konstant ist.

1.3.23 AUFGABE

Konstruieren Sie eine Metrik d auf $\mathbb{Q}$ so, daß die Folge $(\frac{1}{n})$ in $(\mathbb{Q},d)$ gegen 1 konvergiert.

§ 2 Abbildungen zwischen metrischen Räumen, Stetigkeit und gleichmässige Stetigkeit

STUDIERHINWEISE ZU § 2

Ebenso wie in der Linearen Algebra Beziehungen zwischen Vektorräumen und Eigenschaften von Vektorräumen sehr häufig mit Hilfe von Homomorphismen untersucht werden, lassen sich Beziehungen zwischen metrischen Räumen und Eigenschaften metrischer Räume oft vorteilhaft mit Hilfe geeigneter Abbildungen untersuchen. Im Gegensatz zur Linearen Algebra erweisen sich jedoch, wie aus der Analysis bekannt, für das Studium metrischer Räume *zwei* verschiedene Sorten von Abbildungen als interessant und nützlich: die stetigen und die gleichmäßig stetigen.

In 2.1 werden diese beiden Abbildungsarten definiert und charakterisiert, einfache Eigenschaften und Beispiele werden untersucht. Kurz: es wird ein wesentliches Handwerkszeug für den gesamten weiteren Kurs bereitgestellt. Je souveräner es gehandhabt wird, desto leichter ist das Verständnis der folgenden Kursteile. Vor allem wichtig sind die Charakterisierungssätze 2.1.2, 2.1.4 und 2.1.6.

2.2 ist von ganz anderer Natur. Hier geht es nicht um technische Hilfsmittel, sondern um eine Lösung der grundsätzlicheren (philosophisch attraktiven) Frage nach der "wesentlichen Gleichheit" zweier metrischer Räume bzw. zweier Metriken auf derselben Trägermenge. Wie wir sehen, kann diese Frage mit Hilfe von Abbildungen ohne jede Mystik einfach und präzise beantwortet werden. Entsprechend den zwei Sorten uns interessierender Abbildungen gelangen wir allerdings zu zwei verschiedenen Lösungen: der uniformen Isomorphie metrischer Räume (und der uniformen Äquivalenz von Metriken) auf der einen Seite, der topologischen Isomorphie metrischer Räume (und der topologischen Äquivalenz von Metriken) auf der anderen Seite (2.2.1). Während die ebenfalls definierte metrische Isomorphie eine vergleichsweise unbedeutende Rolle spielt, sind obige Isomorphiebegriffe wesentlich für das Verständnis dessen, was Topologie ist. Wie im Laufe des Kurses immer deutlicher werden wird, ist eine Metrik auf einer Menge X nur ein *Hilfsmittel*, um eine geeignete topologische bzw. uniforme "Struktur" auf X zu beschreiben. Im Verlaufe des weiteren Kurses sollte das Verständnis und das Gefühl dafür, was eine topologische Eigenschaft bzw. eine uniforme Eigenschaft (2.2.7) ist, soweit wachsen, daß wir uns im 7. Paragraphen von den nur als (allerdings sehr nützliches) Hilfsmittel dienenden Krücken der Metrik schließlich ganz befreien und uns dem Studium von topologischen, uniformen und Nachbarschafts-Räumen zuwenden können (vergl. Topologie I und II).

Wiederum von anderer Natur ist 2.3. Dieser Absatz enthält wesentliche Ergebnisse über die Fortsetzbarkeit (gleichmäßig) stetiger Abbildungen. Die Beweise sollen natürlich verstanden werden, können jedoch anschließend ohne großen Schaden wieder vergessen werden.

2.0 EINFÜHRUNG

Auf einer Menge X gibt es i. allg. sehr viele verschiedene Metriken. So sind auf $\mathbb{R}^2$ die diskrete Metrik d_D, die Euklidische Metrik d_E, die Maximum-Metrik d_M und die Summen-Metrik d_S voneinander verschieden, denn es gilt $d_D((0,0),(4,3)) = 1$, $d_E((0,0),(4,3)) = 5$,

$$d_M((0,0),(4,3)) = 4,\ d_S((0,0),(4,3)) = 7.$$

Aber bereits im vorigen Kapitel haben wir darauf hingewiesen, daß die

Unterschiede zwischen den Metriken d_E, d_M und d_S unwesentlich sind: Teilmengen sind genau dann benachbart bzgl. d_E, wenn sie benachbart bzgl. d_M (oder d_S) sind, eine Folge konvergiert genau dann gegen einen Punkt bzgl. d_E, wenn sie bzgl. d_M (oder d_S) gegen diesen Punkt konvergiert, eine Menge ist genau dann offen bzgl. d_E, wenn sie offen bzgl. d_M (oder d_S) ist usf. Hingegen ist die diskrete Metrik d_D wesentlich von den drei anderen Metriken verschieden, z.B. ist die Menge $\mathbb{Q}^2$ bzgl. d_D sowohl offen als auch abgeschlossen, aber bzgl. jeder der drei anderen Metriken weder offen noch abgeschlossen. In 2.2 werden wir dem zunächst noch vagen Begriff der "wesentlichen Gleichheit" von Metriken einen präzisen Sinn geben. Darüber hinaus werden wir definieren, wann zwei beliebige metrische Räume im wesentlichen gleich sind. Als entscheidendes Hilfsmittel zur Untersuchung dieser Fragen erweisen sich die Begriffe der stetigen und der gleichmäßig stetigen Abbildungen, die aus der Analysis bereits bekannt sind. Diese Abbildungen werden in 2.1 definiert und charakterisiert. Wie im weiteren Verlauf dieses Kurses deutlich werden wird, stellen sie ein geeignetes Werkzeug zur Untersuchung metrischer Räume dar (analog der Untersuchung von Vektorräumen und Moduln mit Hilfe linearer Abbildungen). Viele Probleme lassen sich am leichtesten mit Hilfe (gleichmäßig) stetiger Abbildungen formulieren und lösen. Dabei spielen Abbildungen in besonders einfach gebaute und wohlbekannte Räume, insbesondere in den eindimensionalen Euklidischen Raum $\underline{\mathbb{R}} = (\mathbb{R}, d_E)$ und den durch das abgeschlossene Einheitsintervall $I = [0,1]$ bestimmten Teilraum $\underline{I} = (I, d_E)$ von $\underline{\mathbb{R}}$ eine ausgezeichnete Rolle. Sie werden es uns später ermöglichen, die Struktur vieler metrischer Räume in besonders einfacher Weise zu beschreiben. Wie wir in den sehr wichtigen Sätzen des Abschnitts 2.3 sehen werden, lassen sich derartige Abbildungen $\underline{X} \to \underline{\mathbb{R}}$ bzw. $\underline{X} \to \underline{I}$ z.B. dadurch gewinnen, daß man Abbildungen, die nur auf einer abgeschlossenen Teilmenge von $\underline{X}$ definiert sind, geeignet "fortsetzt".

2.1 STETIGKEIT UND GLEICHMÄSSIGE STETIGKEIT, DEFINITION, CHARAKTERISIERUNG, BEISPIELE

Seien $\underline{X} = (X,d)$, $\underline{X'} = (X',d')$ *und* $\underline{X''} = (X'',d'')$ *metrische Räume;* $f\colon \underline{X} \to \underline{X'}$ *und* $g\colon \underline{X'} \to \underline{X''}$ *Abbildungen;* $x, y, \ldots$ *Elemente von* $\underline{X}$.

2.1.1 DEFINITION

Die Abbildung $f\colon \underline{X} \to \underline{X'}$ heißt *stetig in* x, wenn
für jede Teilmenge A *von* $\underline{X}$, *die* x *als Berührpunkt hat,* $f(x)$ *Berührpunkt von* $f[A]$ *in* $\underline{X'}$ *ist.*

2.1.2 SATZ (*Charakterisierung der Stetigkeit in einem Punkt*)
Für jedes x ∈ X *sind folgende Aussagen äquivalent:*

(a) f *ist stetig in* x.

(b) *Für jede Umgebung* U *von* f(x) *in* X' *ist* $f^{-1}[U]$ *Umgebung von* x *in* X.

(c) *Für jede Folge* (x_n) *in* X, *die gegen* x *konvergiert, konvergiert die Folge* $(f(x_n))$ *in* X' *gegen* f(x).

(d) $\forall \varepsilon > 0\ \exists \delta > 0\ \forall y \in X\ (d(x,y) < \delta \Rightarrow d'(f(x),f(y)) < \varepsilon)$.

Beweis:

(a) ⇒ (d): Sei $\varepsilon > 0$. Sei $B := X' \setminus S(f(x),\varepsilon)$ und $A := f^{-1}[B]$. Wäre x Berührpunkt von A, so wäre f(x) nach (a) Berührpunkt von $f[A] \subset B$, was offenbar nicht der Fall ist. Also ist x kein Berührpunkt von A. Somit existiert ein $\delta > 0$ mit $S(x,\delta) \cap A = \emptyset$. Hieraus folgt $f[S(x,\delta)] \subset S(f(x),\varepsilon)$, also (d).

(d) ⇒ (b): Ist U Umgebung von f(x), so gibt es ein $\varepsilon > 0$ mit $S(f(x),\varepsilon) \subset U$. Nach (d) gibt es ein $\delta > 0$ mit $f[S(x,\delta)] \subset S(f(x),\varepsilon)$. Folglich gilt $S(x,\delta) \subset f^{-1}[U]$, und $f^{-1}[U]$ ist Umgebung von x.

(b) ⇒ (c): Ist U Umgebung von f(x), so ist $f^{-1}[U]$ nach (b) Umgebung von x. Also liegen fast alle Glieder von (x_n) in $f^{-1}[U]$. Da aus $x_m \in f^{-1}[U]$ offenbar $f(x_m) \in U$ folgt, liegen fast alle Glieder von $(f(x_n))$ in U. Somit konvergiert $(f(x_n))$ gegen f(x).

(c) ⇒ (a): Ist x Berührpunkt von A, so gibt es eine Folge (a_n) in A, die gegen x konvergiert. Folglich konvergiert $(f(a_n))$ nach (c) gegen f(x). Somit ist f(x) Berührpunkt von f[A].

2.1.3 DEFINITION
f: X → X' heißt *stetig*, wenn f in jedem x ∈ X stetig ist.

2.1.4 SATZ (*Charakterisierung der Stetigkeit*)
Äquivalent sind:

(a) f *ist stetig.*

(b) *Für jede offene Teilmenge* A *von* X' *ist* $f^{-1}[A]$ *offen in* X.

(c) *Für jede abgeschlossene Teilmenge* A *von* X' *ist* $f^{-1}[A]$ *abgeschlossen in* X.

Beweis:

(a) ⇒ (b): Ist A offen in X', so ist A Umgebung jedes ihrer Punkte. Nach (a) und 2.1.2 ist $f^{-1}[A]$ Umgebung jedes ihrer Punkte, also offen in X.

(b) ⇒ (c): Ist A abgeschlossen in X', so ist $B = X' \setminus A$ offen in X'. Nach (b) ist $f^{-1}[B]$ offen in X, also $f^{-1}[A] = X \setminus f[B]$ abgeschlossen in X.

(c) ⇒ (a): Sei x Berührpunkt von A in X. Wäre f(x) kein Berührpunkt von $f[A]$ in $\underline{X}'$, so gälte $x \notin f^{-1}[cl(f[A])] \supset A$. Nach (c) wäre $f^{-1}[cl(f[A])]$ abgeschlossen, also x kein Berührpunkt von A. Das widerspricht der Voraussetzung. Somit ist $f(x)$ Berührpunkt von $f[A]$. Folglich ist f gemäß 2.1.2 stetig in x. Diese Überlegung gilt für alle $x \in X$, also ist f stetig.

2.1.5 DEFINITION

$f: \underline{X} \to \underline{X}'$ heißt *gleichmäßig stetig*, wenn *für je zwei benachbarte Mengen* A *und* B *in* $\underline{X}$ *die Mengen* $f[A]$ *und* $f[B]$ *in* $\underline{X}'$ *benachbart sind.*

2.1.6 SATZ (*Charakterisierung der gleichmäßigen Stetigkeit*)

Äquivalent sind:

(a) f *ist gleichmäßig stetig.*

(b) *Für jede gleichmäßige Umgebung* U *einer Menge* A *in* $\underline{X}'$ *ist* $f^{-1}[U]$ *eine gleichmäßige Umgebung von* $f^{-1}[A]$ *in* $\underline{X}$.

(c) *Für je zwei benachbarte Folgen* (x_n) *und* (y_n) *in* $\underline{X}$ *sind* $(f(x_n))$ *und* $(f(y_n))$ *benachbart in* $\underline{X}'$

(d) $\forall \varepsilon > 0\ \exists\, \delta > 0\ \ \forall x \in X\ \ \forall y \in X\ \ (d(x,y) < \delta \Rightarrow d'(f(x),f(y)) < \varepsilon)$.

Beweis:

(a) $\Rightarrow$ (c): Sind $(f(x_n))$ und $(f(y_n))$ nicht benachbart, so gibt es nach 1.3.18 eine unendliche Teilmenge M von $\mathbb{N}$, so daß die Mengen $\{f(x_m) \mid m \in M\}$ und $\{f(y_m) \mid m \in M\}$ nicht benachbart sind. Nach (a) sind dann auch die Mengen $\{x_m \mid m \in M\}$ und $\{y_m \mid m \in M\}$ nicht benachbart. Folglich sind (x_n) und (y_n) nicht benachbart.

(c) $\Rightarrow$ (d): Ist (d) nicht erfüllt, so gibt es ein $\varepsilon > 0$ und zu jedem $n \in \mathbb{N}$ Elemente x_n und y_n in X mit $d(x_n,y_n) < \frac{1}{n}$ und $d'(f(x_n),f(y_n)) \geq \varepsilon$. So gebildete Folgen (x_n) und (y_n) sind benachbart, aber $(f(x_n))$ und $(f(y_n))$ sind nicht benachbart. Also ist (c) nicht erfüllt.

(d) $\Rightarrow$ (b): Ist U gleichmäßige Umgebung von A in $\underline{X}'$, so gilt $\varepsilon = dist(A,X'\setminus U) > 0$. Nach (d) existiert $\delta > 0$, so daß aus $d(x,y) < \delta$ stets $d'(f(x),f(y)) < \varepsilon$ folgt. Somit gilt für $x \in f^{-1}[A]$ und $y \in X\setminus f^{-1}[U] = f^{-1}[X'\setminus U]$ stets $d(x,y) \geq \delta$, d.h. $dist(f^{-1}[A],X\setminus f^{-1}[U]) \geq \delta > 0$. Folglich ist $f^{-1}[U]$ gleichmäßige Umgebung von $f^{-1}[A]$ in $\underline{X}$.

(b) $\Rightarrow$ (a): Sind $f[A]$ und $f[B]$ nicht benachbart, so ist $U = X'\setminus f[B]$ eine gleichmäßige Umgebung von $f[A]$. Nach (b) ist $f^{-1}[U]$ eine gleichmäßige Umgebung von $f^{-1}[f[A]]$. Wegen $A \subset f^{-1}[f[A]]$ und $f^{-1}[U] = X\setminus f^{-1}[f[B]] \subset X\setminus B$ ist $X\setminus B$ gleichmäßige Umgebung von A. Also sind A und B nicht benachbart.

2.1.7 SATZ (*Eigenschaften (gleichmäßig) stetiger Funktionen*)

(1) *Ist* f *Lipschitz-stetig, d.h. gilt*
$\exists r > 0 \quad \forall x \in X \quad \forall y \in X \quad d'(f(x),f(y)) \le rd(x,y)$, *so ist* $f\colon \underline{X} \to \underline{X'}$ *gleichmäßig stetig.*

(2) *Ist* $f\colon \underline{X} \to \underline{X'}$ *gleichmäßig stetig, so ist* $f\colon \underline{X} \to \underline{X'}$ *stetig.*

(3) *Sind* $f\colon \underline{X} \to \underline{X'}$ *und* $g\colon \underline{X'} \to \underline{X''}$ *(gleichmäßig) stetig, so ist* $g \circ f\colon \underline{X} \to \underline{X''}$ *(gleichmäßig) stetig.*

(4) *Ist* $\underline{X}$ *Teilraum von* $\underline{Y}$, *so ist die Einbettung* $\underline{X} \to \underline{Y}$ *gleichmäßig stetig.*

(5) *Ist* $f\colon \underline{X} \to \underline{X'}$ *(gleichmäßig) stetig, so ist für jeden Teilraum* $\underline{Y}$ *von* $\underline{X}$ *die Einschränkung* $f|\,\underline{Y}\colon \underline{Y} \to \underline{X'}$ *von* f *auf* $\underline{Y}$ *(gleichmäßig) stetig.*

(6) *Ist* $f\colon \underline{X} \to \underline{X'}$ *(gleichmäßig) stetig und ist* $\underline{Y}$ *ein Teilraum von* $\underline{X'}$ *mit* $f[X] \subset Y$, *so ist die durch* f *induzierte Abbildung* $\underline{Y}|f\colon \underline{X} \to \underline{Y}$ *(gleichmäßig) stetig.*

Beweis:

(1) Seien $A,B \subset X$ benachbart, also $\mathrm{dist}(A,B) = 0$.

$$\begin{aligned}\text{Dann ist } \mathrm{dist}(f[A],f[B]) &= \inf\{d'(f(a),f(b)) \mid a \in A, b \in B\}\\ &\le r \cdot \inf\{d(a,b) \mid a \in A,\ b \in B\}\\ &= 0,\end{aligned}$$

also $\mathrm{dist}(f[A],f[B]) = 0$.

(2) Ist $A \subset \underline{X}$ und $x \in X$ Berührpunkt von A, so ist $\mathrm{dist}(x,A) = 0$, also auch $\mathrm{dist}(f(x),f[A]) = 0$, d.h. $f(x)$ ist Berührpunkt von $f[A]$.

(3) Wir zeigen: f,g gleichmäßig stetig $\Rightarrow g \circ f$ gleichmäßig stetig. Seien $A,B \subset \underline{X}$ benachbart. Dann sind auch $f[A]$ und $f[B]$ benachbart und somit auch $g[f[A]]$ und $g[f[B]]$. Analog zeigt man: f,g stetig $\Rightarrow g \circ f$ stetig.

(4) folgt aus (1).

(5) folgt mit (3) aus (4).

(6) folgt aus 1.2.31(4) (i) und (ii).

2.1.8 BEISPIELE

(1) Eine gleichmäßig stetige Abbildung ist i.allg. nicht Lipschitz-stetig. Sind z.B. d_D die diskrete Metrik und d_E die Euklidische Metrik auf $\mathbb{R}$, so ist die Identität $id_{\mathbb{R}}\colon (\mathbb{R},d_D) \to (\mathbb{R},d_E)$ gleichmäßig stetig, aber für jedes $r > 0$ gilt: $d_E(0,r+1) = r+1 > r = r \cdot d_D(0,r+1)$.

(2) Eine stetige Abbildung ist i.allg. nicht gleichmäßig stetig. So ist die durch $f(x) = x^2$ definierte Abbildung $f\colon \underline{\mathbb{R}} \to \underline{\mathbb{R}}$ zwar stetig, aber nicht gleichmäßig stetig. Letzteres sieht man z.B. so: die Folgen (n) und $(n + \frac{1}{n})$ sind benachbart, die Folgen (n^2) und $((n + \frac{1}{n})^2)$ jedoch nicht.

2.1.9 DEFINITION

(1) inv: $\mathbb{R}\setminus\{0\} \to \mathbb{R}$ ist die durch $x \mapsto x^{-1}$ definierte Abbildung.

(2) add: $\mathbb{R}^2 \to \mathbb{R}$ ist die durch $(x,y) \longmapsto x + y$ definierte Abbildung.

(3) mult: $\mathbb{R}^2 \to \mathbb{R}$ ist die durch $(x,y) \longmapsto x \cdot y$ definierte Abbildung.

2.1.1o SATZ

(1) inv: $\mathbb{R}\setminus\{0\} \to \mathbb{R}$ *ist stetig, aber nicht gleichmäßig stetig.*

(2) add: $\mathbb{R}^2 \to \mathbb{R}$ *ist gleichmäßig stetig.*

(3) mult: $\mathbb{R}^2 \to \mathbb{R}$ *ist stetig, aber nicht gleichmäßig stetig.*

(4) *Ist* X *eine Teilmenge von* $\mathbb{R}$ *mit* $0 \notin \mathrm{cl}\, X$, *so ist die Einschränkung* $\mathrm{inv}_{|X}$: $X \to \mathbb{R}$ *gleichmäßig stetig.*

(5) *Ist X eine beschränkte Teilmenge von* $\mathbb{R}^2$, *so ist die Einschränkung* $\mathrm{mult}_{|X}$: $X \to \mathbb{R}$ *gleichmäßig stetig.*

Beweis:

(1) Ist $x \in \mathbb{R}\setminus\{0\}$ und $\varepsilon > 0$, so wähle man $\delta = \min\{\frac{|x|}{2}, \frac{|x|^2\cdot\varepsilon}{2}\}$.
Dann folgt aus $|x - y| < \delta$ zunächst $|y| \geq \frac{|x|}{2}$ und deshalb
$\left|\frac{1}{x} - \frac{1}{y}\right| = \frac{|x-y|}{|x|\cdot|y|} < \frac{2\delta}{|x|^2} \leq \varepsilon$. Die Folgen $(\frac{1}{n})$ und $(\frac{1}{2n})$ sind benachbart, die Folgen (n) und $(2n)$ jedoch nicht.

(2) Wähle $\delta = \frac{\varepsilon}{2}$. Dann folgt aus
$d_E((x,y),(x',y')) = \sqrt{(x-x')^2 + (y-y')^2} < \delta$ zunächst $|x-x'| < \delta$ und $|y-y'| < \delta$ und deshalb $|(x+y) - (x'+y')| \leq |x-x'| + |y-y'| < \varepsilon$.

(3) Ist $(x,y) \in \mathbb{R}^2$ und $\varepsilon > 0$, so wähle man $\delta = \min\{1, \frac{\varepsilon}{|x|+|y|+1}\}$. Dann folgt aus $d_E((x,y),(x',y')) < \delta$ zunächst $|x-x'| < \delta$ und $|y-y'| < \delta$, also auch $|x'| \leq |x| + 1$ und deshalb

$$\begin{aligned} |x \cdot y - x' \cdot y'| &\leq |x\cdot y - x' \cdot y| + |x' \cdot y - x' \cdot y'| \\ &= |y| \cdot |x - x'| + |x'| \cdot |y - y'| \\ &< (|y| + |x| + 1) \cdot \delta \leq \varepsilon. \end{aligned}$$

Die Folgen $((n,0))$ und $((n,\frac{1}{n}))$ sind benachbart, die Folgen $(n\cdot 0) = (0)$ und $(n \cdot \frac{1}{n}) = (1)$ jedoch nicht.

(4) und (5) folgen analog.

2.1.11 DEFINITION

(1) Für $i = 1,\dots,n$ ist p_i: $\mathbb{R}^n \to \mathbb{R}$ die durch $(x_1,\dots,x_n) \longmapsto x_i$ definierte Abbildung. Sie heißt i-te *Projektion* von $\mathbb{R}^n$.

(2) Sind f_1: $X \to \mathbb{R}, \dots, f_n$: $X \to \mathbb{R}$ Abbildungen, so bezeichne $(f_1,\dots,f_n)$: $X \to \mathbb{R}^n$ die durch $x \longmapsto (f_1(x),\dots,f_n(x))$ definierte Abbildung.

2.1.12 SATZ

(1) *Alle Projektionen* p_i: $\underline{\mathbb{R}}^n \to \underline{\mathbb{R}}$ *sind gleichmäßig stetig.*

(2) *Die Abbildung* $(f_1,\dots,f_n)$: $\underline{X} \to \underline{\mathbb{R}}^n$ *ist genau dann (gleichmäßig) stetig, wenn alle* f_i: $\underline{X} \to \underline{\mathbb{R}}$ *(gleichmäßig) stetig sind.*

Beweis:

(1) Folgt unmittelbar aus

$|p_i(x_1,\dots,x_n) - p_i(y_1,\dots,y_n)| = |x_i-y_i| \le d_E((x_1,\dots,x_n),(y_1,\dots,y_n))$.

(2) Wegen $f_i = p_i \circ (f_1,\dots,f_n)$,

2.1.12(1) und 2.1.7(3) folgt die (gleichmäßige) Stetigkeit jedes f_i aus der von $(f_1,\dots,f_n)$. Sei umgekehrt jedes f_i gleichmäßig stetig. Dann gibt es zu $\varepsilon > 0$ für jedes i ein $\delta_i > 0$, so daß aus $d(x,y) < \delta_i$ stets $|f_i(x) - f_i(y)| < \frac{\varepsilon}{\sqrt{n}}$ folgt. Wählt man $\delta = \min\limits_{1\le i\le n} \delta_i$, so folgt aus $d(x,y) < \delta$ stets

$d_E((f_1,\dots,f_n)(x),(f_1,\dots,f_n)(y))$

$= \sqrt{(f_1(x) - f_1(y))^2 + \dots + (f_n(x) - f_n(y))^2}$

$< \sqrt{n\frac{\varepsilon^2}{n}} = \varepsilon.$

Analog zeigt man die Stetigkeit.

2.1.13 SATZ

(1) *Ist* f: $\underline{X} \to \underline{\mathbb{R}}$ *stetig und* $0 \notin f[X]$, *so ist die durch* $x \longmapsto \frac{1}{f(x)}$ *definierte Abbildung* $\frac{1}{f}$: $\underline{X} \to \underline{\mathbb{R}}$ *stetig.*

(2) *Sind* f: $\underline{X} \to \underline{\mathbb{R}}$ *und* g: $\underline{X} \to \underline{\mathbb{R}}$ *(gleichmäßig) stetig, so ist die durch* $x \longmapsto f(x) + g(x)$ *definierte Abbildung* $(f+g)$: $\underline{X} \to \underline{\mathbb{R}}$ *(gleichmäßig) stetig.*

(3) *Sind* f: $\underline{X} \to \underline{\mathbb{R}}$ *und* g: $\underline{X} \to \underline{\mathbb{R}}$ *stetig, so ist die durch* $x \mapsto f(x)\cdot g(x)$ *definierte Abbildung* $(f\cdot g)$: $\underline{X} \to \underline{\mathbb{R}}$ *stetig.*

(4) *Ist* f: $\underline{X} \to \underline{\mathbb{R}}$ *gleichmäßig stetig und* $0 \notin \mathrm{cl}(f[X])$, *so ist* $\frac{1}{f}$: $\underline{X} \to \underline{\mathbb{R}}$ *gleichmäßig stetig.*

(5) *Sind* f: $\underline{X} \to \underline{\mathbb{R}}$ *und* g: $\underline{X} \to \underline{\mathbb{R}}$ *beschränkt (d.h.* $\exists\, M > 0\ \forall\, x \in X \quad |f(x)| \le M$ *und* $|g(x)| \le M$) *und gleichmäßig stetig, so ist* $(f\cdot g)$: $\underline{X} \to \underline{\mathbb{R}}$ *gleichmäßig stetig.*

Beweis:

(1) und (4) folgen aus $\frac{1}{f} = \mathrm{inv} \circ f$.

(2) folgt aus $(f + g) = \mathrm{add} \circ (f,g)$.

(3) und (5) folgen aus $(f \cdot g) = \mathrm{mult} \circ (f,g)$.

2.1.14 BEISPIELE

(1) Die durch $x \mapsto x$ definierte Abbildung $id_{\mathbb{R}} : \underline{\mathbb{R}} \to \underline{\mathbb{R}}$ ist gleichmäßig stetig, aber $(id_{\mathbb{R}} \cdot id_{\mathbb{R}}): \underline{\mathbb{R}} \to \underline{\mathbb{R}}$ ist nicht gleichmäßig stetig, wie in 2.1.8(2) gezeigt wurde, d.h. die Beschränktheit beider Funktionen in 2.1.13(5) ist wesentlich.

(2) Die durch $x \mapsto \sin x$ definierte Abbildung sin: $\underline{\mathbb{R}} \to \underline{\mathbb{R}}$ ist gleichmäßig stetig und beschränkt, aber die durch $x \mapsto x \cdot \sin x$ definierte Abbildung $(id_{\mathbb{R}} \cdot \sin): \underline{\mathbb{R}} \to \underline{\mathbb{R}}$ ist nicht gleichmäßig stetig, denn die Folgen $(2n\pi)$ und $(2n\pi + \frac{1}{n})$ sind benachbart, aber die Folgen $(2n\pi \cdot \sin(2n\pi)) = (0)$ und $((2n\pi + \frac{1}{n}) \cdot \sin(2n\pi + \frac{1}{n})) = ((2n\pi + \frac{1}{n}) \cdot \sin\frac{1}{n})$ sind nicht benachbart, da $\lim\limits_{n\to\infty}((2n\pi + \frac{1}{n}) \cdot \sin \frac{1}{n}) = 2\pi \neq 0$. Also genügt es nicht, die Beschränktheit nur einer Funktion in 2.1.13(5) zu fordern.

(3) Die durch $x \mapsto \frac{1}{x^2 + 1}$ definierte Abbildung f: $\underline{\mathbb{R}} \to \underline{\mathbb{R}}$ ist gleichmäßig stetig und $0 \notin f[\mathbb{R}]$, aber $\frac{1}{f}: \underline{\mathbb{R}} \to \underline{\mathbb{R}}$ ist nicht gleichmäßig stetig.
(Begründung analog zu 2.1.8(2)). Demnach wird die Aussage in 2.1.13(4) falsch, wenn "cl" unterdrückt wird.

2.1.15 AUFGABEN

Zeigen Sie:
(1) Eine Abbildung $f: \underline{X} \to \underline{X'}$ ist genau dann stetig, wenn $f[clA] \subset cl(f[A])$ für alle $A \subset X$ gilt.
(2) Ist $\underline{X}$ endlich oder diskret, so ist jede Abbildung $f: \underline{X} \to \underline{X'}$ gleichmäßig stetig.
(3) Sind $f: \underline{X} \to \underline{X'}$ und $g: \underline{X} \to \underline{X'}$ stetig, so ist die Menge $\{x \in X | f(x) = g(x)\}$ abgeschlossen in $\underline{X}$.
(4) Ist $f: \underline{X} \to \underline{X}$ stetig, so ist die Menge $\{x \in X | f(x) = x\}$ der Fixpunkte von f abgeschlossen in $\underline{X}$.
(5) Ist $\mathcal{A}$ eine Menge offener Mengen in $\underline{X}$ und ist $\mathcal{B}$ eine endliche Menge abgeschlossener Mengen in $\underline{X}$ mit $\bigcup\mathcal{A} = \bigcup\mathcal{B} = X$, so sind äquivalent:
(a) $f: \underline{X} \to \underline{X'}$ ist stetig
(b) für jedes $A \in \mathcal{A}$ ist die Einschränkung $f|_A: \underline{A} \to \underline{X}$ stetig
(c) für jedes $B \in \mathcal{B}$ ist die Einschränkung $f|_B: \underline{B} \to \underline{X}$ stetig.
(6) Ist $f: \mathbb{R} \to \mathbb{R}$ stetig und gilt $f(x+y) = f(x) + f(y)$ für alle $x \in \mathbb{R}$ und $y \in \mathbb{R}$, so gilt $f(x) = f(1) \cdot x$ für alle $x \in \mathbb{R}$.

2.1.16 AUFGABEN

f heißt <u>nicht-expansiv</u>, falls $d'(f(x),f(y)) \leq d(x,y)$ für alle $x \in X$ und $y \in X$ gilt. Zeigen Sie:

(1) Jede nicht-expansive Abbildung ist Lipschitz-stetig.

(2) Für jede nicht-leere Teilmenge A von X ist die durch $f(x)=\mathrm{dist}(x,A)$ definierte Abbildung $f\colon \underline{X} \to \mathbb{R}$ nicht-expansiv.

(3) Ist $\underline{X} = (X,d)$ ein metrischer Raum, so wird durch $d'((x,y),(x',y')) = \max\{d(x,x'),d(y,y')\}$ eine Metrik auf $X^2 = X \times X$ definiert. Die durch $(x,y) \mapsto d(x,y)$ definierte Abbildung $f\colon (X^2,d') \to \mathbb{R}$ ist Lipschitz-stetig, aber nicht notwendig nicht-expansiv.

(4) Seien $S^1 = \{(x,y) \in \mathbb{R}^2 \mid x^2 + y^2 = 1\}$ und $K = \{(x,y) \in \mathbb{R}^2 \mid x^2+y^2 \leq 1\}$. Dann existiert keine nicht-expansive Abbildung $f\colon \underline{K} \to \underline{S^1}$ mit $f(x,y) = (x,y)$ für alle $(x,y) \in S^1$.

2.2 ÄQUIVALENTE METRIKEN, ISOMORPHISMEN

2.2.1 DEFINITION

(1) Eine bijektive Abbildung $f\colon \underline{X} \to \underline{X'}$ heißt

(i) eine *Isometrie* oder ein *metrischer Isomorphismus*, wenn für $x \in X$ und $y \in X$ stets $d(x,y) = d'(f(x),f(y))$ gilt,

(ii) ein *uniformer Isomorphismus*, wenn sowohl $f\colon \underline{X} \to \underline{X'}$ als auch $f^{-1}\colon \underline{X'} \to \underline{X}$ gleichmäßig stetig sind,

(iii) ein *Homöomorphismus* oder *topologischer Isomorphismus*, wenn sowohl $f\colon \underline{X} \to \underline{X'}$ als auch $f^{-1}\colon \underline{X'} \to \underline{X}$ stetig sind.

Ein *Isomorphismus* wird auch als *Isomorphie* bezeichnet.

(2) Zwei metrische Räume $\underline{X}$ und $\underline{X'}$ heißen *metrisch (uniform, topologisch) isomorph*, wenn es einen metrischen (uniformen, topologischen) Isomorphismus $f\colon \underline{X} \to \underline{X'}$ gibt.

(3) Zwei Metriken d und d' auf einer Menge X heißen *uniform (bzw. topologisch) äquivalent*, wenn die Identität $id_X\colon (X,d) \to (X,d')$, $x \mapsto x$, ein uniformer (bzw. topologischer) Isomorphismus ist.

2.2.2 SATZ

(1) *Jede Isometrie ist ein uniformer Isomorphismus und jeder uniforme Isomormphismus ein Homöomorphismus.*

(2) *Für jeden metrischen Raum* $\underline{X}$ *ist* $id_X\colon \underline{X} \to \underline{X}$ *eine metrische Isomorphie.*

(3) *Ist* $f\colon \underline{X} \to \underline{X'}$ *eine metrische (uniforme, topologische) Isomorphie, so auch* $f^{-1}\colon \underline{X'} \to \underline{X}$.

(4) *Sind* $f\colon \underline{X} \to \underline{X'}$ *und* $g\colon \underline{X'} \to \underline{X''}$ *metrische (uniforme, topologische) Isomorphien, so auch* $g \circ f\colon \underline{X} \to \underline{X''}$.

Beweis:

(1) Sei $f\colon \underline{X} \to \underline{X'}$ ein metrischer Isomorphismus.

Mit $r := 1$ gilt für $x,y \in X$ stets: $d'(f(x),f(y)) \leq r \cdot d(x,y)$. f ist also nach 2.1.7(1) gleichmäßig stetig. Ebenso gilt für $x',y' \in X'$ stets:

$$d(f^{-1}(x'),\ f^{-1}(y') = d'(f(f^{-1}(x')),\ f(f^{-1}(y')))$$
$$= d'(x',y'),$$

und f^{-1} ist daher nach 2.1.7(1) ebenfalls gleichmäßig stetig.
Ist f ein uniformer Isomorphismus, so ist f ein Homöomorphismus nach 2.1.7(2).
(2) trivial.
(3) ist klar wegen $(f^{-1})^{-1} = f$.
(4) Seien f,g metrische Isomorphien. Dann gilt für $x,y \in X$ stets: $d(x,y) = d'(f(x),f(y))$

$$= d''(g(f(x)),g(f(y))),$$

und $g \circ f$ ist bijektiv.
Sind f,g uniforme (topologische) Isomorphien, so ist auch $g \circ f$ eine uniforme (topologische) Isomorphie wegen 2.1.7(3) und $(g\circ f)^{-1}=f^{-1}\circ g^{-1}$.

2.2.3 FOLGERUNG

(1) *Die metrische (uniforme, topologische) Isomorphie ist eine Äquivalenzrelation auf der Gesamtheit aller metrischen Räume.*
(2) *Für jede Menge* X *ist die durch 2.2.1(3) gegebene uniforme (topologische) Äquivalenz eine Äquivalenzrelation auf der Menge aller Metriken auf* X.

2.2.4 BEMERKUNG

Die Unterschiede zwischen metrisch isomorphen Räumen sind für den Mathematiker irrelevant. Uniform isomorphe Räume haben immer noch so viele Eigenschaften gemeinsam, daß wir sie als "im wesentlichen gleich" behandeln werden. Für sehr viele Betrachtungen sind selbst die Unterschiede zwischen topologisch isomorphen Räumen unerheblich. Bevor wir uns Beispielen zuwenden, soll in den nächsten beiden Sätzen deutlich gemacht werden, um welche Eigenschaften es sich dabei handelt.

2.2.5 SATZ

Sind d *und* d' *Metriken auf einer Menge* X, *so sind äquivalent:*
(a) d *und* d' *sind uniform äquivalent.*
(b) *Je zwei Teilmengen von* X *sind genau dann benachbart bzgl.* d, *wenn sie benachbart bzgl.* d' *sind.*
(c) *Je zwei Folgen in* X *sind genau dann benachbart bzgl.* d, *wenn sie benachbart bzgl.* d' *sind.*

(d) *Eine Teilmenge von* X *ist genau dann gleichmäßige Umgebung von einer Menge bzgl.* d, *wenn sie gleichmäßige Umgebung dieser Menge bzgl.* d' *ist.*

Beweis:
Der Satz folgt unmittelbar aus 2.1.6 und 2.2.1(3).

2.2.6 SATZ
Sind d *und* d' *Metriken auf einer Menge* X, *so sind äquivalent:*
(a) d *und* d' *sind topologisch äquivalent.*
(b) *Eine Teilmenge von* X *ist genau dann abgeschlossen bzgl.* d, *wenn sie abgeschlossen bzgl.* d' *ist.*
(c) *Eine Teilmenge von* X *ist genau dann offen bzgl.* d, *wenn sie offen bzgl.* d' *ist.*
(d) *Ein Punkt von* X *ist genau dann Berührpunkt einer Teilmenge von* X *bzgl.* d, *wenn er Berührpunkt dieser Menge bzgl.* d' *ist.*
(e) *Eine Teilmenge von* X *ist genau dann Umgebung eines Punktes von* X *bzgl.* d, *wenn sie Umgebung dieses Punktes bzgl.* d' *ist.*
(f) *Eine Folge in* X *konvergiert genau dann gegen einen Punkt bzgl.* d, *wenn sie bzgl.* d' *gegen diesen Punkt konvergiert.*

Beweis:
Der Satz folgt mit 2.2.1(3) unmittelbar aus 2.1.2 und 2.1.4.

2.2.7 BEMERKUNG
Eigenschaften von metrischen Räumen, Teilmengen von metrischen Räumen, Folgen in metrischen Räumen usf., die unter metrischen (uniformen, topologischen) Isomorphismen erhalten bleiben, heißen *metrische (uniforme, topologische) Eigenschaften.* Jede topologische Eigenschaft ist uniform, jede uniforme Eigenschaft ist metrisch. Die Eigenschaften "offen, abgeschlossen, Berührpunkt, Umgebung, offener Kern, abgeschlossene Hülle, Grenzwert, Verdichtungspunkt" sind sämtlich topologische Eigenschaften. Ferner: Die Eigenschaften "benachbarte Mengen, benachbarte Folgen, gleichmäßige Umgebung" sind uniforme Eigenschaften, die - wie wir sehen werden - nicht topologisch sind. Die Eigenschaften "Abstand zweier Punkte, Abstand zweier Mengen, offene Kugel" sind metrisch, aber nicht uniform.

2.2.8 SATZ
Sind d *und* d' *Metriken auf* X *und gilt:*
$\exists r > 0\ \exists s > 0\ \forall x \in X\ \forall y \in X\quad r \cdot d(x,y) \leq d'(x,y) \leq s \cdot d(x,y)$, *so*

sind d *und* d' *uniform äquivalent.*

Beweis:
Satz 2.1.7(1).

2.2.9 BEISPIELE (*Äquivalenz von Metriken*)

(1) Auf $I = [0,1]$ sind die durch $d(x,y) = |x-y|$ und $d'(x,y) = |x^2-y^2|$ definierten Metriken uniform äquivalent (warum ?), aber die Bedingung von Satz 2.2.8 ist nicht erfüllt, denn es gilt $d(0,\frac{1}{n}) = n \cdot d'(0,\frac{1}{n})$.

(2) Die Metriken d_E, d_M und d_S auf $\mathbb{R}^n$ sind
(i) für $n = 1$ identisch,
(ii) für $n > 1$ paarweise verschieden, aber uniform äquivalent, denn es gilt für alle $x \in \mathbb{R}^n$, $y \in \mathbb{R}^n$:
$\frac{1}{n} \cdot d_S(x,y) \leq d_M(x,y) \leq d_E(x,y) \leq d_S(x,y)$.

(3) Auf $\mathbb{R}^n$ sind die diskrete Metrik d_D und die Euklidische Metrik d_E nicht topologisch äquivalent.

(4) Auf der Menge $\mathbb{R}^+ = \{r \in \mathbb{R} \mid r \geq 0\}$ sind die durch $d(x,y) = |x - y|$ und $d'(x,y) = |x^2-y^2|$ definierten Metriken topologisch äquivalent, aber nicht uniform äquivalent. Die Folgen (n) und $(n + \frac{1}{n})$ sind benachbart bzgl. d, aber nicht bzgl. d'. Die Eigenschaft zweier Folgen, benachbart zu sein, ist also keine topologische Eigenschaft.

(5) Ist d eine Metrik auf X und r eine positive reelle Zahl, so sind die durch $d'(x,y) = r \cdot d(x,y)$ und $d''(x,y) = \min\{d(x,y),r\}$ definierten Metriken uniform äquivalent zu d. Ersteres besagt, daß die uniformen und damit auch die topologischen Eigenschaften eines metrischen Raumes unabhängig sind von der Wahl der Maßeinheiten, mit der man Abstände mißt. Letzteres besagt, daß jede Metrik zu einer beschränkten Metrik uniform äquivalent ist.

(6) Sind $(X_1,d_1),\ldots,(X_n,d_n)$ metrische Räume, so sind die durch

$$d_E((x_1,\ldots,x_n),(y_1,\ldots,y_n)) = \sqrt{(d_1(x_1,y_1))^2 + \ldots + (d_n(x_n,y_n))^2},$$

$$d_S((x_1,\ldots,x_n),(y_1,\ldots,y_n)) = d_1(x_1,y_1) + \ldots + d_n(x_n,y_n) \quad \text{und}$$

$$d_M((x_1,\ldots,x_n),(y_1\ldots,y_n)) = \max\{d_1(x_1,y_1),\ldots,d_n(x_n,y_n)\}$$

definierten Metriken auf der Menge $X_1 \times \ldots \times X_n$ paarweise uniform äquivalent, denn es gilt für alle $x \in X_1 \times \ldots \times X_n$, $y \in X_1 \times \ldots \times X_n$:
$\frac{1}{n} d_S(x,y) \leq d_M(x,y) \leq d_E(x,y) \leq d_S(x,y)$.

Da die von uns untersuchten Metriken auf $\mathbb{R}^n$ offenbar Spezialfälle der hier eingeführten Metriken sind, bezeichnen wir letztere auch als die *Euklidische Metrik* d_E, die *Summen-Metrik* d_S und die *Maximum-Metrik* d_M auf dem Produkt $X_1 \times \ldots \times X_n$. Als ein *uniformes Produkt* der Räume $(X_1,d_1),\ldots,(X_n,d_n)$ bezeichnet man jeden metrischen Raum $(X_1\times\ldots\times X_n,d)$, für den d zu einer (und somit zu allen) der Metriken d_E, d_S und d_M uniform äquivalent ist.

2.2.1o BEISPIELE (*Isomorphie von metrischen Räumen*)

(1) Sind r und s reelle Zahlen mit $r < s$, so induziert $x \mapsto r+(s-r)x$ uniforme Isomorphismen zwischen den folgenden Teilräumen von $\mathbb{R}$:

(i) $[0,1] \to [r,s]$

(ii) $[0,1[\to [r,s[$

(iii) $]0,1] \to]r,s]$

(iv) $]0,1[\to]r,s[$

Diese Isomorphismen sind metrische Isomorphismen genau dann, wenn $s - r = 1$ gilt. Andernfalls gibt es keine metrischen Isomorphismen zwischen den entsprechenden Räumen.

(2) Durch $x \mapsto (-x)$ wird ein metrischer Isomorphismus $[0,1[\to]-1,0]$ induziert.

(3) Durch $x \mapsto \tan x$ wird ein Homöomorphismus $]-\frac{\pi}{2},+\frac{\pi}{2}[\to \mathbb{R}$ induziert.

(4) Durch $x \mapsto e^x$ wird ein Homöomorphismus $\mathbb{R} \to \{r \in \mathbb{R} \mid r > 0\}$ induziert.

(5) Die Räume $[0,1]$ und $]0,1[$ sind nicht topologisch isomorph. Wäre nämlich $f\colon [0,1] \to]0,1[$ ein Homöomorphismus, so hätte die Folge $(f^{-1}(\frac{1}{n}))$ bekanntlich einen Verdichtungspunkt x in $[0,1]$ und somit wäre f(x) ein Verdichtungspunkt der Folge $(\frac{1}{n})$ in $]0,1[$, was nicht möglich ist, da die Folge $(\frac{1}{n})$ keinen Verdichtungspunkt in $]0,1[$ hat. Genauso zeigt man, daß auch die Räume $[0,1]$ und $]0,1]$ nicht topologisch isomorph (= homöomorph) sind.

(6) Die Räume $[0,1[$ und $]0,1[$ sind nicht topologisch isomorph. Wäre nämlich $f\colon [0,1[\to]0,1[$ ein Homöomorphismus, so gäbe es Punkte $a \in]0,1[$ und $b \in]0,1[$ mit $a < f(0) < b$. Sei $r = f^{-1}(a)$ und $s = f^{-1}(b)$.

Fall 1: $r < s$. Die Einschränkung $\tilde{f}\colon [r,s] \to]0,1[$ von f ist eine stetige Abbildung mit $\tilde{f}(r) = a < f(0) < b = \tilde{f}(s)$. Es gibt aber wegen der Bijektivität von f kein $x \in [r,s]$ mit $\tilde{f}(x) = f(0)$ im Widerspruch zum Zwischenwertsatz der Analysis.

Fall 2: $s < r$ führt analog zu einem Widerspruch. Später, wenn wir die geeigneten Begriffe bereitgestellt haben, werden wir einen viel kürzeren und einfacheren Beweis geben.

(7) Für $n \neq m$ sind die metrischen Räume $\underline{\mathbb{R}}^n$ und $\underline{\mathbb{R}}^m$ nicht metrisch isomorph. Das folgt unmittelbar aus der Beobachtung (Beweis ?), daß $\underline{\mathbb{R}}^n$ einen diskreten Teilraum mit $n + 1$ Elementen, aber keinen diskreten Teilraum mit mehr als $n + 1$ Elementen besitzt. Die Tatsache, daß die metrischen Räume $\underline{\mathbb{R}}^n$ und $\underline{\mathbb{R}}^m$ für $n \neq m$ auch nicht topologisch isomorph sind (Brouwers Satz von der Invarianz der Dimension), ist (für $\mathrm{Min}\,\{n,m\} > 1$) erheblich schwerer zu beweisen. (Vergl. 5.1.25(3).)

2.2.11 BEMERKUNG

(1) Sind r und s reelle Zahlen mit $r < s$, so sind die Räume $\underline{I} = \underline{[0,1]}$ und $\underline{[r,s]}$ nach 2.2.10(1) uniform isomorph. Da wir in der Regel nur an uniformen Eigenschaften interessiert sind, werden wir uns die Freiheit nehmen, immer dann, wenn es die Betrachtung erleichtert, den Raum $\underline{I}$ durch einen geeigneten Raum $\underline{[r,s]}$ zu ersetzen. Entsprechend werden wir mit $\underline{]0,1[}$ und $\underline{]r,s[}$ verfahren.

(2) Die Räume $]0,1[$, $\{r \in \mathbb{R} \mid r > 0\}$ und $\underline{\mathbb{R}}$ sind, wie wir in 2.2.10 gesehen haben, paarweise topologisch isomorph. Sind wir nur an topologischen Eigenschaften interessiert, so werden wir - analog wie oben - immer dann, wenn es die Betrachtungen erleichtert, den Raum $\underline{\mathbb{R}}$ durch $\underline{]0,1[}$ oder $\underline{\{r \in \mathbb{R} \mid r > 0\}}$ oder einen Raum der Form $\underline{]r,s[}$ ersetzen. Sind wir hingegen an uniformen Eigenschaften interessiert, die nicht topologisch sind, so dürfen wir keine dieser Ersetzungen vornehmen. Keine zwei der Räume $\underline{\mathbb{R}}$, $]0,1[$ und $\underline{\{r \in \mathbb{R} \mid r > 0\}}$ sind nämlich uniform isomorph. Das werden wir für $\underline{]0,1[}$ und $\underline{\mathbb{R}}$ in 2.3.8 beweisen. Einen einfacheren Beweis dafür, daß keine zwei der Räume $\underline{]0,1[}$, $\underline{\mathbb{R}}$ und $\underline{\{r \in \mathbb{R} \mid r > 0\}}$ uniform isomorph sind, werden wir im nächsten Paragraphen geben, nachdem der Begriff der Cauchy-Folge als geeignetes Hilfsmittel bereitgestellt worden ist.

2.2.12 AUFGABEN

Zeigen Sie:

(1) Je zwei Metriken auf einer endlichen Menge X sind uniform äquivalent.

(2) Sei d_E die durch $d_E(x,y) = |x - y|$ definierte Euklidische Metrik auf $\underline{X} = \underline{[0,1]}$, und sei d eine zu d_E topologisch äquivalente Metrik auf $\underline{[0,1]}$. Dann sind d_E und d uniform äquivalent.

(3) Sei d_E die durch $d_E(x,y) = |x - y|$ definierte Euklidische Metrik auf $\underline{X} =]0,1[$. Finden Sie eine zu d_E topologisch äquivalente Metrik d auf $]0,1[$, die zu d_E nicht uniform äquivalent ist.

(4) Auf $\mathbb{N}$ wird durch $d(x,y) = |\frac{1}{x} - \frac{1}{y}|$ eine zur diskreten Metrik topologisch aber nicht uniform äquivalente Metrik definiert.

(5) Folgende Aussagen sind äquivalent:

(a) d ist uniform äquivalent zur diskreten Metrik auf X

(b) (X,d) ist zu einem diskreten metrischen Raum uniform isomorph

(c) für jeden metrischen Raum $\underline{X'}$ ist jede Abbildung f: $(X,d) \to \underline{X'}$ gleichmäßig stetig

(d) disjunkte Teilmengen von X sind nicht benachbart in (X,d)

(e) $\text{Inf}\,\{d(x,y) \mid x \in X \text{ und } y \in X \text{ und } x \neq y\} > 0$.

(6) Folgende Aussagen sind äquivalent:

(a) d ist topologisch äquivalent zur diskreten Metrik auf X

(b) (X,d) ist zu einem diskreten metrischen Raum topologisch isomorph

(c) für jeden metrischen Raum $\underline{X'}$ ist jede Abbildung f: $(X,d) \to \underline{X'}$ stetig

(d) (X,d) erfüllt eine (und somit jede) der Bedingungen von 1.3.22(4).

2.2.13 AUFGABEN

Konstruieren Sie je eine Abbildung $f: \mathbb{R} \to \mathbb{R}$, so daß

(1) f ein metrischer Isomorphismus, aber nicht die Identität ist,

(2) f ein uniformer, aber kein metrischer Isomorphismus ist,

(3) f ein topologischer, aber kein uniformer Isomorphismus ist.

2.3 FORTSETZUNG (GLEICHMÄSSIG) STETIGER ABBILDUNGEN NACH [0,1],]0,1[UND $\mathbb{R}$

Sind $\underline{X}$ und $\underline{X'}$ metrische Räume, ist $\underline{A}$ ein Teilraum von $\underline{X}$ und ist $f: \underline{A} \to \underline{X'}$ eine (gleichmäßig) stetige Abbildung, so wollen wir die Frage, ob sich f zu einer (gleichmäßig) stetigen Abbildung $g: \underline{X} \to \underline{X'}$ fortsetzen läßt (d.h. $g|_A = f$), kurz als das Fortsetzbarkeitsproblem bezeichnen. Dieses Problem ist aus zweierlei Gründen interessant:

(1) Viele Begriffe und Sätze der Analysis bzw. der Topologie lassen sich auf folgende Form bringen: Unter gewissen Voraussetzungen an $\underline{X}$, $\underline{X'}$, $\underline{A}$ und f ist das Fortsetzbarkeitsproblem lösbar (bzw. nicht lösbar). Das werden wir in 2.3.1 am Beispiel des Zwischenwertsatzes der Analysis näher erklären.

(2) Weiß man, daß zwischen zwei metrischen Räumen "hinreichend viele" (gleichmäßig) stetige Abbildungen existieren, so ist man häufig in

der Lage, aus der Kenntnis der Struktur des einen Raumes wichtige Kenntnisse über die Struktur des anderen Raumes zu gewinnen. Insbesondere werden wir in Paragraph 7 zeigen, daß jeder metrische Raum $\underline{X}$, für den "hinreichend viele" (gleichmäßig) stetige Abbildungen in einen der Räume $\underline{\mathbb{R}}$, $\underline{[0,1]}$, $\underline{\{0,1\}}$ bzw. $\underline{\mathbb{N}}$ existieren, uniform bzw. topologisch isomorph ist zu einem Raum, der vermöge besonders einfacher und übersichtlicher Konstruktionen aus $\underline{\mathbb{R}}$, $\underline{[0,1]}$, $\underline{\{0,1\}}$ bzw. $\underline{\mathbb{N}}$ gewonnen werden kann. Weiß man nun, daß sich für hinreichend viele Teilräume $\underline{A}$ von $\underline{X}$ das Fortsetzbarkeitsproblem lösen läßt, so erhält man "hinreichend viele" (gleichmäßig) stetige Abbildungen $\underline{X} \to \underline{X}'$; denn für "kleine" Teilräume von $\underline{X}$ gibt es i. allg. sehr viele (gleichmäßig) stetige Abbildungen nach $\underline{X}'$, z.B. ist jede Abbildung von einem endlichen Teilraum von $\underline{X}$ nach $\underline{X}'$ gleichmäßig stetig (vergl. Aufgabe 2.1.15(2)).

In diesem Paragraphen werden wir das Fortsetzbarkeitsproblem unter folgenden Einschränkungen vollständig lösen:

(1) $\underline{A}$ ist ein abgeschlossener Teilraum von $\underline{X}$ (d.h. A ist eine abgeschlossene Teilmenge von $\underline{X}$, und $\underline{A}$ ist der zugehörige Teilraum).
(2) $\underline{X}'$ ist einer der Räume $\underline{[0,1]}$, $\underline{]0,1[}$ bzw. $\underline{\mathbb{R}}$.

Diese Ergebnisse gehen auf H. Tietze und P. Urysohn zurück (Tietze-Urysohnsche Fortsetzbarkeitssätze)

2.3.1 BEISPIELE

(1) Der Zwischenwertsatz der Analysis läßt sich folgendermaßen formulieren: Sind a,b,c,d,e reelle Zahlen mit $a < b$ und $c < d < e$ (oder $e < d < c$), so läßt sich die durch $f(a) = c$ und $f(b) = e$ definierte stetige Abbildung $f\colon \underline{\{a,b\}} \to \underline{\mathbb{R}\setminus\{d\}}$ nicht zu einer stetigen Abbildung $g\colon \underline{[a,b]} \to \underline{\mathbb{R}\setminus\{d\}}$ fortsetzen.

(2) Bezeichnet man die Menge aller Punkte des $\underline{\mathbb{R}}^{n+1}$, deren Abstand vom Nullpunkt gleich 1 ist, mit S^n, so läßt sich die durch $x \mapsto x$ definierte gleichmäßig stetige Abbildung $\underline{S}^n \to \underline{S}^n$ nicht zu einer stetigen Abbildung $\underline{\mathbb{R}}^{n+1} \to \underline{S}^n$ fortsetzen. Dieser Satz, der für $n = 0$ sofort aus dem Zwischenwertsatz folgt und dessen Beweis für $n \geq 1$ den Rahmen dieses Kurses sprengen würde, gehört zu den bemerkenswertesten Sätzen der Topologie mit Anwendung in den verschiedensten Zweigen der Mathematik.

(3) Jede Abbildung $f\colon \underline{\mathbb{Z}} \to \underline{\mathbb{R}}$ ist stetig und läßt sich zu einer stetigen Abbildung $g\colon \underline{\mathbb{R}} \to \underline{\mathbb{R}}$ fortsetzen. Bezeichnet man für jedes $x \in \mathbb{R}$ mit n_x diejenige ganze Zahl, für die $n_x \leq x < n_x+1$ gilt, so wird durch $g(x) = (n_x+1-x) \cdot f(n_x) + (x-n_x) \cdot f(n_x+1)$ eine stetige Fortsetzung

g: $\underline{\mathbb{R}} \to \underline{\mathbb{R}}$ von f definiert:

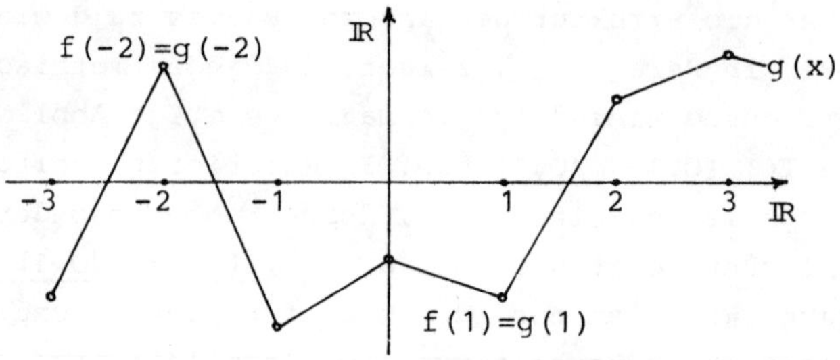

Mit demselben Verfahren läßt sich zeigen, daß für jede abgeschlossene Teilmenge A von $\underline{\mathbb{R}}$ jede stetige Abbildung f: $\underline{A} \to \underline{\mathbb{R}}$ zu einer stetigen Abbildung g: $\underline{\mathbb{R}} \to \underline{\mathbb{R}}$ fortgesetzt werden kann. Dem Leser sei empfohlen, die Konstruktion von g und den Nachweis der Stetigkeit von g selbst durchzuführen. Wir werden in diesem Paragraphen einen sehr viel allgemeineren Satz (allerdings mit einem komplizierteren Verfahren) beweisen.

(4) Jede Abbildung f: $\underline{\mathbb{Z}} \to \underline{\mathbb{R}}$ ist gleichmäßig stetig. Aber die durch $f(x) = x^2$ definierte Abbildung f: $\underline{\mathbb{Z}} \to \underline{\mathbb{R}}$ läßt sich nicht zu einer gleichmäßig stetigen Abbildung g: $\underline{\mathbb{R}} \to \underline{\mathbb{R}}$ fortsetzen. Ist nämlich g eine Fortsetzung von f, so gilt $g(n+1) - g(n) = (n+1)^2 - n^2 = 2n + 1$ für jedes $n \in \mathbb{N}$. Hieraus folgt durch Teilung von $[n,n+1]$ in $2n + 1$ gleich lange Intervalle, daß Punkte x_n und y_n in $[n,n+1]$ mit $|x_n - y_n| = \frac{1}{2n+1}$ und $|g(x_n) - g(y_n)| \geq 1$ existieren. So gebildete Folgen (x_n) und (y_n) sind benachbart in $\underline{\mathbb{R}}$ (vgl. 1.3.12), aber $(g(x_n))$ und $(g(y_n))$ sind nicht benachbart in $\underline{\mathbb{R}}$. Also ist g: $\underline{\mathbb{R}} \to \underline{\mathbb{R}}$ nicht gleichmäßig stetig.

Nach diesen negativen Antworten auf das Fortsetzbarkeitsproblem wenden wir uns den positiven Resultaten zu. Zunächst folgende Frage: Sei A eine Teilmenge von X, und sei x ein Punkt von X mit $x \notin \mathrm{cl}A$; ist dann die durch $f(x) = 1$ und $f(a) = 0$ für alle $a \in A$ definierte gleichmäßig stetige Abbildung von dem durch $A \cup \{x\}$ bestimmten Teilraum von $\underline{X}$ nach $\underline{\mathbb{R}}$ fortsetzbar zu einer gleichmäßig stetigen Abbildung $\underline{X} \to \underline{\mathbb{R}}$? Folgender Satz liefert eine konstruktive positive Antwort:

2.3.2 SATZ

Für jede nicht-leere Teilmenge A *von* $\underline{X}$ *ist die durch* $f(x) = \mathrm{dist}(x,A)$ *definierte Abbildung* f: $\underline{X} \to \underline{\mathbb{R}}$ *gleichmäßig stetig.*

Beweis:

Für alle $x \in X$, $y \in X$, $a \in A$ gilt

$dist(x,A) \leq d(x,a) \leq d(x,y) + d(y,a)$, also
$dist(x,A) - d(x,y) \leq d(y,a)$, also $dist(x,A) - d(x,y) \leq dist(y,A)$,
also $f(x) - f(y) \leq d(x,y)$. Analog folgt $f(y) - f(x) \leq d(y,x)$,
also $d_E(f(x),f(y)) = |f(x) - f(y)| \leq d(x,y)$. Somit ist f gleichmäßig stetig (vgl. 2.1.7(1)).

Sind A und B nicht-leere, disjunkte Teilmengen von $\underline{X}$, so wird durch $x \mapsto \begin{cases} 0, & \text{falls } x \in A \\ 1, & \text{falls } x \in B \end{cases}$ eine Abbildung von dem durch $A \cup B$ bestimmten Teilraum von $\underline{X}$ nach $\underline{[0,1]}$ definiert. Hat diese Abbildung eine stetige (bzw. gleichmäßig stetige) Fortsetzung $f: \underline{X} \to \underline{[0,1]}$, so gilt $clA \cap clB = \emptyset$ (bzw. A und B sind nicht benachbart), was Sie selbst zeigen sollten. Der nächste Satz zeigt, daß diese notwendigen Bedingungen auch hinreichend für die (gleichmäßig) stetige Fortsetzbarkeit sind. Der Beweis ist wieder konstruktiv.

<u>2.3.3 SATZ</u> *(Urysohnsches Lemma für metrische Räume)*
Sind A und B nicht-leere Teilmengen von X mit $clA \cap clB = \emptyset$, so wird durch $f(x) = \frac{dist(x,A)}{dist(x,A)+dist(x,B)}$ *eine stetige Abbildung* $f: \underline{X} \to \underline{[0,1]}$ *definiert. Diese Abbildung ist genau dann gleichmäßig stetig, wenn A und B nicht benachbart sind.*

Beweis:
(1) Die durch $g(x) = dist(x,A)$ und $h(x) = dist(x,B)$ definierten Abbildungen $g,h: \underline{X} \to \underline{\mathbb{R}}$ sind nach 2.3.2 stetig. Also ist auch $k := g + h: \underline{X} \to \underline{\mathbb{R}}$ stetig. Wegen $clA \cap clB = \emptyset$ gilt $0 \notin k[X]$. Also ist $\frac{g}{k}: \underline{X} \to \underline{\mathbb{R}}$ stetig. Wegen $\frac{g}{k}[X] \subset [0,1]$ ist die induzierte Abbildung $f: \underline{X} \to \underline{[0,1]}$ ebenfalls stetig.

(2) Ist f gleichmäßig stetig, so sind A und B nicht benachbart in $\underline{X}$, denn andernfalls müßten $f[A] = \{0\}$ und $f[B] = \{1\}$ benachbart in $\underline{[0,1]}$ sein, was offenbar nicht der Fall ist.

(3) Sei $dist(A,B) = r > 0$. Dann gilt (mit obigen Bezeichnungen) für alle $x \in X$ sowohl $\frac{g(x)}{k(x)} \leq 1$ als auch $k(x) \geq r$, also $\frac{1}{k(x)} \leq \frac{1}{r}$. Da die Abbildungen $g: \underline{X} \to \underline{\mathbb{R}}$ und $k: \underline{X} \to \underline{\mathbb{R}}$ gleichmäßig stetig sind, gibt es zu jedem $\varepsilon > 0$ ein $\delta > 0$, so daß aus $d(x,y) < \delta$ sowohl $|g(x) - g(y)| < \frac{r \cdot \varepsilon}{2}$ als auch $|k(x) - k(y)| < \frac{r \cdot \varepsilon}{2}$ folgt. Somit folgt aus $d(x,y) < \delta$ stets

$$|f(x)-f(y)| = \left|\frac{g(x)}{k(x)} - \frac{g(y)}{k(y)}\right| = \frac{|g(x) \cdot k(y) - k(x) \cdot g(y)|}{k(x) \cdot k(y)}$$

$$\leq \frac{|g(x) \cdot k(y) - g(x) \cdot k(x)| + |g(x) \cdot k(x) - k(x) \cdot g(y)|}{k(x) \cdot k(y)}$$

$$= \frac{g(x)}{k(x)} \left(\frac{|k(y) - k(x)|}{k(y)} + \frac{|g(x) - g(y)|}{k(y)} \right)$$

$$< 1 \cdot \left(\frac{\frac{r \cdot \varepsilon}{2}}{r} + \frac{\frac{r \cdot \varepsilon}{2}}{r} \right) = \varepsilon.$$

Also ist f: $\underline{X} \to \underline{[0,1]}$ gleichmäßig stetig.

Mit obigem Satz ist ein wichtiges Hilfsmittel zur Lösung des Fortsetzbarkeitsproblems bereitgestellt. Das andere Hilfsmittel liefert der folgende, in speziellerer Form bereits aus der Analysis bekannte, nützliche Satz:

2.3.4 SATZ

Konvergiert eine Folge (f_n) *(gleichmäßig) stetiger Abbildungen* $f_n\colon \underline{X} \to \underline{[0,1]}$ *gleichmäßig gegen eine Funktion f (d.h. es gilt* $\forall \varepsilon > 0 \ \exists m \ \forall n \geq m \ \forall x \in X \ |f_n(x) - f(x)| < \varepsilon$*), so ist* f: $\underline{X} \to \underline{[0,1]}$ *(gleichmäßig) stetig.*

Beweis:
Wir beweisen den "gleichmäßig stetigen Teil" der Aussage; der andere verläuft völlig analog. Sei $\varepsilon > 0$. Dann gibt es ein $n \in \mathbb{N}$, so daß für alle $x \in X$ gilt $|f_n(x) - f(x)| < \frac{\varepsilon}{3}$. Da f_n gleichmäßig stetig ist, gibt es ein $\delta > 0$, so daß aus $d(x,y) < \delta$ stets $|f_n(x) - f_n(y)| < \frac{\varepsilon}{3}$ folgt. Somit folgt aus $d(x,y) < \delta$ stets
$|f(x) - f(y)| \leq |f(x) - f_n(x)| + |f_n(x) - f_n(y)| + |f_n(y) - f(y)| < \varepsilon.$

2.3.5 THEOREM (*Fortsetzbarkeitstheorem für* $\underline{[0,1]}$)

Ist $\underline{A}$ *ein abgeschlossener Teilraum von* $\underline{X}$*, so läßt sich jede (gleichmäßig) stetige Abbildung* f: $\underline{A} \to \underline{[0,1]}$ *zu einer (gleichmäßig) stetigen Abbildung* g: $\underline{X} \to \underline{[0,1]}$ *fortsetzen.*

Beweis:
Da die Beweise für den stetigen und den gleichmäßig stetigen Fall völlig analog verlaufen, beschränken wir uns auf den gleichmäßig stetigen Fall. Da die metrischen Räume $\underline{[-1,+1]}$ und $\underline{[0,1]}$ uniform isomorph sind, können wir den Satz mit $\underline{[-1,+1]}$ anstelle von $\underline{[0,1]}$ beweisen, was etwas bequemer ist. Sei also f: $\underline{A} \to \underline{[-1,+1]}$ gleichmäßig stetig. Durch Induktion definieren wir jetzt Folgen $(f_n\colon \underline{A} \to \underline{[-(\frac{2}{3})^n, (\frac{2}{3})^n]})$ und $(g_n\colon \underline{X} \to \underline{\left[\frac{-2^{n-1}}{3^n}, \frac{2^{n-1}}{3^n}\right]})$ gleichmäßig stetiger Abbildungen.

Induktionsanfang: $A_1 = \overset{-1}{f}\left[[-1,-\frac{1}{3}]\right]$ und $B_1 = \overset{-1}{f}\left[[\frac{1}{3},1]\right]$ sind nicht benachbart. Also existiert nach 2.3.3 eine gleichmäßig stetige Abbildung $g_1\colon \underline{X} \to \underline{[-\frac{1}{3},+\frac{1}{3}]}$ mit $g_1(a) = -\frac{1}{3}$ für alle $a \in A_1$ und $g_1(b) = \frac{1}{3}$ für alle $b \in B_1$ (z.B. $g_1(x) = \frac{2}{3}\,\mathrm{dist}(x,A_1)\cdot(\mathrm{dist}(x,A_1)+\mathrm{dist}(x,B_1))^{-1} - \frac{1}{3}$). Dann wird durch $f_1(x) = f(x) - g_1(x)$ eine gleichmäßig stetige Abbildung $f_1\colon \underline{A} \to \underline{[-\frac{2}{3},+\frac{2}{3}]}$ definiert.

Induktionsschluß: Seien f_n und g_n definiert. Dann sind $A_{n+1} = f_n^{-1}([-(\frac{2}{3})^n, -\frac{1}{3}\cdot(\frac{2}{3})^n])$ und $B_{n+1} = f_n^{-1}([\frac{1}{3}\cdot(\frac{2}{3})^n, (\frac{2}{3})^n])$ nicht benachbart. Also existiert nach 2.3.3 eine gleichmäßig stetige Abbildung $g_{n+1}\colon \underline{X} \to \underline{\left[-\frac{2^n}{3^{n+1}}, \frac{2^n}{3^{n+1}}\right]}$ mit $g_{n+1}(a) = -\frac{2^n}{3^{n+1}}$ für $a \in A_{n+1}$ und $g_{n+1}(b) = \frac{2^n}{3^{n+1}}$ für $b \in B_{n+1}$ (z.B. $g_{n+1}(x) = (\frac{2}{3})^{n+1}\cdot\mathrm{dist}(x,A_{n+1})\cdot(\mathrm{dist}(x,A_{n+1})+\mathrm{dist}(x,B_{n+1}))^{-1} - \frac{2^n}{3^{n+1}}$). Folglich wird durch $f_{n+1}(x) = f_n(x) - g_{n+1}(x)$ eine gleichmäßig stetige Abbildung $f_{n+1}\colon \underline{A} \to \underline{[-(\frac{2}{3})^{n+1}, (\frac{2}{3})^{n+1}]}$ definiert. Somit sind die gewünschten Folgen (f_n) und (g_n) konstruiert. Für jedes n sei $h_n\colon \underline{X} \to \underline{[0,1]}$ definiert durch $h_n(x) = g_1(x) + \ldots + g_n(x)$. Da $|g_n(x)| \le \frac{1}{3}\cdot(\frac{2}{3})^{n-1}$ für jedes $x \in X$ gilt und die Reihe $\sum_{n=1}^{\infty} \frac{1}{3}\cdot(\frac{2}{3})^{n-1}$ gegen 1 konvergiert, konvergiert die Folge (h_n) gleichmäßig gegen eine Funktion $g\colon \underline{X} \to \underline{[-1,+1]}$. Nach 2.3.4 ist $g\colon \underline{X} \to \underline{[-1,1]}$ gleichmäßig stetig. Ferner gilt für jedes $x \in A$ und jedes $n \in \mathbb{N}$

$f(x) = g_1(x) + f_1(x) = g_1(x) + g_2(x) + f_2(x) = \ldots = h_n(x) + f_n(x)$

und folglich $|f(x) - h_n(x)| = |f_n(x)| \le (\frac{2}{3})^n$. Somit konvergiert für jedes $x \in A$ die Folge $h_n(x)$ gegen $f(x)$ und gegen $g(x)$, woraus $f(x) = g(x)$ folgt. Somit ist g Fortsetzung von f.

2.3.6 THEOREM (*Fortsetzbarkeitstheorem für* $\underline{]0,1[}$)
Ist $\underline{A}$ *ein abgeschlossener Teilraum von* $\underline{X}$, *so läßt sich jede (gleichmäßig) stetige Abbildung* $f\colon \underline{A} \to \underline{]0,1[}$ *zu einer (gleichmäßig) stetigen Abbildung* $g\colon \underline{X} \to \underline{]0,1[}$ *fortsetzen.*

Beweis:
Da die metrischen Räume $\underline{]-1,+1[}$ und $\underline{]0,1[}$ uniform isomorph sind, können wir diesen Satz mit $\underline{]-1,1[}$ anstelle von $\underline{]0,1[}$ beweisen, was etwas bequemer ist. Den stetigen (1) und den gleichmäßig stetigen (2) Fall werden wir getrennt behandeln. Da für $A = \emptyset$ die Aussagen trivial sind, beschränken wir uns im Beweis auf den Fall $A \neq \emptyset$.

(1) Sei $f\colon \underline{A} \to \underline{]-1,1[}$ stetig. Nach dem Fortsetzbarkeitstheorem für $\underline{[0,1]}$ 2.3.5 existiert eine stetige Fortsetzung $h\colon \underline{X} \to \underline{[-1,1]}$ von f, aber $h[X]$ liegt i. allg. nicht in $]-1,1[$.

In diesem Fall ist die abgeschlossene Menge $B = h^{-1}[\{-1,1\}]$ nicht-leer und zu A disjunkt. Nach dem Urysohnschen Lemma existiert eine stetige Abbildung $k: \underline{X} \to \underline{[0,1]}$ mit $k(a) = 1$ für alle $a \in A$ und $k(b) = 0$ für alle $b \in B$ (z.B. $k(x) = \mathrm{dist}(x,B) \cdot (\mathrm{dist}(x,A) + \mathrm{dist}(x,B))^{-1}$). Also ist die durch $g(x) = h(x) \cdot k(x)$ definierte Abbildung $g: \underline{X} \to \underline{]-1,1[}$ eine stetige Fortsetzung von f.

(2) Sei $f: \underline{A} \to \underline{]-1,1[}$ gleichmäßig stetig. Wie oben existiert eine gleichmäßig stetige Fortsetzung $h: \underline{X} \to \underline{[-1,+1]}$ von f, aber $h[X]$ liegt i. allg. nicht in $]-1,1[$. Durch Nachrechnen erkennt man jedoch, daß die durch

$$g(x) = \begin{cases} \max\{0, h(x) - \mathrm{dist}(x,A)\}, & \text{falls } h(x) \geq 0 \\ \min\{0, h(x) + \mathrm{dist}(x,A)\}, & \text{falls } h(x) \leq 0 \end{cases}$$

definierte Abbildung $g: \underline{X} \to \underline{]-1,1[}$ eine gleichmäßig stetige Fortsetzung von f ist.

<u>2.3.7 THEOREM</u> (*Fortsetzbarkeitstheorem für* $\underline{\mathbb{R}}$)

Ist $\underline{A}$ *ein abgeschlossener Teilraum von* $\underline{X}$*, so läßt sich jede stetige Abbildung* $f: \underline{A} \to \underline{\mathbb{R}}$ *zu einer stetigen Abbildung* $g: \underline{X} \to \underline{\mathbb{R}}$ *fortsetzen. Ein entsprechender Satz für gleichmäßig stetige Abbildungen gilt nicht.*

Beweis:

Da $\underline{]0,1[}$ und $\underline{\mathbb{R}}$ topologisch isomorph sind, folgt die stetige Fortsetzbarkeit stetiger Abbildungen nach $\underline{\mathbb{R}}$ aus dem vorangegangenen Satz 2.3.6. Daß gleichmäßig stetige Abbildungen nach $\underline{\mathbb{R}}$ i. allg. keine gleichmäßig stetige Fortsetzung haben, wurde bereits in Beispiel 2.3.1(4) gezeigt.

<u>2.3.8 FOLGERUNG</u>

Die Räume $\underline{]0,1[}$ *und* $\underline{\mathbb{R}}$ *sind nicht uniform isomorph.*

Beweis:

Wäre $h: \underline{\mathbb{R}} \to]0,1[$ ein uniformer Isomorphismus, und ist $f: \underline{\mathbb{Z}} \to \underline{\mathbb{R}}$ die durch $f(x) = x^2$ definierte gleichmäßig stetige Abbildung, so gäbe es nach 2.3.6 eine gleichmäßig stetige Fortsetzung $k: \underline{\mathbb{R}} \to \underline{]0,1[}$ von $h \circ f: \underline{\mathbb{Z}} \to \underline{]0,1[}$, woraus folgte, daß $h^{-1} \circ k: \underline{\mathbb{R}} \to \underline{\mathbb{R}}$ eine gleichmäßig stetige Fortsetzung von f wäre, was nach 2.3.1(4) nicht möglich ist.

<u>2.3.9 BEMERKUNG</u>

In bezug auf das Fortsetzbarkeitsproblem für Abbildungen nach $\underline{\mathbb{R}}$ verhalten sich die stetigen Abbildungen angenehmer als die gleichmäßig stetigen. Andererseits kann man im Fortsetzbarkeitstheorem für gleichmäßig stetige Abbildungen nach [0,1] die Abgeschlossenheit von A fallen lassen, wie wir im nächsten Paragraphen sehen werden. Das ist für stetige Abbildungen nicht möglich, wie die durch $f(x) = \frac{1}{x}$ definierte stetige Abbildung $f: \mathbb{R}\setminus\{0\} \to \mathbb{R}$ zeigt, die sich offenbar nicht stetig auf $\mathbb{R}$ fortsetzen läßt. Hier verhalten sich also die gleichmäßig stetigen Abbildungen angenehmer.

2.3.1o AUFGABEN

Zeigen Sie:

(1) Jede Abbildung $f: A \to \mathbb{R}$ von einer nichtleeren endlichen Teilmenge A von $\mathbb{R}$ läßt sich zu einer gleichmäßig stetigen Abbildung $g: \mathbb{R} \to \mathbb{R}$ fortsetzen.

(2) Eine Abbildung $f: \mathbb{Z} \to \mathbb{R}$ läßt sich genau dann zu einer gleichmäßig stetigen Abbildung $g: \mathbb{R} \to \mathbb{R}$ fortsetzen, wenn die Menge $\{f(n+1) - f(n) \mid n \in \mathbb{Z}\}$ beschränkt ist.

(3) Ist $f: \underline{A} \to [1,2]$ eine stetige Abbildung von einem abgeschlossenen Teilraum $\underline{A}$ von $\underline{X}$ mit $1 = \operatorname{Inf} f[A]$ und $2 = \operatorname{Sup} f[A]$, so wird durch

$$g(x) = \begin{cases} f(x) & \text{, falls } x \in A \\ \dfrac{1}{\operatorname{dist}(x,A)} \cdot \operatorname{Inf} \{f(a)\cdot d(x,a) \mid a \in A\} & \text{, falls } x \in X\setminus A \end{cases}$$

eine stetige Fortsetzung $g: \underline{X} \to [1,2]$ von f definiert.

(4) Ist A eine Teilmenge von X mit $\operatorname{Inf} \{d(a,b) \mid a \in A, b \in A \text{ und } a \neq b\} > 0$, so läßt sich jede (beschränkte) Abbildung $f: A \to \mathbb{R}$ zu einer (gleichmäßig) stetigen Abbildung $g: \underline{X} \to \mathbb{R}$ fortsetzen.

(5) Ist A eine Teilmenge von X, so daß jede in $\underline{X}$ konvergierende Folge von A fast-konstant ist, so läßt sich jede Abbildung $f: A \to \mathbb{R}$ fortsetzen. Zeigen Sie, daß es nicht ausreicht zu verlangen, daß jede in $\underline{A}$ konvergierende Folge fast-konstant ist.

(6) Je zwei disjunkte abgeschlossene Mengen in $\underline{X}$ haben disjunkte Umgebungen in $\underline{X}$.

§ 3 Vollständige Metrische Räume

STUDIERHINWEISE ZU § 3

Im § 3 werden im Abschnitt 3.1 die Begriffe Cauchy-Folge und Vollständigkeit eingeführt. Sie gehören zu den zentralen Begriffen der Theorie metrischer Räume. Dem Bearbeiter sei empfohlen, sich mit ihnen anhand der im Text angeführten (und evtl. anderer) Beispiele besonders sorgfältig auseinanderzusetzen.

In 3.2 wird gezeigt, daß die Fortsetzbarkeitssätze von § 2 für Abbildungen in vollständige Räume z.T. erheblich verbessert werden können. Die verbesserten Fortsetzbarkeitssätze werden sich als wichtige Werkzeuge erweisen. Ihre Beweise können jedoch wieder vergessen werden.

In 3.3 wird der zwar sehr einfache, dennoch aus praktischen und theoretischen Gründen sehr wichtige, Banachsche Fixpunktsatz bewiesen. Hier sollte nicht nur die Formulierung des Satzes, sondern auch sein Beweis in allen Details gedächtnismäßig festgehalten werden. Die Anwendung auf Differentialgleichungen hat im vorliegenden Text nur illustrierenden Charakter und kann getrost überschlagen werden.

In 3.4 wird der Bairesche Kategoriensatz bewiesen, der eine Fülle von Anwendungen innerhalb und außerhalb der Topologie hat. Die zur Formulierung des Satzes benötigten Begriffe sind ebenso wie der Beweis des Satzes recht diffizil und sollten in Ruhe und mit Sorgfalt studiert werden. Den Beweis muß man sich jedoch nicht unbedingt ins Gedächtnis einprägen.

3.5 enthält einige interessante Ergebnisse von etwas geringerer Wichtigkeit. Das Verständnis für Unterschiede und Ähnlichkeiten des uniformen Begriffs "vollständig" und des topologischen Begriffs "topologisch vollständig" soll entwickelt werden. Er erweist sich als nützlich zum Verständnis mathematischer Begriffsbildungen im allgemeinen.

In 3.6 wird gezeigt, daß sich - ebenso wie $\mathbb{Q}$ in $\mathbb{R}$ - jeder metrische Raum $\underline{X}$ dicht an einen vollständigen metrischen Raum Compl $\underline{X}$ einbetten läßt, der bis auf metrische Isomorphie eindeutig bestimmt ist. Für diesen nützlichen Satz werden zwei völlig verschiedene Beweise geliefert. Der erste (3.6.4) ist kurz und elegant, der zweite (3.6.1o), welcher der Konstruktion von $\mathbb{R}$ aus $\mathbb{Q}$ nachgebildet wurde, ist zwar komplizierter, vermittelt aber eine bessere Vorstellung von Compl $\underline{X}$. Deshalb sollten beide Beweise sorgfältig studiert werden. Auch sei empfohlen, sich für jeden der bisher untersuchten Räume $\underline{X}$ eine möglichst klare Vorstellung von Compl $\underline{X}$ zu verschaffen.

3.O EINFÜHRUNG

In den vorangegangenen Paragraphen haben wir die Grundlagen für das Studium metrischer Räume gelegt. Jetzt sind wir in der Lage, zwei der wichtigsten Sätze des gesamten Kurses zu beweisen: den Banachschen Fixpunktsatz und den Baireschen Kategoriensatz. Beide haben vielfältige Anwendungen innerhalb und außerhalb der Topologie. Wir werden uns darauf beschränken, für jeden dieser Sätze je eine nicht-triviale Anwendung darzulegen: für den Banachschen Fixpunktsatz einen Satz über die eindeutige Lösbarkeit gewisser Differentialgleichungen, für den Baireschen Kategoriensatz einen Satz über das Stetigkeitsverhalten des Grenzwerts einer Folge (f_n) stetiger Funktionen $f_n: \mathbb{R} \to \mathbb{R}$. Die Anwendung des Banachschen Fixpunktsatzes wird im folgenden dargestellt, kann aber beim ersten Lesen überschlagen werden. Auf Differentialgleichungen werden wir im Laufe dieses Kurses nicht weiter eingehen. Aus der eben genannten Anwendung des Baireschen Kategoriensatzes werden wir hingegen in Paragraph 6 einige grundsätzliche Folgerungen ziehen, die die Tragweite des Begriffs "metrischer Raum" für topologische Untersuchungen genauer eingrenzt. Sowohl der Banachsche Fixpunktsatz als auch der Bairesche Kategoriensatz liefern eine Aussage über metrische Räume, die vollständig sind. Vollständigkeit, - eine naheliegende Verallgemeinerung des aus der Analysis bekannten Begriffs -, ist ohne Zweifel eine der wichtigsten Eigenschaften metrischer Räume. Sie hat, wie obige Sätze zeigen, sehr gravierende Konsequenzen. Auch sei daran erinnert, daß es im wesentlichen die Unvollständigkeit des Raumes $\mathbb{Q}$ der rationalen Zahlen war, welche Mathematiker bewog, die reellen Zahlen überhaupt zu erfinden. In diesem Paragraphen werden wir vollständige metrische Räume sorgfältig untersuchen. Neben den beiden genannten Sätzen werden die Sätze über die Fortsetzbarkeit gleichmäßig stetiger Abbildungen weiter verbessert werden. Außerdem erhalten wir ein weiteres Kriterium, das es gestattet, die wesentliche Verschiedenheit metrischer Räume nachzuweisen. U.a. wird sich zeigen, daß keine zwei der topologisch isomorphen Räume $]0,1[$, $\{r \in \mathbb{R} \mid r > 0\}$ und $\mathbb{R}$ uniform isomorph sind.

Im letzten Abschnitt 3.6 werden wir zeigen, daß sich nicht nur $\mathbb{Q}$, sondern jeder metrische Raum durch Hinzufügen geeigneter neuer Punkte vervollständigen läßt.

3.1 CAUCHY-FOLGEN, VOLLSTÄNDIGKEIT METRISCHER RÄUME

Sei $\underline{X} = (X,d)$ *ein metrischer Raum,* (x_n) *eine Folge in* X, $A \subset X$.

3.1.1 DEFINITION

(x_n) heißt *Cauchy-Folge*, wenn gilt:
$\forall \varepsilon > 0 \quad \exists n \quad \forall m \geq n \quad d(x_m, x_n) < \varepsilon$.

3.1.2 DEFINITION

Sei $A \subset X$. $\quad \operatorname{diam} A := \begin{cases} 0, & \text{falls } A = \emptyset \\ \sup\{d(a,b) \mid a \in A,\ b \in A\}, & \text{falls } A \neq \emptyset. \end{cases}$

A heißt *beschränkt*, falls $\operatorname{diam} A < \infty$ gilt.
Die Abkürzung diam kommt vom Englischen diameter (= Durchmesser).

3.1.3 SATZ

Äquivalent sind:

(a) (x_n) *ist Cauchy-Folge.*

(b) $\lim_{n\to\infty} \operatorname{diam}\{x_m \mid m \geq n\} = 0$.

(c) *Je zwei Teilfolgen von* (x_n) *sind benachbart.*

Beweis:

(a) $\Longleftrightarrow$ (b): Aufgabe 3.1.14(4).

(b) $\Rightarrow$ (c): Seien $(y_i) = (x_{n_i})$ und $(z_i) = (x_{m_i})$ Teilfolgen von (x_n). Zu jedem $\varepsilon > 0$ existiert ein n_0, so daß aus $m \geq n_0$ und $m' \geq n_0$ stets $d(x_m, x_{m'}) < \varepsilon$ folgt. Man setze $i_0 := \min\{i \mid n_i \geq n_0,\ m_i \geq n_0\}$. Dann ist für $i \geq i_0$ stets $d(y_i, z_i) = d(x_{n_i}, y_{n_i}) < \varepsilon$.

(c) $\Rightarrow$ (a): Wäre (x_n) keine Cauchy-Folge, so gäbe es ein $\varepsilon>0$ und zu jedem n Zahlen $m(n) \geq n$ und $m'(n) \geq n$ mit $d(x_{m(n)}, x_{m'(n)}) \geq \varepsilon$. Folglich könnte man durch Induktion folgendermaßen zwei nicht benachbarte Teilfolgen $(y_i) = (x_{n_i})$ und $(z_i) = (x_{m_i})$ von (x_n) konstruieren. Induktionsanfang: Wähle $n_1 = m(1)$ und $m_1 = m'(1)$. Induktionsschluß: Seien $n_1, n_2, \ldots, n_r$ und $m_1, m_2, \ldots, m_r$ bereits definiert. Sei $s := 1+\max\{n_r, m_r\}$. Wähle $n_{r+1} = m(s)$ und $m_{r+1} = m'(s)$. Die Folgen (x_{n_i}) und (x_{m_i}) sind nicht benachbart; denn für alle i gilt $d(x_{n_i}, x_{m_i}) \geq \varepsilon$.

3.1.4 FOLGERUNG

Ist $f\colon \underline{X} \to \underline{Y}$ *gleichmäßig stetig und ist* (x_n) *eine Cauchy-Folge in* X, *so ist* $(f(x_n))$ *eine Cauchy-Folge in* $\underline{Y}$.

Beweis:

Ist (x_n) eine Cauchy-Folge, so sind je zwei Teilfolgen von (x_n) benachbart. Also sind je zwei Teilfolgen von $(f(x_n))$ benachbart. Somit ist $(f(x_n))$ eine Cauchy-Folge.

3.1.5 BEMERKUNG

Der Begriff "Cauchy-Folge" ist nach 3.1.4 ein uniformer Begriff. Sind insbesondere d und d' uniform äquivalente Metriken auf einer Menge X, so ist eine Folge genau dann Cauchy-Folge bzgl. d, wenn sie Cauchy-Folge bzgl. d' ist. Der Begriff "Cauchy-Folge" ist aber kein topologischer Begriff. So werden durch $d(x,y) = |x - y|$ und $d'(x,y)=|e^x-e^y|$ topologisch äquivalente Metriken auf $\mathbb{R}$ definiert und $(-n)$ ist Cauchy-Folge bzgl. d', aber nicht bzgl. d.

3.1.6 SATZ

Ist (x_n) *Cauchy-Folge, so ist* $\{x_n | n \in \mathbb{N}\}$ *beschränkt.*

Beweis:

Es existiert $n \in \mathbb{N}$ mit $\operatorname{diam}\{x_m | m \geq n\} < 1$. Ist $r = \max\{d(x_i,x_n) | i=1,\ldots,n\}$, so gilt $\operatorname{diam}\{x_n | n \in \mathbb{N}\} \leq 2(r+1)$.

3.1.7 SATZ

Sind (x_n) *und* (y_n) *benachbart, so sind äquivalent:*

(a) (x_n) *ist Cauchy-Folge.*

(b) (y_n) *ist Cauchy-Folge.*

Beweis:

Sei (x_n) Cauchy-Folge. Zu jedem $\varepsilon > 0$ existiert ein n_o mit $\operatorname{diam}\{x_m | m \geq n_o\} < \frac{\varepsilon}{3}$ und ein n_1, so daß aus $n \geq n_1$ stets $d(x_n,y_n) < \frac{\varepsilon}{3}$ folgt. Somit folgt aus $n \geq \max\{n_o,n_1\}$ und $m \geq \max\{n_o,n_1\}$ stets $d(y_n,y_m) \leq d(y_n,x_n) + d(x_n,x_m) + d(x_m,y_m) < \varepsilon$. Also ist (y_n) Cauchy-Folge.

Zwischen Cauchy-Folgen und konvergenten Folgen besteht ein enger Zusammenhang. Jede konvergente Folge ist Cauchy-Folge, und jede Cauchy-Folge mit einem Verdichtungspunkt ist konvergent.

3.1.8 SATZ

Äquivalent sind:

(a) $(x_n) \to x$.

(b) (x_n) *ist Cauchy-Folge mit Verdichtungspunkt* x.

Beweis:

(a) $\Rightarrow$ (b): Wir wissen bereits, daß der Limes von (x_n) ein Verdichtungspunkt von (x_n) ist. Zu $\varepsilon > 0$ gibt es ein n, so daß aus $m \geq n$ stets $d(x,x_m) < \frac{\varepsilon}{2}$ folgt. Also folgt aus $m \geq n$ und $m' \geq n$ stets $d(x_m,x_{m'}) \leq d(x_m,x) + d(x,x_{m'}) < \varepsilon$.

(b) $\Rightarrow$ (a): Zu $\varepsilon > 0$ gibt es ein n_o mit $\operatorname{diam}\{x_m | m \geq n_o\} < \frac{\varepsilon}{2}$ und ein $n_1 \geq n_o$ mit $d(x,x_{n_1}) < \frac{\varepsilon}{2}$. Somit folgt aus $m \geq n_o$ stets $d(x,x_m) \leq d(x,x_{n_1}) + d(x_{n_1},x_m) < \varepsilon$.

3.1.9 DEFINITION

$\underline{X}$ heißt *vollständig*, wenn jede Cauchy-Folge in $\underline{X}$ konvergiert.

Bevor wir uns Beispielen zuwenden, sollen die vollständigen Teilräume eines vollständigen Raumes charakterisiert werden.

3.1.1o SATZ

Ist A Teilraum eines vollständigen Raumes X, so sind äquivalent:

(a) A ist vollständig.

(b) A ist abgeschlossen in X.

Beweis:

(a) ⇒ (b): Ist x Berührpunkt von A in X, so gibt es eine Folge (a_n) in A, die in X gegen x konvergiert. Also ist (a_n) eine Cauchy-Folge in X und somit auch in A. Wegen (a) konvergiert (a_n) in A gegen ein $a \in A$. Hieraus folgt, daß (a_n) auch in X gegen a konvergiert. Wegen der Eindeutigkeit des Grenzwertes gilt somit $x = a \in A$. Folglich ist A abgeschlossen in X.

(b) ⇒ (a): Ist (a_n) eine Cauchy-Folge in A, so ist (a_n) auch Cauchy-Folge in X, konvergiert somit in X gegen ein $x \in X$. Aus (b) folgt $x \in A$. Also konvergiert (a_n) gegen x in A.

3.1.11 BEISPIELE

(1) Aus der Analysis ist bekannt, daß $\mathbb{R}^n$ für jedes n vollständig ist. Insbesondere sind die Räume

(i) $\mathbb{R}$, $[0,1]$, $\{0,1\}$, $\mathbb{N}$ und
$\mathbb{R}^+ = \{r \in \mathbb{R} \mid r \geq 0\}$ vollständig,

(ii) $]0,1[$, $\{r \in \mathbb{R} \mid r > 0\}$, $\mathbb{Q}$ und $\mathbb{P} = \mathbb{R} \setminus \mathbb{Q}$ nicht vollständig.

(2) Jeder diskrete Raum ist vollständig.

(3) Jeder X-stachlige Igel (1.1.5) ist vollständig.

(4) Für jede Menge X ist der Raum $B(X) = (B(X),d)$ aller beschränkten Abbildungen $f: X \to \mathbb{R}$ mit der Supremum-Metrik d vollständig. Ist nämlich (f_n) eine Cauchy-Folge in B(X), so ist $(f_n(x))$ für jedes $x \in X$ eine Cauchy-Folge in $\mathbb{R}$, konvergiert somit gegen einen Wert $f(x) \in \mathbb{R}$. Für $\varepsilon > 0$ existiert ein n_o mit $d(f_m,f_{m'}) < \varepsilon$ für alle $m \geq n_o$ und $m' \geq n_o$. Also gilt $|f_m(x) - f_{m'}(x)| < \varepsilon$ für alle $m \geq n_o$, $m' \geq n_o$ und alle $x \in X$. Hieraus folgt

1. $|f(x) - f_{n_o}(x)| \leq \varepsilon$ für alle $x \in X$, also ist die durch $x \mapsto f(x)$ definierte Abbildung $f: X \to \mathbb{R}$ beschränkt und somit ein Element von B(X).
2. $d(f,f_m) \leq \varepsilon$ für alle $m \geq n_o$. (Begründen Sie dies!) Also konvergiert (f_n) bzgl. d gegen f.

(5) Ist X ein metrischer Raum, so sind die folgenden Teilräume von B(X) nach 2.3.4 abgeschlossen und somit vollständig:

(i) der Raum C(X,[0,1]) aller stetigen Abbildungen von X nach [0,1],

(ii) der Raum $U(\underline{X},[0,1])$ aller gleichmäßig stetigen Abbildungen von $\underline{X}$ nach $[0,1]$,

(iii) der Raum $C^*(\underline{X})$ aller beschränkten, stetigen Abbildungen von $\underline{X}$ nach $\mathbb{R}$,

(iv) der Raum $U^*(\underline{X})$ aller beschränkten, gleichmäßig stetigen Abbildungen von $\underline{X}$ nach $\mathbb{R}$.

(6) Ein normierter Vektorraum heißt Banach-Raum, wenn er bzgl. der in 1.1.2(4) definierten Metrik vollständig ist.

3.1.12 BEMERKUNGEN

(1) Aus 3.1.4 folgt, daß jeder zu einem vollständigen Raum uniform isomorphe Raum selbst vollständig ist. Die Eigenschaft eines Raumes, vollständig zu sein, ist also eine uniforme Eigenschaft. Der Raum $\mathbb{R}$ ist vollständig, die zu $\mathbb{R}$ topologisch isomorphen Räume $]0,1[$ und $\{r \in \mathbb{R} \mid r > 0\}$ sind hingegen nicht vollständig. Also ist weder $]0,1[$ noch $\{r \in \mathbb{R} \mid r > 0\}$ zu $\mathbb{R}$ uniform isomorph. Die Eigenschaft eines Raumes, vollständig zu sein, ist keine topologische Eigenschaft.

(2) Die Räume $]0,1[$ und $\{r \in \mathbb{R} \mid r > 0\}$ sind zwar topologisch isomorph, aber nicht uniform isomorph; denn in $\{r \in \mathbb{R} \mid r > 0\}$ sind je zwei nicht-konvergente Cauchy-Folgen benachbart (sie konvergieren nämlich in $\mathbb{R}$ gegen 0, vgl. auch 3.1.14(6)), aber in $]0,1[$ sind $(\frac{1}{n})$ und $(\frac{n-1}{n})$ zwei nicht-konvergente, nicht-benachbarte Cauchy-Folgen.

(3) Beim Beweis der Implikation (a) ⇒ (b) in Satz 3.1.1o wurde die Vollständigkeit von $\underline{X}$ nicht benutzt. Es gilt also allgemein: Ist $\underline{A}$ ein vollständiger Teilraum von $\underline{X}$, so ist A abgeschlossen in $\underline{X}$.

3.1.13 SATZ

Äquivalent sind:

(a) $\underline{X}$ *ist vollständig.*

(b) *Für jede monoton fallende Folge* $A_1 \supset A_2 \supset \ldots$ *nicht-leerer Teilmengen* A_n *von* X *mit* $\lim\limits_{n\to\infty} (\operatorname{diam} A_n) = 0$ *gilt* $\bigcap\limits_n \operatorname{cl} A_n \neq \emptyset$.

Beweis:

(a) ⇒ (b): Wählt man in jedem A_n ein Element a_n, so ist (a_n) eine Cauchy-Folge, konvergiert also gegen ein $x \in X$. Für jedes n ist $(a_n, a_{n+1}, \ldots)$ eine gegen x konvergierende Folge, die ganz in A_n liegt. Somit ist x Berührpunkt von jedem A_n, d.h. $x \in \bigcap\limits_n \operatorname{cl} A_n$.

(b) ⇒ (a): Ist (x_n) eine Cauchy-Folge, so ist die Folge $(A_n) = (\{x_m | m \geq n\})$ eine monoton fallende Folge nicht-leerer Mengen mit $\lim_{n\to\infty} (\text{diam } A_n) = 0$. Also gibt es ein x in $\bigcap_n \text{cl}A_n$. Dann ist x Berührpunkt von jedem A_n, somit Verdichtungspunkt der Folge (x_n) und folglich wegen 3.1.8 Grenzwert der Cauchy-Folge (x_n).

3.1.14 AUFGABEN

Zeigen Sie:

(1) diam(clA) = diam A für jede Teilmenge A von $\underline{X}$. Gilt auch stets diam (int A) = diam A?

(2) diam $S(x,r) \leq 2r$. Gilt stets Gleichheit?

(3) $\underline{X}$ ist genau dann ultrametrisch, wenn diam $S(x,r) \leq r$ für jede offene Kugel $S(x,r)$ in $\underline{X}$ gilt. (Vergl. 1.2.32(7)).

(4) Eine Folge (x_n) in $\underline{X}$ ist genau dann eine Cauchy-Folge, wenn gilt: $\lim_{n\to\infty} \text{diam } \{x_m | m \geq n\} = 0$.

(5) Eine Cauchy-Folge konvergiert genau dann, wenn sie eine konvergente Teilfolge besitzt.

(6) Je zwei nicht-konvergente Cauchy-Folgen in $\underline{X} = \underline{\{r \in \mathbb{R} | r > 0\}}$ sind benachbart.

(7) Die metrischen Räume l_∞, l_1 und l_2 sind vollständig. (Vergl. 1.1.12(2)).

(8) Bair(X) ist für jedes X vollständig. [Vgl. 1.2.32(8),1.3.22(5)]

(9) Ist $\underline{X}$ ein metrischer Raum, so wird auf der Menge aller nicht-leeren, beschränkten, abgeschlossenen Mengen in $\underline{X}$ durch $d(A,B) = \text{Max}\{\text{Sup } \{\text{dist}(a,B) | a \in A\}, \text{Sup } \{\text{dist}(b,A) | b \in B\}\}$ eine Metrik definiert. Der zugehörige metrische Raum wird mit Hyp $\underline{X}$ bezeichnet und Hyperraum von $\underline{X}$ genannt. $\underline{X}$ ist zu einem abgeschlossenen Teilraum von Hyp $\underline{X}$ metrisch isomorph.

3.2 FORTSETZUNG (GLEICHMÄSSIG) STETIGER ABBILDUNGEN IN VOLLSTÄNDIGE METRISCHE RÄUME

3.2.1 DEFINITION

Eine Teilmenge A eines metrischen Raumes $\underline{X}$ heißt *dicht* in $\underline{X}$, wenn clA = X gilt.

3.2.2 BEISPIEL

$\mathbb{Q}^n$ ist dicht in $\underline{\mathbb{R}}^n$.

3.2.3 THEOREM (*Fortsetzbarkeitstheorem für gleichmäßig stetige Abbildungen in vollständige Räume*)

Jede gleichmäßig stetige Abbildung f: $\underline{A} \to \underline{Y}$ *von einem dichten Unterraum* $\underline{A}$ *eines Raumes* $\underline{X}$ *in einen vollständigen Raum* $\underline{Y}$ *läßt sich eindeutig zu einer gleichmäßig stetigen Abbildung* g: $\underline{X} \to \underline{Y}$ *fortsetzen.*

Beweis:

Da A dicht in $\underline{X}$ ist, kann man für jedes $x \in X$ eine Folge (x_n) in A finden, die gegen x konvergiert. Für jedes $x \in X$ wählen wir eine derartige Folge (x_n). Dann ist (x_n) Cauchy-Folge in $\underline{A}$ nach 3.1.8. Somit ist gemäß 3.1.4 $(f(x_n))$ Cauchy-Folge in $\underline{Y}$, konvergiert also wegen der Vollständigkeit von $\underline{Y}$ gegen einen Wert in $\underline{Y}$, den wir mit g(x) bezeichnen. Die durch $x \mapsto g(x)$ definierte Abbildung g: $\underline{X} \to \underline{Y}$ ist wegen der Stetigkeit von f eine Fortsetzung von f. Sie ist der einzig mögliche Kandidat für eine stetige Fortsetzung von f, denn für jede <u>stetige</u> Fortsetzung h: $\underline{X} \to \underline{Y}$ von f folgt aus $(x_n) \to x$ stets $(h(x_n)) = (f(x_n)) \to h(x) = g(x)$, wobei für $x \in X$ (x_n) die eingangs gewählte Folge in A ist. Wir zeigen noch, daß g sogar gleichmäßig stetig ist. Sei $\varepsilon > 0$. Dann gibt es ein $\delta > 0$, so daß aus $a \in A$, $b \in A$ und $d(a,b) < \delta$ stets $d(f(a),f(b)) < \frac{\varepsilon}{2}$ folgt. Sei nun $x \in X$, $y \in X$ und $d(x,y) < \delta$. Weil $(d(x_n,y_n))$ nach 1.3.8 gegen $d(x,y)$ konvergiert, gibt es ein n, so daß aus $m \geq n$ stets $d(x_m,y_m) < \delta$ und somit $d(f(x_m),f(y_m)) < \frac{\varepsilon}{2}$ folgt. Nach 1.3.9 folgt hieraus $d(g(x),g(y)) \leq \frac{\varepsilon}{2} < \varepsilon$. Also ist g gleichmäßig stetig.

3.2.4 BEMERKUNG

Analysiert man obigen Beweis, so erkennt man ohne Mühe die Richtigkeit der beiden folgenden Aussagen. Sei A dichte Teilmenge von $\underline{X}$, und seien f und g: $\underline{X} \to \underline{Y}$ Abbildungen. Dann gilt:

(1) Sind f und g stetig und gilt $f(a) = g(a)$ für alle $a \in A$, so gilt $f = g$.

(2) Ist f stetig und ist die Einschränkung $f_{|A}: \underline{A} \to \underline{Y}$ gleichmäßig stetig, so ist f gleichmäßig stetig.

3.2.5 THEOREM (*Zweites Fortsetzbarkeitstheorem für* $\underline{[0,1]}$)

Ist $\underline{A}$ *ein Teilraum von* $\underline{X}$, *so läßt sich jede gleichmäßig stetige Abbildung* f: $\underline{A} \to \underline{[0,1]}$ *zu einer gleichmäßig stetigen Abbildung* g: $\underline{X} \to \underline{[0,1]}$ *fortsetzen.*

Beweis:

$B = \mathrm{cl}A$ ist abgeschlossen in $\underline{X}$. Da A dicht in $\underline{B}$ ist, läßt sich f nach 3.2.3 zu einer gleichmäßig stetigen Abbildung $h: \underline{B} \to \underline{[0,1]}$ fortsetzen. Da B abgeschlossen in $\underline{X}$ ist, läßt sich h nach dem Fortsetzbarkeitstheorem 2.3.5 für $\underline{[0,1]}$ zu einer gleichmäßig stetigen Abbildung $g: \underline{X} \to \underline{[0,1]}$ fortsetzen.

3.2.6 BEMERKUNG

(1) Ein analoger Satz gilt nicht für $]0,1[$, z.B. läßt sich die durch $x \mapsto x$ definierte gleichmäßig stetige Abbildung $f:]0,1[\to]0,1[$ nicht zu einer stetigen Abbildung $g: [0,1] \to]0,1[$ fortsetzen.

(2) Ebensowenig gilt ein stetiges Analogon zum Fortsetzbarkeitstheorem für gleichmäßig stetige Abbildungen in vollständige Räume, z.B. läßt sich die durch $x \mapsto \frac{1}{x}$ definierte stetige Abbildung $f: \underline{\mathbb{R}\setminus\{0\}} \to \underline{\mathbb{R}}$ nicht zu einer stetigen Abbildung $g: \underline{\mathbb{R}} \to \underline{\mathbb{R}}$ fortsetzen. Jedoch läßt sich zeigen, daß sich jede stetige Abbildung $f: \underline{A} \to \underline{Y}$ eines beliebigen Teilraumes $\underline{A}$ von $\underline{X}$ in einen vollständigen Raum $\underline{Y}$ zu einer stetigen Abbildung $g: \underline{B} \to \underline{Y}$ fortsetzen läßt, wobei B eine A umfassende, nicht zu "wilde" Teilmenge von X ist. Zur Präzisierung und zum Beweis benötigen wir zwei neue Begriffe:

3.2.7 DEFINITION

Eine Teilmenge B von $\underline{X}$ heißt eine G_δ-*Menge* in $\underline{X}$, wenn es eine Folge (A_n) offener Teilmengen von $\underline{X}$ mit $B = \bigcap_n A_n$ gibt.

3.2.8 SATZ

(1) *Jede offene Teilmenge von* $\underline{X}$ *ist eine* G_δ-*Menge in* $\underline{X}$.

(2) *Jede abgeschlossene Teilmenge von* $\underline{X}$ *ist eine* G_δ-*Menge in* $\underline{X}$.

(3) *Ist A eine* G_δ-*Menge in* $\underline{X}$, *so ist jede* G_δ-*Menge in* $\underline{A}$ *auch eine* G_δ-*Menge in* $\underline{X}$.

Beweis:

(1) Ist A offen in $\underline{X}$, so ist A Durchschnitt der konstanten Folge (A), also G -Menge in $\underline{X}$.

(2) Sei A abgeschlossen in $\underline{X}$. Definiert man $A_n := \{x \in X \mid \mathrm{dist}(x,A) < \frac{1}{n}\}$, so ist A_n offen in $\underline{X}$ und $A = \bigcap_n A_n$. Somit ist A G_δ-Menge in $\underline{X}$.

(3) Sei A G_δ-Menge in $\underline{X}$ und B G_δ-Menge in $\underline{A}$. Dann gibt es eine Folge (A_n) offener Teilmengen von $\underline{X}$ mit $A = \bigcap_n A_n$ und eine Folge (B_n) offener Teilmengen von $\underline{A}$ mit $\bigcap_n B_n = B$. Nach 1.2.31(iv) gibt es für jedes

n eine offene Teilmenge B_n' von $\underline{X}$ mit $B_n' \cap A = B_n$. Folglich sind die Mengen $A_n \cap B_n'$ offen in $\underline{X}$, und es gilt $B = \bigcap_n (A_n \cap B_n')$.

3.2.9 BEMERKUNG

Empfindet man offene Teilmengen als schöne Teilmengen und abzählbare Durchschnitte als nicht allzu schlimm, so kann man G_δ-Mengen in $\underline{X}$ als nicht allzu "wilde" Teilmengen von $\underline{X}$ ansehen. Wie obiger Satz zeigt, sind recht viele Teilmengen von $\underline{X}$ bereits G_δ-Mengen in $\underline{X}$. Es ist in der Tat nicht ganz einfach, Teilmengen von $\underline{X}$ zu finden, die keine G_δ-Mengen in $\underline{X}$ sind. Für den Fall $\underline{X} = \underline{\mathbb{R}}$ werden wir in diesem Kapitel zeigen, daß $\mathbb{Q}$ keine G_δ-Menge in $\underline{\mathbb{R}}$ ist.

3.2.1o DEFINITION

Sei $f\colon \underline{A} \to \underline{Y}$ eine Abbildung einer dichten Teilmenge A von $\underline{X}$ nach $\underline{Y}$.
(1) Für jede Teilmenge B von A heißt $\omega_f(B) = \operatorname{diam} f[B]$ die *Oszillation von* f *auf* B.

(2) Für jedes $x \in X$ heißt
$\omega_f(x) = \inf\{\omega_f(B \cap A) \mid B \text{ ist Umgebung von } x \text{ in } \underline{X}\}$ die *Oszillation von* f *in* x.

3.2.11 SATZ

Sei $f\colon \underline{A} \to \underline{Y}$ *eine Abbildung einer dichten Teilmenge* A *von* $\underline{X}$ *nach* $\underline{Y}$.
(1) *Aus* $B \subset B' \subset A$ *folgt* $\omega_f(B) \leq \omega_f(B')$.
(2) *Für jedes* $r > 0$ *ist* $\{x \in X \mid \omega_f(x) < r\}$ *offen in* $\underline{X}$.
(3) *Die Menge* $\{x \in X \mid \omega_f(x) = 0\}$ *ist eine* G_δ*-Menge in* $\underline{X}$.
(4) f *ist stetig in* $a \in \underline{A}$ *genau dann, wenn* $\omega_f(a) = 0$ *gilt.*

Beweis:
(1) und (4) sind offensichtlich.
(2) Sei $\omega_f(x) < r$. Dann gibt es eine offene Umgebung B von x mit $\operatorname{diam} f[B \cap A] < r$. Also gilt für alle $y \in B$ bereits $\omega_f(y) < r$. Somit umfaßt $\{x \in X \mid \omega_f(x) < r\}$ die Menge B, ist somit Umgebung von x, also aller ihrer Punkte, folglich offen.
(3) $\{x \in X \mid \omega_f(x) = 0\} = \bigcap_n \{x \in X \mid \omega_f(x) < \frac{1}{n}\}$ ist als Durchschnitt abzählbar vieler offener Teilmengen von $\underline{X}$ eine G_δ-Menge in $\underline{X}$.

3.2.12 SATZ

Ist $f\colon \underline{X} \to \underline{Y}$ *eine Abbildung zwischen metrischen Räumen, so ist* $\{x \in X \mid f \text{ ist stetig in } x\}$ *eine* G_δ*-Menge in* $\underline{X}$.

Beweis:
Der Satz folgt unmittelbar aus 3.2.11(3) und (4) mit A = X.

3.2.13 THEOREM (*Fortsetzbarkeitstheorem für stetige Abbildungen in vollständigen Räumen*)

Zu jeder stetigen Abbildung $f: \underline{A} \to \underline{Y}$ *eines Teilraumes* $\underline{A}$ *von* $\underline{X}$ *in einen vollständigen Raum* $\underline{Y}$ *existiert eine* A *umfassende* G_δ*-Menge* B *in* $\underline{X}$ *mit* $B \subset clA$ *und eine stetige Fortsetzung* $g: \underline{B} \to \underline{Y}$ *von* f.

Beweis:

Sei $C := clA$. Dann ist $B := \{x \in C | \omega_f(x) = 0\}$ eine G_δ-Menge in $\underline{C}$ und deshalb auch in $\underline{X}$. Für jedes $x \in B$ wählen wir eine feste Folge (x_n) in A mit $(x_n) \to x$. Zu jedem $r > 0$ gibt es eine Umgebung U von x in $\underline{C}$ mit diam $f[U \cap A] < r$. Zu U gibt es ein n mit $x_m \in U$ für alle $m \geq n$. Somit gilt diam$\{f(x_m) | m \geq n\} < r$. Die Folge $(f(x_n))$ ist also eine Cauchy-Folge, konvergiert somit gegen ein Element von $\underline{Y}$, das wir mit g(x) bezeichnen. Die durch $x \mapsto g(x)$ definierte Abbildung $g: \underline{B} \to \underline{Y}$ ist wegen der Stetigkeit von f eine Fortsetzung von f. Zum Nachweis der Stetigkeit von g wähle man ein $x \in B$ und ein $r > 0$. Wegen $\omega_f(x) = 0$ gibt es eine offene Umgebung U von x in $\underline{C}$ mit diam $f[U \cap A] < r$. Nach Konstruktion gilt $g[U \cap B] \subset clf[U \cap A]$. Also folgt
diam $g[U \cap B] \leq$ diam$(clf[U \cap A])$ = diam $f[U \cap A] < r$. Folglich gilt $\omega_g(x) = 0$, d.h. g ist stetig in x.

3.2.14 AUFGABEN

Zeigen Sie:

(1) Äquivalent sind:

(a) A ist dicht in $\underline{X}$

(b) A trifft jede nicht-leere offene Menge in $\underline{X}$

(c) A trifft jede offene Kugel von $\underline{X}$.

(2) Sei $A \subset B \subset X$. Ist A dicht (offen, abgeschlossen) in $\underline{B}$ und ist B dicht (offen, abgeschlossen) in $\underline{X}$, so ist A dicht (offen, abgeschlossen) in $\underline{X}$.

(3) Ist A dicht in $\underline{X}$, so ist $\underline{X}$ genau dann vollständig, wenn jede Cauchy-Folge in $\underline{A}$ in $\underline{X}$ konvergiert.

(4) Sei A dichte Teilmenge von $\underline{X}$, und sei $g: \underline{X} \to \underline{Y}$ Fortsetzung der gleichmäßig stetigen Abbildung $f: \underline{A} \to \underline{Y}$. Dann gilt: g ist genau dann gleichmäßig stetig, wenn g stetig ist.

(5) Ist $f: \underline{X} \to \underline{Y}$ eine Abbildung, ist A dicht in $\underline{X}$ und ist für jedes $x \in X$ die Einschränkung $f|_{A \cup \{x\}}: \underline{A \cup \{x\}} \to \underline{Y}$ stetig, so ist $f: \underline{X} \to \underline{Y}$ stetig.

3.2.15 AUFGABE

Sei $f: \mathbb{R} \to \mathbb{R}$ die durch folgende Vorschrift definierte Abbildung:

$$x \mapsto \begin{cases} 0, & \text{falls } x = 0 \text{ oder } x \in \mathbb{P} = \mathbb{R} \setminus \mathbb{Q} \\ \frac{1}{q}, & \text{falls } x = \frac{p}{q} \text{ mit teilerfremden Zahlen } p \text{ und } q \\ & p \in \mathbb{Z} \setminus \{0\} \text{ und } q \in \mathbb{N}. \end{cases}$$

(i) Bestimmen Sie $\omega_f(x)$ für jedes $x \in \mathbb{R}$.

(ii) Bestimmen Sie $\{x \in \mathbb{R} \mid f \text{ ist stetig in } x\}$.

3.3 DER BANACHSCHE FIXPUNKTSATZ

3.3.1 DEFINITION

Ein Punkt $x \in X$ heißt *Fixpunkt* einer Abbildung $f: X \to X$, wenn $f(x)=x$ gilt.

3.3.2 BEMERKUNG

Eine Abbildung $f: X \to X$ kann mehrere, gar keinen oder genau einen Fixpunkt haben, z.B. hat die durch $x \mapsto x$ definierte Abbildung $X \to X$ jeden Punkt als Fixpunkt, die durch $x \mapsto x^2$ definierte Abbildung $\mathbb{R} \to \mathbb{R}$ genau die Fixpunkte 0 und 1, die durch $x \mapsto 3x$ definierte Abbildung genau den Fixpunkt 0 und die durch $x \mapsto x + 1$ definierte Abbildung $\mathbb{R} \to \mathbb{R}$ keinen Fixpunkt.

3.3.3 DEFINITION

Eine Abbildung $f: \underline{X} \to \underline{X}$ heißt *kontrahierend*, wenn ein $q < 1$ so existiert, daß $d(f(x),f(y)) \leq q \cdot d(x,y)$ für alle $x \in X$ und $y \in X$ gilt.

3.3.4 THEOREM (*Banachscher Fixpunktsatz*)

Jede kontrahierende Abbildung $f: \underline{X} \to \underline{X}$ *eines nicht-leeren, vollständigen metrischen Raumes* $\underline{X}$ *in sich hat genau einen Fixpunkt* x. *Für jedes beliebige* $y \in X$ *konvergiert die Folge* $y, f(y), f(f(y)), \ldots$ *gegen diesen Fixpunkt* x.

Beweis:

Ist $f: \underline{X} \to \underline{X}$ kontrahierend, so gibt es ein positives $q < 1$ mit $d(f(x),f(y)) \leq q \cdot d(x,y)$ für alle $x \in X$, $y \in X$. Insbesondere ist f stetig. Für jedes $y \in X$ läßt sich durch Induktion eine Folge (y_n) folgendermaßen definieren: $y_1 = y$ und $y_{n+1} = f(y_n)$. Die Folge (y_n) ist eine Cauchy-Folge, denn es gilt

$d(y_{n+1},y_{n+2}) = d(f(y_n),f(y_{n+1})) \leq q \cdot d(y_n,y_{n+1}) \leq \ldots \leq q^n \cdot d(y_1,y_2)$, und da die Reihe $\sum_{n=1}^{\infty} q^n$ konvergiert, gibt es für $y_1 \neq y_2$ zu jedem

$\varepsilon > 0$ ein n, so daß aus $m \geq n$ stets $\sum_{\nu=n}^{m} q^{\nu} < \frac{\varepsilon}{d(y_1,y_2)}$ und somit

$d(y_{n+1},y_{m+2}) \leq \sum_{\nu=n}^{m} d(y_{\nu+1},y_{\nu+2}) \leq d(y_1,y_2) \cdot \sum_{\nu=n}^{m} q^{\nu} < \varepsilon$ folgt. Für $y_1 = y_2$ ist (y_n) konstant, also ebenfalls eine Cauchy-Folge. Somit konvergiert (y_n) gegen ein $x \in X$. Die Folge $(f(y_n))$ konvergiert als Teilfolge von (y_n) ebenfalls gegen x, woraus wegen der Stetigkeit von f folgt $x = f(x)$. Also ist x Fixpunkt von f. Ist y ebenfalls Fixpunkt von f, so gilt $d(x,y) = d(f(x),f(y)) \leq q \cdot d(x,y)$, woraus $d(x,y) = 0$ und somit $x = y$ folgt. Somit ist x einziger Fixpunkt von f.

3.3.5 BEISPIEL

Die durch $x \mapsto x + 1$ definierte Abbildung $f: \mathbb{R} \to \mathbb{R}$ genügt der Bedingung $d(f(x),f(y)) \leq d(x,y)$ für alle $x \in \mathbb{R}$ und $y \in \mathbb{R}$, hat aber keinen Fixpunkt. Die durch $x \mapsto x + \frac{1}{x}$ definierte Abbildung $g: \{r \in \mathbb{R} \mid r \geq 1\} \to \{r \in \mathbb{R} \mid r \geq 1\}$ genügt der Bedingung $d(g(x),g(y)) < d(x,y)$ für alle $x,y \geq 1$ mit $x \neq y$, hat aber keinen Fixpunkt.

3.3.6 ANWENDUNG DES BANACHSCHEN FIXPUNKTSATZES AUF DIFFERENTIALGLEICHUNGEN

PROBLEMFORMULIERUNG

Grundproblem der Theorie der gewöhnlichen Differentialgleichungen ist folgendes:

Eine Differentialgleichung besteht aus 2 Daten:

(1) einer auf einer offenen Teilmenge A des $\mathbb{R}^2$ definierten reell-wertigen Funktion $f: A \to \mathbb{R}$,

(2) einem Punkt (a_o,b_o) in A (der sogenannten Anfangsbedingung).

Eine Lösung obiger Differentialgleichung ist jede auf einem den Punkt a_o im Inneren enthaltenden Intervall I definierte, differenzierbare Funktion $g: I \to \mathbb{R}$, die folgenden Bedingungen genügt:

(LO) für alle $x \in I$ gilt $(x,g(x)) \in A$,

(L1) für alle x aus I gilt $g'(x) = f(x,g(x))$,

(L2) $g(a_o) = b_o$.

Hauptprobleme sind:

(P1) die Frage nach der Existenz von Lösungen,

(P2) die Frage nach der Eindeutigkeit von Lösungen,

(P3) die Frage nach Verfahren zur Konstruktion von Lösungen.

PROBLEMUMFORMULIERUNG

Gegeben sei eine Differentialgleichung (A,f,a_o,b_o) mit stetigem f. Ist I ein den Punkt a_o im Innern enthaltendes Intervall, so ist eine stetige Funktion $g\colon \underline{I} \to \underline{\mathbb{R}}$ genau dann Lösung der Differentialgleichung, wenn sie folgenden Bedingungen genügt:

(IO) für alle $x \in I$ gilt $(x,g(x)) \in A$,

(I1) für alle $x \in I$ gilt $g(x) = b_o + \int_{a_o}^{x} f(t,g(t))dt$.

Somit ist die Differentialgleichung einer Integralgleichung äquivalent. [Beweis folgt unmittelbar aus dem Hauptsatz der Integralrechnung].

DIE LIPSCHITZ-BEDINGUNG

Ohne Voraussetzungen insbesondere an f läßt sich wenig über die Lösbarkeit von (A,f,a_o,b_o) sagen. Für "hinreichend gute" f gibt es jedoch "optimale" Antworten auf die Fragen (P1), (P2) und (P3).

DEFINITION

Ist K eine nicht-negative reelle Zahl, so genügt f der *Lipschitz-Bedingung* (K), falls für alle (x,y) und (x,y') aus A gilt:

$d(f(x,y),f(x,y')) \le K \cdot d(y,y')$.

Obige Bedingung ist für geeignetes K häufig erfüllt, z.B. wenn f stetig partiell nach y ableitbar ist (zumindest in einer Umgebung von (a_o,b_o)).

DER SATZ VON CAUCHY-PICARD

(A,f,a_o,b_o) *sei eine Differentialgleichung. Ist* f *stetig und genügt es der Lipschitz-Bedingung* (K) *für irgendein* K, *so gibt es ein* a_o *im Innern enthaltendes Intervall* I *und eine stetig differenzierbare Funktion* $g\colon \underline{I} \to \underline{\mathbb{R}}$, *die eindeutig dadurch gekennzeichnet ist, daß sie* (LO), (L1) *und* (L2) *erfüllt, d.h. Lösung von* (A,f,a_o,b_o) *ist. Darüber hinaus existiert ein einfaches Approximationsverfahren zur Konstruktion von* g.

Beweis:

Es gibt positive Zahlen a,b mit $B = [a_o-a,a_o+a] \times [b_o-b,b_o+b] \subset A$.

Sei $M = 1 + \max\{|f(x,y)| \mid (x,y) \in B\}$. Sei $r = \min\{a,\frac{b}{M},\frac{2}{3(K+1)}\}$. Sei $I = [a_o-r,a_o+r]$. Sei $\underline{C^*(\underline{I})}$ der nach 3.1.11(5) vollständige metrische Raum aller beschränkten, stetigen Abbildungen von $\underline{I}$ nach $\underline{\mathbb{R}}$ (mit der Supremum-Metrik), und sei $\underline{X}$ der abgeschlossene und somit vollständige Teilraum von $C^*(\underline{I})$, der aus allen stetigen Abbildungen $\underline{g\colon \underline{I} \to [b_o-b,b_o+b]}$ besteht. Durch

$g \mapsto Tg(x) = b_o + \int_{a_o}^{x} f(t,g(t))dt$ wird eine Abbildung $T\colon \underline{X} \to \underline{X}$ definiert, da aus $g \in \underline{X}$ stets

$d(Tg(x),b_o) = |\int_{a_o}^{x} f(t,g(t))dt| \le r \cdot M \le b$, also $Tg \in \underline{X}$ folgt. T ist kontrahierend, denn es gilt:

$$d(Tg,Th)=\sup_{x\in I}|\int_{a_o}^{x} f(t,g(t))dt-\int_{a_o}^{x} f(t,h(t))dt|\le\sup_{x\in I}|\int_{a_o}^{x} K\cdot|g(t)-h(t)|dt|$$
$$\le r(K+1)d(g,h) \le \tfrac{2}{3}d(g,h).$$

Somit existiert nach dem Banachschen Fixpunktsatz 3.3.4 genau ein $g^* \in \underline{X}$ mit $T(g^*) = g^*$, d.h. genau eine Lösung g^* der Differentialgleichung (A,f,a_o,b_o). Darüber hinaus konvergiert für jedes $g \in \underline{X}$ die Folge $(T^n(g))$ in $\underline{X}$ gegen g^*.

3.3.7 AUFGABEN

(1) Sei r eine positive reelle Zahl. Zeigen Sie, daß durch die Vorschrift $x \mapsto \frac{1}{2}(x + \frac{r}{x})$ eine kontrahierende Abbildung $f\colon \underline{\{x \in \mathbb{R}^+ | x^2 \ge r\}} \to \underline{\{x \in \mathbb{R}^+ | x^2 \ge r\}}$ bestimmt wird. Bestimmen Sie den Fixpunkt von f.

(2) $A = (a_{ij})$ sei eine n-reihige, quadratische, reelle Matrix, $E=(\delta_{ij})$ sei die n-reihige Einheitsmatrix und $B = (b_{ij})$ sei gleich $E - A = (\delta_{ij}-a_{ij})$.

(a) Zeigen Sie: gilt $\mathrm{Max}\{\sum_{j=1}^{n} |b_{ij}| \,|\, i \in \{1,\ldots,n\}\} < 1$, so hat das Gleichungssystem $Ax = b$ für jeden n-reihigen reellen Vektor b genau eine Lösung x. [Hinweis: Forme die Gleichung $Ax = b$ äuqivalent um zu $Bx + b = x$ und benutze die Tatsache, daß $\mathbb{R}^n$ bzgl. der Maximum-Metrik d_M nach 3.1.11(1), 3.1.12(1) und 2.2.9(2) vollständig ist.]

(b) Zeigen Sie, daß das Gleichungssystem

$$\tfrac{1}{2}x - \tfrac{1}{3}y = 1$$
$$-\tfrac{1}{3}x + \tfrac{1}{2}y = 1$$

die Voraussetzungen von (a) erfüllt, und berechnen Sie, ausgehend von $x_o = y_o = 0$ die ersten 3 Iterationen. Bestimmen Sie die Rekursionsformeln für x_n und y_n und zeigen Sie, daß (x_n,y_n) gegen die Lösung (x,y) des Gleichungssystems konvergiert.

3.4 DER BAIRESCHE KATEGORIENSATZ

3.4.1 DEFINITION

Eine Teilmenge A von $\underline{X}$ heißt

(1) *nirgends dicht* in $\underline{X}$, wenn int(clA) = ∅ gilt,

(2) *von 1. Kategorie* oder *mager* in $\underline{X}$, wenn es eine Folge (A_n) nirgends dichter Teilmengen von $\underline{X}$ mit $A = \bigcup_{1}^{\infty} A_n$ gibt,

(3) *von 2. Kategorie* oder *fett* in $\underline{X}$, wenn A nicht mager in $\underline{X}$ ist.

Ein metrischer Raum $\underline{X}$ heißt *von 2. Kategorie*, wenn X fett in $\underline{X}$ ist.

3.4.2 BEMERKUNG

Ist x ein *isolierter Punkt* von $\underline{X}$, d.h. gilt int{x} = {x}, so ist jede Teilmenge A von $\underline{X}$, die x enthält, fett in $\underline{X}$. In diesem Fall ist die Aussage, eine Menge sei fett in $\underline{X}$, wenig nützlich. Enthält $\underline{X}$ hingegen keine isolierten Punkte, so besagt das Fettsein einer Teilmenge A von $\underline{X}$, daß A "sehr viele" Elemente enthält, z.B. ist jede höchstens abzählbare Teilmenge von $\underline{X}$ offenbar mager, jede fette Teilmenge von $\underline{X}$ also überabzählbar. Enthält insbesondere $\underline{X}$ keine isolierten Punkte und ist $\underline{X}$ von 2. Kategorie, so ist $\underline{X}$ in gewissem Sinne "sehr groß", und obige Begriffsbildungen erweisen sich als sehr nützlich. Typische Anwendungen sind Existenzsätze der folgenden Art: Ist A eine magere Teilmenge eines Raumes $\underline{X}$ von 2. Kategorie, so ist X\A nicht leer, sogar fett in $\underline{X}$.
Gelingt es uns z.B. zu zeigen, daß $\underline{\mathbb{R}}$ von 2. Kategorie ist, so können wir hieraus unmittelbar folgern, daß es irrationale Zahlen gibt, ja sogar überabzählbar viele, ohne daß wir eine einzige derartige Zahl konstruieren müssen.

3.4.3 THEOREM (*Bairescher Kategoriensatz*)

Jeder nicht-leere, vollständige metrische Raum $\underline{X}$ ist von 2. Kategorie. Für jede magere Teilmenge A von $\underline{X}$ ist X\A dicht in $\underline{X}$.

Beweis:
Es genügt, den zweiten Teil der Aussage zu beweisen, denn der erste Teil folgt dann für A = X per Widerspruchsbeweis. Sei $\underline{X}$ ein nicht-leerer, vollständiger metrischer Raum, sei A ⊂ X mager, sei x ∈ X ein beliebiger Punkt von X und sei U eine offene Umgebung von x.
Durch Induktion wird eine Folge (U_n) nicht-leerer offener Teilmengen von $\underline{X}$ folgendermaßen definiert (dabei sei (A_n) eine Folge nirgends

dichter Teilmengen von $\underline{X}$ mit $A = \bigcup_1^{\infty} A_n$):

Induktionsanfang: Da A_1 nirgends dicht in $\underline{X}$ ist, ist U keine Teilmenge von clA_1. Somit existiert ein $x_1 \in U$ und eine offene Umgebung U_1 von x_1 mit diam $U_1 < 1$ und $clU_1 \subset U \setminus clA_1$:

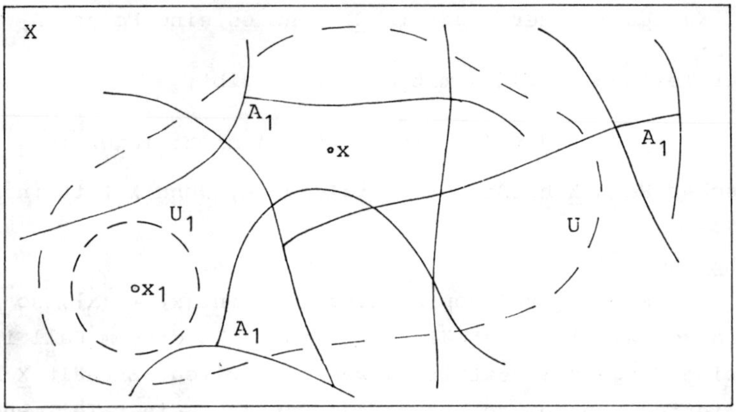

Induktionsschritt: Seien $U_1,\ldots,U_n$ definiert. Da A_{n+1} nirgends dicht in $\underline{X}$ ist, ist U_n keine Teilmenge von clA_{n+1}. Somit existiert ein $x_{n+1} \in U_n$ und eine offene Umgebung U_{n+1} von x_{n+1} mit diam $U_{n+1} < \frac{1}{n+1}$ und $clU_{n+1} \subset U_n \setminus clA_{n+1}$. Folglich ist (U_n) eine monoton fallende Folge nicht-leerer Mengen mit $\lim\limits_{n\to\infty} \operatorname{diam}(U_n) = 0$. Nach 3.1.13 gilt $\bigcap_1^{\infty} clU_n \neq \emptyset$. Aus $y \in \bigcap_1^{\infty} clU_n$ folgt einerseits $y \in U$, anderseits $y \notin A_n$ für jedes n, also $y \notin A$, somit $y \in U \cap (X \setminus A)$. U war beliebige offene Umgebung von x. Also ist x Berührpunkt von $X \setminus A$. x war beliebiger Punkt von X. Also ist $X \setminus A$ dicht in $\underline{X}$.

3.4.4 DEFINITION

Ein Punkt $x \in X$ heißt *isoliert* in $\underline{X}$, falls $\{x\}$ offen in $\underline{X}$ ist (d.h. falls $\operatorname{int}\{x\} = \{x\}$ gilt). Ein metrischer Raum $\underline{X}$ heißt *in sich dicht*, falls er keine isolierten Punkte besitzt.

3.4.5 SATZ

Jeder nicht-leere, in sich dichte, vollständige metrische Raum hat überabzählbar viele Punkte.

Beweis:
Jede höchstens abzählbare Teilmenge ist mager.

3.4.6 ANWENDUNG DES BAIRESCHEN KATEGORIENSATZES AUF LIMITES VON FOLGEN STETIGER FUNKTIONEN

(1) DEFINITION

Eine Funktion $f: X \to \mathbb{R}$ heißt *einfacher* (oder *punktweiser*) Limes einer Folge (f_n) von Funktionen $f_n: X \to \mathbb{R}$, falls für jedes $x \in X$ die Folge $(f_n(x))$ in $\mathbb{R}$ gegen $f(x)$ konvergiert.

(2) Satz

Ist $f: \mathbb{R} \to \mathbb{R}$ *einfacher Limes einer Folge* (f_n) *stetiger Funktionen* $f_n: \mathbb{R} \to \mathbb{R}$, *so ist die Menge* $U = \{x \in \mathbb{R} \mid f \text{ nicht stetig in } x\}$ *der Unstetigkeitspunkte von f mager in* $\mathbb{R}$.

Beweis:

$U = \cup\{U_n \mid n \in \mathbb{N}\}$ mit $U_n = \{x \in \mathbb{R} \mid \omega_f(x) \geq \frac{1}{n}\}$. Es genügt zu zeigen, daß jedes U_n nirgends dicht in $\mathbb{R}$ ist. Wäre U_{n_o} nicht nirgends dicht in $\mathbb{R}$, so gäbe es ein abgeschlossenes Intervall $A \subset U_{n_o}$ mit positiver Länge. Wegen $A = \cup\{A_m \mid m \in \mathbb{N}\}$ mit

$A_m = \{x \in A \mid$ für alle $i \geq m$ gilt $|f(x) - f_i(x)| \leq \frac{1}{5n_o}\}$ folgte aus dem Baireschen Kategoriensatz, daß nicht alle A_m nirgends dicht in dem vollständigen metrischen Raum $\underline{A}$ sein könnten. Es gäbe somit ein $m_o \in \mathbb{N}$ und ein nicht-leeres offenes Intervall $B \subset clA_{m_o} \subset A$. Sei $x_o \in B$. Wegen der Stetigkeit von f_{m_o} gäbe es ein Intervall C mit $x_o \in C \subset B$, so daß aus $x \in C$ stets $|f_{m_o}(x_o) - f_{m_o}(x)| \leq \frac{1}{5n_o}$ folgte.

Somit würde aus $x \in C$ und $y \in C$ stets

$$\begin{aligned}|f(x) - f(y)| \leq\ & |f(x) - f_{m_o}(x)| + |f_{m_o}(x) - f_{m_o}(x_o)| \\ & + |f_{m_o}(x_o) - f_{m_o}(y)| \\ & + |f_{m_o}(y) - f(y)| \leq \frac{4}{5n_o}\end{aligned}$$ folgen.

Folglich gälte $\omega_f(x_o) \leq \omega_f(C) \leq \frac{4}{5n_o} < \frac{1}{n_o}$ im Widerspruch zu $x_o \in U_{n_o}$. Somit ist jedes U_n nirgends dicht in $\mathbb{R}$, also U mager in $\mathbb{R}$.

(3) FOLGERUNG

Die durch $x \mapsto \begin{cases} 1, & \text{falls } x \in \mathbb{Q} \\ 0, & \text{falls } x \in \mathbb{P} \end{cases}$ *definierte Abbildung* $\chi_{\mathbb{Q}}: \mathbb{R} \to \mathbb{R}$ *ist nicht einfacher Limes einer Folge stetiger Funktionen von* $\mathbb{R}$ *nach* $\mathbb{R}$.

3.4.7 AUFGABEN

Zeigen Sie:

(1) Jede Vereinigung endlich vieler nirgends dichter Teilmengen von $\underline{X}$ ist nirgends dicht in $\underline{X}$.

(2) Jede Vereinigung höchstens abzählbar vieler magerer Teilmengen von $\underline{X}$ ist mager in $\underline{X}$.

(3) $\mathbb{P} = \mathbb{R} \setminus \mathbb{Q}$ ist fett in $\underline{\mathbb{R}}$.

(4) A ist genau dann nirgends dicht in $\underline{X}$, wenn eine Teilmenge von $X \setminus A$ existiert, die in $\underline{X}$ offen und dicht ist.

(5) $\underline{X}$ ist genau dann von 2. Kategorie, wenn in $\underline{X}$ jeder Durchschnitt höchstens abzählbar vieler offener, dichter Mengen nicht leer ist.

(6) In $\mathbb{R}^2$ ist die Menge $\mathbb{R} \times \mathbb{Q}$ überabzählbar und mager.

(7) Ist A dicht in $\underline{X}$, so ist $\underline{X}$ genau dann in sich dicht, wenn der Teilraum $\underline{A}$ in sich dicht ist.

(8) $\underline{X}$ ist genau dann topologisch isomorph zu einem diskreten metrischen Raum, wenn jeder Punkt von X isoliert in $\underline{X}$ ist.

(9) Jeder abzählbar unendliche vollständige metrische Raum besitzt unendlich viele isolierte Punkte.

(1o) Seien X ein nicht-leerer, vollständiger metrischer Raum und F eine Menge stetiger Abbildungen von $\underline{X}$ nach $\underline{\mathbb{R}}$, so daß aus $x \in X$ stets $\operatorname{Sup} \{f(x) \mid f \in F\} < \infty$ folgt. Dann existiert eine nicht-leere offene Menge A in $\underline{X}$ mit $\operatorname{Sup} \{f(x) \mid f \in F \text{ und } x \in A\} < \infty$.

3.4.8 AUFGABEN

(1) Zeigen Sie, daß für jede abgeschlossene Teilmenge A von $\underline{X}$ die durch

$$x \mapsto \begin{cases} 1, & \text{falls } x \in A \\ 0, & \text{falls } x \in X \setminus A \end{cases}$$ definierte Abbildung $\chi_A \colon X \to \mathbb{R}$ einfacher Limes einer Folge stetiger Funktionen von $\underline{X}$ nach $\underline{\mathbb{R}}$ ist. [Hinweis: 3.2.8(2) und 2.3.3].

(2) Zeigen Sie, daß für jede endliche Teilmenge E von $\underline{X}$ die durch

$$x \mapsto \begin{cases} 1, & \text{falls } x \in E \\ 0, & \text{falls } x \in X \setminus E \end{cases}$$ definierte Abbildung $\chi_E \colon X \to \mathbb{R}$ einfacher Limes einer Folge stetiger Funktionen von $\underline{X}$ nach $\underline{\mathbb{R}}$ ist.

(3) Gibt es eine Abbildung $g \colon \underline{\mathbb{R}} \to \underline{\mathbb{R}}$ mit $\mathbb{P} = \{x \in \mathbb{R} \mid g \text{ stetig in } x\}$?

3.5 TOPOLOGISCH VOLLSTÄNDIGE RÄUME

Ist f: $\underline{X} \to \underline{Y}$ ein topologischer Isomorphismus, so ist eine Teilmenge A von $\underline{X}$ offenbar genau dann nirgends dicht (mager, fett) in $\underline{X}$, wenn f[A] nirgends dicht (mager, fett) in $\underline{Y}$ ist. Die Begriffe "nirgends dicht", "mager" und "fett" sowie der Begriff "$\underline{X}$ ist von 2.Kategorie" sind somit topologische Begriffe. Der Begriff "vollständig" ist hingegen ein uniformer Begriff. Beim Baireschen Kategoriensatz wird aus einer uniformen Voraussetzung ($\underline{X}$ nicht-leer und vollständig) eine topologische Folgerung ($\underline{X}$ von 2. Kategorie) gezogen. Jeder derartige Satz läßt sich sofort dadurch verbessern, daß man die Voraussetzung nur bis auf topologische Isomorphie fordert, d.h. im Falle des Baireschen Kategoriensatzes: Ist $\underline{X}$ topologisch isomorph zu einem nicht-leeren, vollständigen Raum, so ist $\underline{X}$ von 2. Kategorie. Hieraus folgt z.B. unmittelbar, daß $\underline{]0,1[}$ - obwohl nicht vollständig - von 2. Kategorie ist. Dieser Sachverhalt deutet an, daß Räume, die zu einem vollständigen Raum topologisch isomorph sind, - auch wenn sie nicht ganz so schön zu sein brauchen wie vollständige Räume -, doch einige angenehme topologische Eigenschaften mit vollständigen Räumen gemeinsam haben.

3.5.1 DEFINITION

Ein metrischer Raum heißt *topologisch vollständig*, wenn er zu einem vollständigen metrischen Raum topologisch isomorph ist.

3.5.2 FOLGERUNG

Jeder nicht-leere, topologisch vollständige Raum ist von 2. Kategorie.

Beweis:
Sei f: $\underline{X} \to \underline{Y}$ ein topologischer Isomorphismus, und sei $\underline{Y}$ vollständig. Wäre $\underline{X}$ nicht von 2. Kategorie, so gäbe es eine Folge (A_n) nirgends dichter Teilmengen von $\underline{X}$ mit $X = \bigcup_1^\infty A_n$. Also wäre $(f[A_n])$ eine Folge nirgends dichter Teilmengen von $\underline{Y}$ mit $Y = \bigcup_1^\infty f[A_n]$ im Widerspruch zum Baireschen Kategoriensatz.

3.5.3 BEMERKUNG

$\underline{X} = (X,d)$ ist genau dann topologisch vollständig, wenn es eine zu d topologisch äquivalente Metrik d^* so gibt, daß (X,d^*) vollständig ist.

3.5.4 BEISPIELE

(1) Jeder vollständige Raum (insbesondere $\underline{\mathbb{R}}$ und $\underline{[0,1]}$) ist topologisch vollständig.

(2) $]0,1[$ ist topologisch vollständig, aber nicht vollständig.

(3) $\mathbb{Q}$ ist nicht topologisch vollständig, weil $\mathbb{Q}$ nicht von 2. Kategorie ist.

(4) $\mathbb{P} = \mathbb{R}\setminus\mathbb{Q}$ ist, wie wir in 3.5.7 sehen werden, topologisch vollständig.

3.5.5 SATZ

Ist $\underline{X}$ topologisch vollständig, so gilt:

(1) *Jeder abgeschlossene Teilraum von $\underline{X}$ ist topologisch vollständig.*

(2) *Jeder offene Teilraum von $\underline{X}$ ist topologisch vollständig.*

(3) *Jeder Durchschnitt $\underline{A} = \underline{\cap A_n}$ einer Folge $(\underline{A_n})$ topologisch vollständiger Teilräume von $\underline{X}$ ist topologisch vollständig.*

(4) *Jeder G_δ-Teilraum von $\underline{X}$ ist topologisch vollständig.*

Beweis:

Sei $\underline{X} = (X,d)$, und sei d^* eine zu d topologisch äquivalente Metrik auf X, so daß (X,d^*) vollständig ist.

(1) Ist A abgeschlossene Teilmenge von $\underline{X}$ und sind d_A bzw. d_A^* die von d bzw. d^* induzierten Metriken auf A (d.h. $d_A = d|A \times A$ bzw. $d_A^* = d^*|A \times A$), so sind d_A und d_A^* ebenfalls topologisch äquivalent, und (A,d_A^*) ist nach 3.1.1o vollständig.

(2) Ist A eine offene Teilmenge von $\underline{X}$, so wird durch $d'(a,b) = d^*(a,b) + \left| \frac{1}{\text{dist}(a,X\setminus A)} - \frac{1}{\text{dist}(b,X\setminus A)} \right|$ ("dist" bezüglich d^*), wie man leicht nachrechnet, eine Metrik d' auf A definiert.
Konvergiert eine Folge (a_n) in A gegen einen Punkt $a \in A$ bzgl. d', so erst recht bzgl. d_A^*, denn es gilt $d_A^*(a,b) \le d'(a,b)$ für alle $a \in A$ und $b \in A$. Konvergiert umgekehrt eine Folge (a_n) in A gegen einen Punkt $a \in A$ bzgl. d_A^*, so gilt

$$\lim_{n\to\infty} d'(a_n,a) = \lim_{n\to\infty} d^*(a_n,a) + \left|\frac{1}{\lim\limits_{n\to\infty} \text{dist}(a_n,X\setminus A)} - \frac{1}{\text{dist}(a,X\setminus A)}\right|$$

$$= 0 + \left|\frac{1}{\text{dist}(a,X\setminus A)} - \frac{1}{\text{dist}(a,X\setminus A)}\right| = 0.$$ Also konvergiert (a_n) auch bzgl. d' gegen a. Die Metriken d_A^* und d' sind somit topologisch äquivalent. Ist (a_n) eine Cauchy-Folge in (A,d'), so ist (a_n) erst recht Cauchy-Folge in (X,d^*), konvergiert also gegen ein $x \in X$ bzgl. d^*. Liegt x in A, so konvergiert (a_n) gegen x bzgl. d'. Läge x nicht in A, so würde für jedes feste n gelten

$$\lim_{m\to\infty} d'(a_n,a_m) = \lim_{m\to\infty} d^*(a_n,a_m) + \left|\frac{1}{\operatorname{dist}(a_n,X\backslash A)} - \lim_{m\to\infty}\frac{1}{\operatorname{dist}(a_m,X\backslash A)}\right|$$
$$= d^*(a_n,x) + \left|\frac{1}{\operatorname{dist}(a_n,X\backslash A)} - \infty\right| = \infty,$$

im Widerspruch zu der Voraussetzung, daß (a_n) eine Cauchy-Folge bzgl. d' bildet. Also ist (A,d') vollständig.

(3) Für jedes n sei d_n eine zu d_{A_n} topologisch äquivalente Metrik auf A_n, so daß (A_n,d_n) vollständig ist. Dabei können wir wegen 2.2.9(5) ohne Beschränkung der Allgemeinheit voraussetzen, daß für $a \in A_n$ und $b \in A_n$ stets $d_n(a,b) \leq \frac{1}{2^n}$ gilt. Auf $A = \bigcap_1^\infty A_n$ wird durch $d'(a,b) = \sum_{n=1}^{\infty} d_n(a,b)$ eine Metrik d' definiert. Konvergiert eine Folge (a_n) in A gegen ein $a \in A$ bzgl. d', so erst recht bzgl. jedem d_n und somit bzgl. d. Konvergiert umgekehrt eine Folge (a_n) in A gegen ein $a \in A$ bzgl. d, so bzgl. d_n für jedes n. Hieraus folgt, daß (a_n) bzgl. d' gegen a konvergiert, denn für jedes $\varepsilon > 0$ gibt es ein r mit $\sum_{n=r+1}^{\infty} \frac{1}{2^n} < \frac{\varepsilon}{2}$, und für jedes $i = 1,\dots,r$ gibt es ein n_i, so daß aus $m \geq n_i$ stets $d_i(a_m,a) < \frac{\varepsilon}{2r}$ folgt. Also folgt aus $m \geq \max\{n_1,n_2,\dots,n_r\}$ stets

$d'(a_m,a) = \sum_{n=1}^{\infty} d_n(a_m,a) < r \cdot \frac{\varepsilon}{2r} + \frac{\varepsilon}{2} = \varepsilon$. Somit ist d' zu d_A topologisch äquivalent. Ist (a_n) Cauchy-Folge in (A,d'), so ist (a_n) Cauchy-Folge bzgl. jedes d_m, konvergiert also in jedem Raum (A_m,d_m) gegen einen Wert a, der (wegen der Äquivalenz der Metriken $d_m|A \times A$) nicht von m abhängt und somit in $A = \bigcap A_m$ liegt. Folglich konvergiert (a_n) in (A,d') gegen a. Also ist (A,d') vollständig.

(4) folgt unmittelbar aus (2) und (3).

<u>3.5.6 SATZ</u>

Für jede Teilmenge A eines topologisch vollständigen Raumes $\underline{X}$ *sind die folgenden Bedingungen äquivalent:*

(a) $\underline{A}$ *ist topologisch vollständig.*

(b) A *ist eine* G_δ*-Menge in* $\underline{X}$.

Beweis:

(b) ⇒ (a) folgt unmittelbar aus 3.5.5(4).

(a) ⇒ (b): Sei $f: \underline{A} \to \underline{Y}$ ein topologischer Isomorphismus von $\underline{A}$ auf einen vollständigen Raum. Nach dem Fortsetzbarkeitstheorem für stetige Abbildungen in vollständige Räume (3.2.13) existiert eine A umfassende G_δ-Menge B in $\underline{X}$ mit $B \subset \mathrm{cl}A$ und eine stetige Fortsetzung $G: \underline{B} \to \underline{Y}$

von f. Aber f kann auf keinen Punkt von clA\A stetig fortgesetzt werden, denn ist (a_n) eine Folge in A mit $(a_n) \to x$, so gilt für jede stetige Fortsetzung h von f: $(a_n) = (f^{-1}(h(a_n))) \to f^{-1}(h(x))$, also $x = f^{-1}(h(x)) \in A$. Somit gilt A = B, und A ist eine G_δ-Menge in $\underline{X}$.

3.5.7 FOLGERUNG 1

$\underline{\mathbb{P}}$ *ist topologisch vollständig.*

Beweis:

$$\mathbb{P} = \bigcap_{r \in \mathbb{Q}} \mathbb{R} \setminus \{r\} \text{ ist eine } G_\delta\text{-Menge in } \underline{\mathbb{R}} \text{ (vgl. 3.5.5(2),(3)).}$$

3.5.8 FOLGERUNG 2

$\mathbb{Q}$ *ist keine* G_δ-Menge in $\underline{\mathbb{R}}$.

Beweis:

$\mathbb{Q}$ ist nach 3.5.4(3) nicht topologisch vollständig.

3.5.9 AUFGABE

Gibt es einen Raum von 2. Kategorie, der nicht topologisch vollständig ist?

3.5.1o AUFGABEN

Zeigen Sie:

(1) Für jede stetige Abbildung f: $\underline{A} \to \underline{Y}$ eines Teilraumes $\underline{A}$ von $\underline{X}$ in einen topologisch vollständigen Raum $\underline{Y}$ existiert eine A umfassende G_δ-Menge B in $\underline{X}$ und eine stetige Fortsetzung g: $\underline{B} \to \underline{Y}$ von f.

(2) Ist $\underline{X}$ topologisch vollständig und in sich dicht, so enthält jede nicht-leere offene Teilmenge von $\underline{X}$ überabzählbar viele Punkte.

(3) Der Durchschnitt jeder Folge dichter G_δ-Mengen in einem topologisch vollständigen metrischen Raum $\underline{X}$ ist dicht in $\underline{X}$.

(4) Für jedes Intervall I von $\mathbb{R}$ (d.h. jede Teilmenge I von $\mathbb{R}$ mit $(a < b < c$ und $\{a,c\} \in I) \Rightarrow b \in I)$ ist $\underline{I}$ topologisch vollständig.

3.6 VERVOLLSTÄNDIGUNG METRISCHER RÄUME

In den vorigen Abschnitten ist deutlich geworden, daß vollständige metrische Räume eine Reihe angenehmer Eigenschaften haben (man denke z.B. an den Banachschen Fixpunktsatz, den Baireschen Kategoriensatz und den Fortsetzbarkeitssatz für gleichmäßig stetige Abbildungen in vollständige Räume). Nicht vollständige Räume (z.B. $\mathbb{Q}$) haben i. allg. keine der genannten Eigenschaften und sind deshalb erheblich schlechter zu handhaben. Mit dieser Situation wurden wir bereits in der Analysis konfrontiert, und wir haben dort eine Methode kennengelernt, die Mathematiker in derartigen Fällen oft und gerne anwenden. Hat ein Objekt mathematischer Untersuchungen nicht die gewünschten angenehmen Eigenschaften, so kann man versuchen, das Objekt in ein größeres Objekt "einzubetten", das die gewünschten angenehmen Eigenschaften hat. Gelingt das und ist die Einbettung zudem noch besonders übersichtlich, so spart man sich oft viel Ärger. In der Analysis wurde der unvollständige Raum $\underline{\mathbb{Q}}$ deshalb in den vollständigen Raum $\underline{\mathbb{R}}$ eingebettet. Manch einem mag die Analysis zwar nicht immer leicht vorgekommen sein, die Vorstellung allerdings, Analysis in $\underline{\mathbb{Q}}$ statt in $\underline{\mathbb{R}}$ betreiben zu müssen, ist ein Alptraum. Viele Dinge würden überhaupt nicht funktionieren (schon das Wurzelziehen ginge ja nicht mehr) und andere würden furchtbar kompliziert. Ohne die geniale Idee, reelle Zahlen zu erfinden, um $\underline{\mathbb{Q}}$ zu vervollständigen, wäre Analysis in der heutigen Gestalt ganz undenkbar. Somit ergibt sich in unserem Zusammenhang ganz natürlich die Frage, ob es möglich ist, jeden metrischen Raum in einen vollständigen metrischen Raum einbetten zu können, d.h. ihn als Teilraum eines geeigneten vollständigen metrischen Raumes auffassen zu können. Das Hauptergebnis dieses Abschnittes gibt eine positive Antwort auf diese Frage. Ist insbesondere $\underline{X}$ ein Teilraum des $\underline{\mathbb{R}^n}$, so ist jeder abgeschlossene Teilraum des $\underline{\mathbb{R}^n}$, der X umfaßt, ein vollständiger Raum, der $\underline{X}$ als Teilraum besitzt. I. allg. läßt sich ein Raum $\underline{X}$ also in sehr verschiedene vollständige Räume einbetten. Unter allen vollständigen, $\underline{X}$ umfassenden Räumen gibt es aber einen "kleinsten", der dadurch charakterisiert ist, daß X dicht in ihm liegt. Diesen werden wir die Vervollständigung von $\underline{X}$ nennen. Ist insbesondere $\underline{X}$ ein Teilraum von $\underline{\mathbb{R}^n}$, so ist der durch die abgeschlossene Hülle von X in $\underline{\mathbb{R}^n}$ gebildete Teilraum von $\underline{\mathbb{R}^n}$ die Vervollständigung von $\underline{X}$. Speziell ist $\underline{\mathbb{R}^n}$ die Vervollständigung von $\underline{\mathbb{Q}^n}$ für jedes n.

3.6.1 DEFINITION

Der metrische Raum $\underline{Y}$ heißt *Vervollständigung* des metrischen Raumes $\underline{X}$, wenn gilt:

(1) $\underline{Y}$ ist ein vollständiger metrischer Raum,

(2) $\underline{X}$ ist ein dichter Teilraum von $\underline{Y}$.

Bevor wir eine Vervollständigung von $\underline{X}$ konstruieren, wollen wir zeigen, daß es "im wesentlichen" nur eine solche gibt:

3.6.2 SATZ

Sind $\underline{Y}_1$ *und* $\underline{Y}_2$ *Vervollständigungen von* $\underline{X}$, *so gibt es einen metrischen Isomorphismus* $f: \underline{Y}_1 \to \underline{Y}_2$ *mit* $f(x) = x$ *für alle* $x \in \underline{X}$.

Beweis:

Nach dem Fortsetzbarkeitssatz für gleichmäßig stetige Abbildungen in vollständige Räume (3.2.3) gibt es eine gleichmäßig stetige Abbildung $f: \underline{Y}_1 \to \underline{Y}_2$ mit $f(x) = x$ für alle $x \in X$. Sind y und y' beliebige Elemente von $\underline{Y}_1$ und (x_n) bzw. (x_n') Folgen in X mit $(x_n) \to y$ und $(x_n') \to y'$, so gilt $(f(x_n)) \to f(y)$ und $(f(x_n')) \to f(y')$. Somit gilt wegen der Stetigkeit von d (vgl. 2.1.15(3))

$$d(f(y), f(y')) = \lim_{n\to\infty} d(f(x_n), f(x_n')) = \lim_{n\to\infty} d(x_n, x_n') = d(y,y').$$

(Überlegen Sie sich, daß f insbesondere injektiv ist.)

Also ist der durch $f[Y_1]$ bestimmte Teilraum von $\underline{Y}_2$ metrisch isomorph zu $\underline{Y}_1$, somit vollständig und nach 3.1.1o abgeschlossen in $\underline{Y}_2$. Wegen $X \subset f[Y_1] \subset Y_2 = \text{cl } X$ folgt hieraus $f[Y_1] = Y_2$, d.h. $f: \underline{Y}_1 \to \underline{Y}_2$ ist ein metrischer Isomorphismus.

3.6.3 SATZ

Ist ein metrischer Raum $\underline{X}$ *metrisch isomorph zu einem Teilraum eines vollständigen Raumes, so hat* $\underline{X}$ *eine Vervollständigung.*

Beweis:

Ist $\underline{X}$ metrisch isomorph zu einem Teilraum eines vollständigen Raumes, so ist $\underline{X}$ metrisch isomorph zu einem dichten Teilraum $\underline{X}'$ eines vollständigen Raumes $\underline{Y}$, denn abgeschlossene Teilräume von vollständigen Räumen sind nach 3.1.1o vollständig. Identifiziert man in $\underline{Y}$ den Teilraum $\underline{X}'$ mit $\underline{X}$, so erhält man eine Vervollständigung von $\underline{X}$.

3.6.4 THEOREM (*Einbettungssatz für metrische Räume*)

Jeder metrische Raum $\underline{X} = (X,d)$ *ist metrisch isomorph zu einem Teilraum des vollständigen metrischen Raumes* $\underline{B(X)} = (B(X),d')$ *aller beschränkten Abbildungen* $f: X \to \mathbb{R}$ *mit der in 1.1.4 definierten Supremum-Metrik* d'.

Beweis:

Der Raum $\underline{B(X)}$ ist nach 3.1.11(4) vollständig. Ist $X = \emptyset$, so ist (X,d) offenbar zu einem Teilraum von $\underline{B(X)}$ isometrisch isomorph. Andernfalls sei a ein festes Element von X. Für jedes $x \in X$ wird durch

$y \mapsto d(y,x) - d(y,a)$ eine Abbildung $f_x: X \to \mathbb{R}$ definiert. Wegen $|f_x(y)| = |d(y,x) - d(y,a)| \le d(x,a)$ ist f_x beschränkt und somit ein Element von $B(X)$. Durch $x \mapsto f_x$ wird also eine Abbildung $f: X \to B(X)$ definiert. Für beliebige Elemente $x \in X$ und $x' \in X$ gilt einerseits

$$|f_x(x) - f_{x'}(x)| = |d(x,x) - d(x,a) - d(x,x') + d(x,a)| = d(x,x')$$

und andererseits für alle $y \in X$

$$|f_x(y) - f_{x'}(y)| = |d(y,x) - d(y,a) - d(y,x') + d(y,a)|$$
$$= |d(y,x) - d(y,x')| \le d(x,x').$$

Hieraus folgt $d'(f_x, f_{x'}) = \sup_{y \in X} |f_x(y) - f_{x'}(y)| = d(x,x')$.

(Insbesondere ist f injektiv.) Also ist $\underline{X}$ metrisch isomorph zu dem durch $f[X]$ bestimmten Teilraum von $\underline{B(X)}$.

3.6.5 THEOREM (*Vervollständigungssatz für metrische Räume*)

Jeder metrische Raum hat eine Vervollständigung.

Beweis:

Das Ergebnis folgt unmittelbar aus den beiden vorangegangenen Sätzen.

3.6.6 DEFINITION

Die nach 3.6.5 existierende und nach 3.6.2 "im wesentlichen" eindeutige Vervollständigung von $\underline{X}$ werde mit Compl $\underline{X}$ bezeichnet. Compl ist eine Abkürzung des englischen Wortes completion (= Vervollständigung).

3.6.7 BEISPIELE

Ist A eine Teilmenge von $\mathbb{R}^n$ und ist $B = \mathrm{cl}A$ die abgeschlossene Hülle von A in $\underline{\mathbb{R}^n}$, so ist $\underline{B}$ Vervollständigung von $\underline{A}$. Insbesondere ist $\underline{\mathbb{R}^n}$ Vervollständigung von $\underline{\mathbb{Q}^n}$ und von $\underline{\mathbb{P}^n}$, $\underline{[0,1]^n}$ ist Vervollständigung von $\underline{]0,1[^n}$ und von $\underline{[0,1[^n}$ und $\underline{\mathbb{R}^+} = \underline{\{r \in \mathbb{R} \mid r \ge 0\}}$ ist Vervollständigung von $\underline{\{r \in \mathbb{R} \mid r > 0\}}$. Hieraus folgt u.a., daß $\underline{\text{Compl }]0,1[\setminus]0,1[} = \underline{\{0,1\}}$ zweipunktig und $\underline{\text{Compl } \{r \in \mathbb{R} \mid r > 0\} \setminus \{r \in \mathbb{R} \mid r > 0\}} = \{0\}$ nur einpunktig ist. Das liefert - zusammen mit dem folgenden Satz - einen besonders einfachen Beweis dafür, daß $\underline{]0,1[}$ und $\underline{\{r \in \mathbb{R} \mid r > 0\}}$ nicht uniform isomorph sind.

3.6.8 SATZ (*Vervollständigung ist ein uniformes Konzept*)

Sind $\underline{X}$ und $\underline{Y}$ uniform isomorph, so sind auch

(1) Compl $\underline{X}$ *und* Compl $\underline{Y}$ *uniform isomorph,*

(2) Compl $\underline{X}\setminus\underline{X}$ *und* Compl $\underline{Y}\setminus\underline{Y}$ *uniform isomorph.*

Beweis:

Ist $f: \underline{X} \to \underline{Y}$ ein uniformer Isomorphismus mit $g = f^{-1}: \underline{Y} \to \underline{X}$, so existieren nach dem Fortsetzbarkeitstheorem für gleichmäßig stetige Abbildungen in vollständige Räume (3.2.3) gleichmäßig stetige Fortsetzungen f': Compl $\underline{X} \to$ Compl $\underline{Y}$ von f und g': Compl $\underline{Y} \to$ Compl $\underline{X}$ von g. Somit ist $g' \circ f'$: Compl $\underline{X} \to$ Compl $\underline{X}$ ebenso wie die Identität id: Compl $\underline{X} \to$ Compl $\underline{X}$ eine gleichmäßig stetige Fortsetzung der durch $x \mapsto x$ definierten Abbildung $\underline{X} \to$ Compl $\underline{X}$. Wegen der Eindeutigkeit der Fortsetzung folgt hieraus $g' \circ f' = id$. Analog gilt $f' \circ g' = id$. Somit ist f': Compl $\underline{X} \to$ Compl $\underline{Y}$ ein uniformer Isomorphismus mit $g' = (f')^{-1}$. Aus $f'[X] = f[X] = Y$ folgt $f'[\text{Compl } \underline{X}\setminus X] = \text{Compl } \underline{Y}\setminus Y$. Also induziert f' einen uniformen Isomorphismus $\underline{\text{Compl } \underline{X}\setminus X} \to \underline{\text{Compl } \underline{Y}\setminus Y}$.

<u>3.6.9 THEOREM</u> (*Charakterisierungssatz für topologisch vollständige Räume*)

Ist $\underline{X}$ ein metrischer Raum, so sind äquivalent:

(a) $\underline{X}$ *ist topologisch vollständig.*

(b) X *ist eine* G_δ*-Menge in* Compl $\underline{X}$.

(c) X *ist* G_δ*-Menge eines vollständigen Raumes* $\underline{Y}$.

Beweis:

(a) $\Rightarrow$ (b) und (c) $\Rightarrow$ (a) folgen unmittelbar aus 3.5.6.

(b) $\Rightarrow$ (c) ist trivial.

<u>3.6.1o BEMERKUNG</u>

Wegen der Wichtigkeit des Vervollständigungssatzes für metrische Räume (3.6.5) wollen wir hier noch einen zweiten, von Felix Hausdorff stammenden Beweis skizzieren, welcher der Konstruktion von $\underline{\mathbb{R}}$ aus $\underline{\mathbb{Q}}$ mittels Cauchy-Folgen nachgebildet ist. (Der vorher dargestellte Beweis stammt von K. Kuratowski.) Zunächst einige Vorbereitungen:

(1) Sind (x_n) und (y_n) Cauchy-Folgen in $\underline{X}$, so konvergiert die Folge $(d(x_n,y_n))$ in $\underline{\mathbb{R}}$.

Beweis:

Zu jedem $\varepsilon > 0$ existiert ein n, so daß aus $m \geq n$ und $m' \geq n$ sowohl $d(x_m,x_{m'}) < \frac{\varepsilon}{2}$ als auch $d(y_m,y_{m'}) < \frac{\varepsilon}{2}$ folgt. Aus $m,m' \geq n$ folgt insbesondere $d(x_m,y_m) \leq d(x_m,x_{m'}) + d(x_{m'},y_{m'}) + d(y_{m'},y_m) < d(x_{m'},y_{m'}) + \varepsilon$ und ebenso $d(x_{m'},y_{m'}) < d(x_m,y_m) + \varepsilon$, also $|d(x_m,y_m)-d(x_{m'},y_{m'})| < \varepsilon$. Die Folge $(d(x_n,y_n))$ ist somit Cauchy-Folge in dem vollständigen Raum $\underline{\mathbb{R}}$, konvergiert also.

(2) Ist (x_n) Cauchy-Folge in $\underline{X}$, so gilt $\lim\limits_{n\to\infty} \lim\limits_{m\to\infty} d(x_n,x_m) = 0$.

Beweis:

Für festes n ist die konstante Folge (a) mit $a = x_n$ Cauchy-Folge; also konvergiert $(d(a,x_m)) = (d(x_n,x_m))$ nach (1) gegen einen Wert r_n. Offenbar gilt $r_n \leq \operatorname{diam}\{x_m | m \geq n\}$. Also konvergiert die Folge (r_n) nach 3.1.3 gegen 0.

(3) Ist A dicht in $\underline{Y}$ und konvergiert jede Cauchy-Folge (a_n) in A gegen ein $y \in \underline{Y}$, so ist $\underline{Y}$ vollständig.

Beweis:

Ist (y_n) eine Cauchy-Folge in $\underline{Y}$, so gibt es zu jedem n ein $a_n \in A$ mit $d(y_n,a_n) < \frac{1}{n}$. Eine derart gebildete Folge (a_n) ist zu (y_n) benachbart, also nach 3.1.7 ebenfalls eine Cauchy-Folge. Konvergiert (a_n) gegen y, so konvergiert nach 1.3.16 auch (y_n) gegen y.

(4) Der Raum der Äquivalenzklassen von Cauchy-Folgen:

Sei C die Menge aller Cauchy-Folgen von $\underline{X}$. Durch $((x_n),(y_n)) \mapsto \lim_{n\to\infty} d(x_n,y_n)$ wird eine Abbildung $d'\colon C \times C \to \mathbb{R}^+$ definiert (vgl. (1)).

Offenbar gilt:

(a) $(x_n) = (y_n) \Rightarrow d'((x_n),(y_n)) = 0$,

(b) $d'((x_n),(y_n)) = d'((y_n),(x_n))$,

(c) $d'((x_n),(y_n)) \leq d'((x_n),(z_n)) + d'((z_n),(y_n))$.

Die Abbildung d' erfüllt also beinahe die Axiome für eine Metrik auf C. Es gilt aber i. allg. nicht $d'((x_n),(y_n)) = 0 \Rightarrow (x_n) = (y_n)$. Vielmehr gilt: $d'((x_n),(y_n)) = 0 \iff (x_n)$ und (y_n) sind benachbart.
Die Benachbartseinrelation ist eine Äquivalenzrelation auf C. Sei Y die Menge aller zugehörigen Äquivalenzklassen. Für $(x_n) \in C$ bezeichne $[(x_n)]$ die zugehörige Äquivalenzklasse. Aus $[(x_n)] = [(x_n')]$ und $[(y_n)] = [(y_n')]$ folgt, wie man leicht sieht, $d'((x_n),(y_n)) = d'((x_n'),(y_n'))$. Somit gibt es eine Abbildung $d^*\colon Y \times Y \to \mathbb{R}^+$ mit $d^*([(x_n)],[(y_n)]) = d'((x_n),(y_n))$ für alle $(x_n) \in C$ und $(y_n) \in C$. Offenbar ist d^* eine Metrik auf Y, das Paar (Y,d^*) also ein metrischer Raum. Bezeichnet $(\underline{x})$ für jedes $x \in X$ die durch $x_n = x$ definierte konstante Folge (x_n), so wird durch $x \mapsto [(\underline{x})]$ eine Abbildung $h\colon \underline{X} \to \underline{Y}$ definiert. Offenbar gilt $d^*(h(x),h(y)) = d(x,y)$ für alle $x \in X$ und $y \in X$. Somit ist $\underline{X}$ metrisch isomorph zu dem durch $A = \{[(\underline{x})] | x \in X\}$ bestimmten Teilraum von $\underline{Y}$. A ist dicht in $\underline{Y}$; denn ist $y = [(x_n)] \in Y$, so ist für jedes feste n die durch die konstante Folge $(\underline{x_n})$ bestimmte Äquivalenzklasse $a_n = [(\underline{x_n})]$ ein Element von A, und die Folge (a_n) konvergiert in $\underline{Y}$ gegen Y. Letzteres folgt aus $\lim_{n\to\infty} d^*(a_n,y) =$

$\lim_{n\to\infty} \lim_{m\to\infty} d(x_n,x_m) = 0$. Ist (a_n) eine Cauchy-Folge in A, so gibt es zu jedem n genau ein $x_n \in X$ mit $a_n = [(\underline{x_n})]$. Die Folge (x_n) ist Cauchy-Folge in $\underline{X}$. Also ist $y = [(x_n)]$ ein Element von Y. Wegen $\lim_{n\to\infty} d^*(a_n,y) = \lim_{n\to\infty} \lim_{m\to\infty} d(x_n,x_m) = 0$ konvergiert (a_n) in $\underline{Y}$ gegen y. Somit ist $\underline{Y}$ nach (3) vollständig.

3.6.11 AUFGABEN

(1) Sei $X = \mathbb{Q} \times]0,1[$. Auf X wird durch

$$d((x,y),(x',y')) = \begin{cases} |y - y'|, & \text{falls } x = x' \\ |x - x'| + y + y', & \text{falls } x \neq x' \end{cases}$$

eine Metrik definiert. Beschreiben Sie die Vervollständigung Compl $\underline{X}$ von $\underline{X} = (X,d)$.

(2) Seien $\underline{X}$ und $\underline{Y}$ die durch $X = (]-1,1[\times \{0\}) \cup (\{0\} \times]0,1[)$ und $Y = (]-1,1[\times \{0\}) \cup (\{0\} \times]-1,1[)$ bestimmten Teilräume von $\underline{\mathbb{R}^2}$. Prüfen Sie, ob $\underline{X}$ und $\underline{Y}$ uniform isomorph sind.

3.6.12 AUFGABEN

Zeigen Sie

(1) Folgende Aussagen sind äuqivalent:

(a) X ist offen in Compl $\underline{X}$

(b) Jeder Punkt von X besitzt eine vollständige Umgebung U in $\underline{X}$ (d.h. $\underline{U}$ ist vollständig).

(c) Compl $\underline{X}\setminus X$ ist vollständig.

(2) Folgende Aussagen sind äquivalent:

(a) $\underline{X}$ ist vollständig.

(b) Für jeden metrischen Raum $\underline{Y}$ gilt: ist $\underline{X}$ Teilraum von $\underline{Y}$, so ist X abgeschlossen in $\underline{Y}$.

(3) Folgende Aussagen sind äquivalent:

(a) Für jeden metrischen Raum $\underline{Y}$ gilt: ist $\underline{X}$ Teilraum von $\underline{Y}$, so ist X offen in $\underline{Y}$.

(b) $X = \emptyset$.

§ 4 TOTAL BESCHRÄNKTE UND KOMPAKTE METRISCHE RÄUME

STUDIERHINWEISE ZU § 4

In § 4 werden total beschränkte und kompakte metrische Räume untersucht. Kompaktheit erweist sich als eine der angenehmsten Eigenschaften metrischer Räume. U.a. wird sich zeigen, daß viele der aus der Analysis bekannten angenehmen Eigenschaften von $\underline{[0,1]}$ sich nicht nur auf beliebige abgeschlossene und beschränkte Teilräume des $\underline{\mathbb{R}^n}$, sondern darüber hinaus auf alle kompakten metrischen Räume $\underline{X}$ übertragen lassen, z.B. ist jede stetige Abbildung f: $\underline{X} \to \underline{\mathbb{R}}$ bereits gleichmäßig stetig, und die Menge f[X] ist nicht nur beschränkt, sondern besitzt (für $X \neq \emptyset$) darüber hinaus ein größtes und ein kleinstes Element. Dem Leser sei empfohlen, sich insbesondere mit den zahlreichen Charakterisierungen kompakter Räume zu beschäftigen. Wir werden diese in § 6 benutzen, um eine vollständige Übersicht über alle kompakten metrischen Räume zu erlangen.

Dem Abschnitt über kompakte metrische Räume ist ein kurzer Abschnitt über total beschränkte metrische Räume vorangestellt. Der Grund ist folgender: Metrische Räume erweisen sich (4.2.2) genau dann als kompakt, wenn sie sowohl vollständig als auch total beschränkt sind, und da vollständige Räume bereits sorgfältig studiert wurden, liegt es nahe, zunächst den noch fehlenden anderen Aspekt der Kompaktheit, nämlich totale Beschränktheit, separiert zu studieren. Dadurch erhalten wir eine bessere Einsicht in die Natur kompakter metrischer Räume. Ansonsten sind total beschränkte metrische Räume von geringerer Bedeutung. Festhalten sollte man allerdings, daß die total beschränkten Räume gerade die Teilräume kompakter metrischer Räume sind (4.2.5).

4.0 EINFÜHRUNG

Aus der Analysis ist bekannt, daß kompakte (= beschränkte und abgeschlossene) Teilmengen X von $\mathbb{R}$ bzw. $\mathbb{R}^n$ besonders angenehme Eigenschaften haben. So ist jede stetige Abbildung f: $\underline{X} \to \underline{\mathbb{R}}$ bereits gleichmäßig stetig (was für die Integralrechnung wichtig ist), und die Menge $\{f(x) \mid x \in X\}$ ist nicht nur beschränkt, sondern besitzt (für $X \neq \emptyset$) darüber hinaus ein größtes und ein kleinstes Element (was sich für diverse Probleme als extrem nützlich erweist). Kompaktheit erweist sich als eine erheblich stärkere und angenehmere Eigenschaft als Vollständigkeit. So ist $\underline{\mathbb{R}}$ zwar vollständig, hat aber keine der eben erwähnten angenehmen Eigenschaften kompakter Räume, z.B. ist die durch $x \mapsto x^2$ definierte Abbildung $\underline{\mathbb{R}} \to \underline{\mathbb{R}}$ zwar stetig, aber nicht gleichmäßig stetig, die durch $x \mapsto x$ definierte Abbildung $\underline{\mathbb{R}} \to \underline{\mathbb{R}}$ zwar gleichmäßig stetig, aber nicht beschränkt und die durch $x \mapsto (x^2+1)^{-1}$ definierte Abbildung f: $\underline{\mathbb{R}} \to \underline{\mathbb{R}}$ zwar gleichmäßig stetig und beschränkt, aber $f[\mathbb{R}] =]0,1]$ hat kein kleinstes Element. Diese Beispiele deuten bereits an, um wieviel Kompaktheit angenehmer ist als Vollständigkeit. Selbstverständlich gelten alle Folgerungen aus der Vollständigkeit (Banachscher Fixpunktsatz, Bairescher Kategoriensatz etc.) auch für Kompaktheit. Gäbe es nicht einige sehr wichtige Räume (z.B. $\underline{\mathbb{R}^n}$), die zwar vollständig aber nicht kompakt sind, so hätten wir vollständige Räume keineswegs so ausführlich studiert, sondern uns gleich auf das Studium kompakter Räume konzentriert.

Die Frage liegt nahe: Was fehlt den vollständigen Räumen an der Kompaktheit? Die aus der Analysis bekannte Charakterisierung vollständiger und kompakter Teilräume $\underline{X}$ des $\underline{\mathbb{R}}^n$ deutet die Antwort an: $\underline{X}$ ist genau dann kompakt (= beschränkt und abgeschlossen), wenn $\underline{X}$ vollständig (= abgeschlossen) und beschränkt ist. Leider ist Beschränktheit keine uniforme Eigenschaft, denn nach 2.2.9(5) ist jede Metrik zu einer beschränkten Metrik uniform äquivalent. Es gibt jedoch eine etwas stärkere uniforme Eigenschaft "totale Beschränktheit", die obiges Problem löst: Ein metrischer Raum erweist sich genau dann als kompakt, wenn er vollständig und total beschränkt ist.
Wie die vollständigen, so haben auch die total beschränkten metrischen Räume eine Reihe angenehmer Eigenschaften.
Insbesondere wird sich zeigen, daß ihre "Größe" in Grenzen bleibt. Wir werden deshalb zunächst totale Beschränktheit isoliert studieren und erst später Vollständigkeit hinzufügen und damit Kompaktheit untersuchen.

4.1 TOTAL BESCHRÄNKTE METRISCHE RÄUME

4.1.1 DEFINITION

Sei $\underline{X}$ ein metrischer Raum, und sei r eine reelle Zahl. Eine Teilmenge A von X heißt r-*dicht* in $\underline{X}$, wenn $\operatorname{dist}(x,A) \leq r$ für jedes $x \in X$ gilt. Eine endliche, r-dichte Teilmenge von $\underline{X}$ heißt r-*Netz* in $\underline{X}$. Der Raum $\underline{X}$ heißt *total beschränkt*, wenn $X = \emptyset$ ist oder für jedes $r > 0$ ein r-Netz in $\underline{X}$ existiert.

4.1.2 BEMERKUNG

(1) A ist genau dann 0-dicht in $\underline{X}$, wenn A dicht in $\underline{X}$ ist.

(2) Die totale Beschränktheit eines Raumes $\underline{X}$ läßt sich folgendermaßen veranschaulichen: Wie klein auch die Reichweite $r > 0$ eines bestimmten Senders sein mag, so ist es doch stets möglich, durch Errichten von nur endlich vielen Sendeanlagen (in je einem Punkt von X) jeden Punkt von X zu erreichen. Diese Interpretation zeigt auch, daß die Bedingung der totalen Beschränktheit sehr natürlich ist.

4.1.3 BEISPIELE

(1) Ein diskreter Raum ist genau dann total beschränkt, wenn er end-

lich ist.

(2) Wie wir in 4.1.12 beweisen werden, ist ein Teilraum des $\mathbb{R}^n$ genau dann total beschränkt, wenn er beschränkt ist.

(3) Ein X-stachliger Igel ist genau dann total beschränkt, wenn X endlich ist.

(4) B(X) ist genau dann total beschränkt, wenn X = ∅ gilt.

4.1.4 SATZ (*Charakterisierung der totalen Beschränktheit*)

Für jeden metrischen Raum X sind folgende Aussagen äquivalent:

(a) *X ist total beschränkt.*

(b) *Jede Folge in X besitzt eine Cauchy-Teilfolge.*

(c) *Jede Folge in X besitzt einen Verdichtungspunkt in* Compl X.

Beweis:

(a) ⇒ (b): Sei (x_n) eine Folge in X. Durch Induktion nach m werden Teilmengen A_m von X mit diam $A_m \leq \frac{2}{m}$ und Teilfolgen (x_n^m) von (x_n) in A_m folgendermaßen konstruiert: Induktionsanfang: Ist $\{y_1,\dots,y_r\}$ ein 1-Netz in X, so gibt es unter den r Mengen $K(y_i,1) = \{x \in X \mid d(y_i,x) \leq 1\}$ wenigstens eine Menge $K(y_{i_o},1) = A_1$, die unendlich viele Glieder von (x_n) und somit eine Teilfolge (x_n^1) von (x_n) enthält. Induktionsschluß: Seien für festes m die Menge A_m und die Folge (x_n^m) definiert. Ist $Z = \{z_1,\dots,z_s\}$ ein $\frac{1}{m+1}$ - Netz in X, so gibt es unter den s Mengen $K(z_i,\frac{1}{m+1}) = \{x \in X \mid d(z_i,x) \leq \frac{1}{m+1}\}$ wenigstens eine Menge A_{m+1}, die unendlich viele Glieder der Folge (x_n^m) und somit eine Teilfolge (x_n^{m+1}) von (x_n^m) enthält. Die Folge (x_n^n) ist eine Teilfolge von (x_n), und für jedes m gilt $\text{diam}\{x_n^n \mid n \geq m\} \leq \text{diam}\{x_n^m \mid n \in \mathbb{N}\} \leq \text{diam}\, A_m \leq \frac{2}{m}$. Also ist (x_n^n) Cauchy-Folge in X.

(b) ⇒ (c): Ist (y_n) Cauchy-Teilfolge von (x_n), so konvergiert (y_n) in Compl X gegen einen Punkt y. Folglich ist y Verdichtungspunkt von (x_n) in Compl X.

(c) ⇒ (a): Wäre X nicht total beschränkt, so gäbe es für ein geeignetes r > 0 kein r-Netz in X. Also könnte man durch Induktion eine Folge (x_n) in X derart konstruieren, daß aus n < m stets $d(x_n,x_m) > r$ folgte. Eine derartige Folge (x_n) hätte keinen Verdichtungspunkt in Compl X.

4.1.5 SATZ

Ist f: X → Y eine gleichmäßig stetige Abbildung von X auf Y, und ist X total beschränkt, so ist Y total beschränkt.

Beweis:

Ist (y_n) eine Folge in $\underline{Y}$, so existiert wegen der Surjektivität von f eine Folge (x_n) in $\underline{X}$ mit $(f(x_n)) = (y_n)$. Die Folge (x_n) besitzt eine Cauchy-Teilfolge (x_{n_i}) in $\underline{X}$. Nach 3.1.4 ist $(f(x_{n_i})) = (y_{n_i})$ eine Cauchy-Teilfolge von (y_n) in $\underline{Y}$.

4.1.6 BEMERKUNG

Nach 4.1.5 ist jeder zu einem total beschränkten Raum uniform isomorphe Raum ebenfalls total beschränkt. Die Eigenschaft eines metrischen Raumes, total beschränkt zu sein, ist also eine uniforme Eigenschaft. Sie ist aber keine topologische Eigenschaft, denn die Räume $\underline{\mathbb{R}}$ und $\underline{]0,1[}$ sind zwar topologisch isomorph, aber $\underline{]0,1[}$ ist total beschränkt, und $\underline{\mathbb{R}}$ ist nicht total beschränkt.

4.1.7 SATZ

Jeder total beschränkte Raum ist beschränkt.

Beweis:

Ist A ein 1-Netz in $\underline{X}$ mit diam A = r, so gilt offenbar diam $X \leq r+2 < \infty$.

4.1.8 BEMERKUNG

Ist $\underline{X}$ total beschränkt, so ist jeder zu $\underline{X}$ uniform isomorphe Raum beschränkt. Die Umkehrung gilt nicht. Ist X eine unendliche Menge, so ist der X-stachlige Igel $\underline{Y}$ zwar nicht total beschränkt, aber jeder zu $\underline{Y}$ uniform isomorphe Raum ist beschränkt. Um letzteres einzusehen, betrachte man einen uniformen Isomorphismus $f: (Y,d) \to (Z,d')$. Wäre (Z,d') unbeschränkt, so wäre die Menge $\{d'(f(0),z) \mid z \in Z\}$ ebenfalls unbeschränkt. Also gäbe es zu jedem n ein z_n in Z mit $d'(f(0),z_n) \geq n$. Zu jedem n gäbe es einen Punkt (x_n,r_n) in Y mit $f((x_n,r_n)) = z_n$. Für festes n betrachte man die n + 1 Punkte $0, (x_n,\frac{r_n}{n}), (x_n,\frac{2r_n}{n}),\ldots,(x_n,r_n)$ in Y. Wegen $d'(f(0),f(x_n,r_n)) \geq n$ gäbe es unter ihnen zwei, die wir mit p_n und q_n bezeichnen, so daß $d(p_n,q_n) = \frac{r_n}{n} \leq \frac{1}{n}$ und $d'(f(p_n),f(q_n)) \geq 1$. Also wären die Folgen (p_n) und (q_n) in $\underline{Y}$ benachbart, die Folgen $(f(p_n))$ und $(f(q_n))$ in $\underline{Z}$ aber nicht, im Widerspruch zur gleichmäßigen Stetigkeit von f. Tatsächlich haben wir sogar etwas mehr bewiesen: Jede gleichmäßig stetige Abbildung $f: \underline{Y} \to \underline{Z}$ von einem unendlich-stachligen Igel in einen beliebigen metrischen Raum ist beschränkt (d.h. f[Y] ist beschränkt in $\underline{Z}$). Ein entsprechender Satz gilt für total beschränkte Räume:

4.1.9 FOLGERUNG

Ist f: X → Y gleichmäßig stetig und ist X total beschränkt, so ist f[X] beschränkt in Y.

Beweis:

f[X] ist nach 4.1.5 total beschränkt und somit nach 4.1.7 beschränkt.

4.1.1o SATZ

Für Teilräume A von X gilt:

(1) *Ist X total beschränkt, so ist A total beschränkt.*

(2) *Ist A dicht in X und ist A total beschränkt, so ist X total beschränkt.*

Beweis:

(1) Jede Folge in A ist Folge in X und besitzt somit eine Cauchy-Teilfolge.

(2) Jedes r-Netz in A ist ein r-Netz in X, denn ist $B = \{b_1,...,b_n\}$ ein r-Netz in A, so gilt für jedes $x \in X$ $x \in \text{cl}A = \text{cl}(K(b_1,r) \cup ... \cup K(b_n,r)) = \text{cl}\,K(b_1,r) \cup ... \cup \text{cl}\,K(b_n,r)$. Also gibt es ein i mit $x \in \text{cl}\,K(b_i,r)$, woraus $d(b_1,x) \leq r$ folgt. [Hierbei ist $K(b,r) = \{x \in A | d(b,x) \leq r\}$ gesetzt.]

4.1.11 SATZ

Äquivalent sind:

(a) *X ist total beschränkt.*

(b) Compl *X ist total beschränkt.*

Beweis:

Der Satz folgt aus 4.1.1o, weil X ein dichter Unterraum von Compl X ist.

4.1.12 BEISPIELE

Sei $W = \{(x_1,...,x_n) \in \mathbb{R}^n | \max\{|x_1|,...,|x_n|\} \leq k\}$ ein Würfel der Kantenlänge 2k in $\mathbb{R}^n$. Für jedes $r > 0$ gibt es ein m mit $\frac{1}{m} \leq r$. Folglich ist $B = \{(\frac{r_1}{m},...,\frac{r_n}{m}) | r_i \in \{-km,-km+1,...,+km\}$ für alle i$\}$ bzgl. der Maximum-Metrik d_M ein r-Netz in W. Somit ist W bzgl. d_M und somit auch bzgl. der uniform äquivalenten Euklidischen Metrik d_E total beschränkt. Wegen 4.1.7 und 4.1.1o(1) folgt hieraus, daß ein Teilraum des $\mathbb{R}^n$ genau dann total beschränkt ist, wenn er beschränkt ist.

4.1.13 DEFINITION

Ein metrischer Raum heißt *separabel*, wenn er eine höchstens abzählbare, dichte Teilmenge enthält.

4.1.14 SATZ

Jeder total beschränkte metrische Raum ist separabel.

Beweis:

Ist B_n ein $\frac{1}{n}$ - Netz in $\underline{X}$, so ist $B = \bigcup_{n \in \mathbb{N}} B_n$ dicht in $\underline{X}$ und als Vereinigung abzählbar vieler endlicher Mengen höchstens abzählbar.

4.1.15 BEMERKUNG

Ein separabler Raum ist nicht notwendig total beschränkt, wie der Raum $\underline{\mathbb{R}}$ zeigt. Wir werden aber später sehen, daß ein metrischer Raum genau dann separabel ist, wenn er zu einem total beschränkten Raum topologisch isomorph ist. Separabilität ist eine topologische Eigenschaft.

4.1.16 DEFINITION

Card X bezeichne die *Kardinalzahl* einer Menge X. Insbesondere sei c = Card $\mathbb{R}$ und $\aleph_0$ = Card $\mathbb{N}$.

4.1.17 SATZ

Ist $\underline{X}$ *separabel, so gilt* Card X $\leq c$.

Beweis:

Sei A eine höchstens abzählbare, dichte Teilmenge von $\underline{X}$. Zu jedem $x \in X$ gibt es eine Folge (x_n) in A, die gegen x konvergiert. Wegen der Eindeutigkeit des Grenzwerts folgt aus $x \neq y$ stets $(x_n) \neq (y_n)$. Also hat X höchstens so viele Elemtente, wie es Folgen in A gibt, d.h.

$$\text{Card } X \leq \text{Card } A^{\text{Card } \mathbb{N}} \leq \aleph_0^{\aleph_0} = c.$$

4.1.18 FOLGERUNG

Ist $\underline{X}$ *total beschränkt, so gilt* Card X $\leq c$.

4.1.19 AUFGABEN

(1) Konstruieren Sie zwei total beschränkte metrische Räume, die topologisch isomorph, aber nicht uniform isomorph sind. [Hinweis: Vergleichen Sie z.B. $[-1,+1]\setminus\{0\}$ und $[-1,+1]\setminus[-\frac{1}{2},\frac{1}{2}]$].

(2) Zeigen Sie: Sind $\underline{A}$ und $\underline{B}$ total beschränkte Teilräume von $\underline{X}$, so sind auch $\underline{A \cap B}$ und $\underline{A \cup B}$ total beschränkte Teilräume von $\underline{X}$.

(3) Zeigen Sie, daß $\underline{X}$ genau dann total beschränkt ist, wenn $\underline{X}$ keinen

zu $\underline{\mathbb{N}}$ uniform isomorphen Teilraum besitzt.

(4) Hyp $\underline{X}$ ist genau dann total beschränkt, wenn $\underline{X}$ total beschränkt ist.

(5) Bair(X) ist genau dann total beschränkt, wenn X endlich ist.

4.1.2o AUFGABEN

Eine Teilmenge A von $\underline{X}$ heißt zerstreut, falls gilt:
Inf $\{d(a,b) \mid a \in A \text{ und } b \in A \text{ und } a \neq b\} > 0$. Zeigen Sie:
(1) $\underline{X}$ ist genau dann total beschränkt, wenn jede zerstreute Teilmenge von $\underline{X}$ endlich ist.
(2) $\underline{X}$ ist genau dann separabel, wenn jede zerstreute Teilmenge von X höchstens abzählbar ist.
(3) A ist genau dann zerstreut, wenn $\underline{A}$ zu einem diskreten metrischen Raum uniform isomorph ist. [Vergl. 2.2.12(5)].
(4) Jede zerstreute Menge in $\underline{X}$ ist abgeschlossen in $\underline{X}$.

4.1.21 AUFGABEN

Zeigen Sie:
(1) Die metrischen Räume $\mathbb{R}^n$ sind separabel, aber nicht total beschränkt.
(2) Die metrischen Räume l_1 und l_2 sind separabel, aber nicht total beschränkt.
(3) Der metrische Raum l_∞ ist vollständig, aber nicht separabel.
(4) Ein diskreter metrischer Raum ist genau dann separabel, wenn er höchstens abzählbar ist.
(5) $\underline{B(X)}$ ist genau dann separabel, wenn X endlich ist.
(6) Ein Teilraum eines separablen Raumes ist separabel.
(7) Ein dichter Teilraum von $\underline{X}$ ist genau dann separabel, wenn $\underline{X}$ separabel ist.

4.2. KOMPAKTE METRISCHE RÄUME

4.2.1 DEFINITION

Ein metrischer Raum $\underline{X}$ heißt *kompakt*, wenn jede Folge in $\underline{X}$ einen Verdichtungspunkt hat.

Bemerkung:

Kompaktheit ist offensichtlich eine topologische Eigenschaft im Gegensatz zur Vollständigkeit und totalen Beschränktheit, die nur uniforme Eigenschaften sind. Es ist um so bemerkenswerter, daß die beiden letzten Eigenschaften zusammengenommen Kompaktheit charakterisieren.

4.2.2 SATZ (*Uniforme Charakterisierung der Kompaktheit*)
Äquivalent sind:
(a) $\underline{X}$ *ist kompakt.*
(b) $\underline{X}$ *ist vollständig und total beschränkt.*

Beweis:
(a) ⇒ (b): $\underline{X}$ ist vollständig, denn nach 3.1.8 ist jeder Verdichtungspunkt einer Cauchy-Folge bereits Grenzwert der Cauchy-Folge. $\underline{X}$ ist nach 4.1.4 total beschränkt, denn jeder Verdichtungspunkt einer Folge in $\underline{X}$ ist natürlich auch Verdichtungspunkt dieser Folge in Compl $\underline{X}$.

(b) ⇒ (a): Wegen der Vollständigkeit von $\underline{X}$ gilt $\underline{X}$ = Compl $\underline{X}$. Wegen der totalen Beschränktheit von $\underline{X}$ hat jede Folge in $\underline{X}$ einen Verdichtungspunkt in Compl $\underline{X} = \underline{X}$.

4.2.3 BEISPIELE
(1) Ein diskreter Raum $\underline{X}$ ist genau dann kompakt, wenn X endlich ist.

(2) Jeder metrische Raum $\underline{X}$ mit endlichem X ist kompakt.

(3) Ein Teilraum $\underline{X}$ des $\underline{\mathbb{R}^n}$ ist genau dann kompakt, wenn er beschränkt und abgeschlossen ist.

(4) Ein X-stachliger Igel ist genau dann kompakt, wenn X endlich ist.

(5) $\underline{B(X)}$ ist genau dann kompakt, wenn X = ∅ gilt.

4.2.4 SATZ
Ist $\underline{A}$ *Teilraum eines kompakten Raumes* $\underline{X}$, *so sind äquivalent:*
(a) $\underline{A}$ *ist kompakt.*
(b) A *ist abgeschlossen in* $\underline{X}$.

Beweis:
(a) ⇒ (b): Jeder kompakte Teilraum von $\underline{X}$ ist vollständig, also nach 3.1.1o abgeschlossen in $\underline{X}$.

(b) ⇒ (a): Jeder abgeschlossene Teilraum von $\underline{X}$ ist nach 3.1.1o vollständig und nach 4.1.1o total beschränkt, also kompakt.

Beachten Sie, daß für die Implikation (a) ⇒ (b) die Kompaktheit von $\underline{X}$ nicht benötigt wurde. Vergl. 3.1.12(3).

4.2.5 SATZ (*Charakterisierung total beschränkter Räume mittels Kompaktheit*)
Äquivalent sind:
(a) $\underline{X}$ *ist total beschränkt.*
(b) Compl $\underline{X}$ *ist kompakt.*

(c) *X ist ein Teilraum eines kompakten Raumes.*

(d) *X ist uniform isomorph zu einem Teilraum eines kompakten Raumes.*

Beweis:

(a) ⇒ (b): Ist X total beschränkt, so ist Compl X nach 5.1.11 total beschränkt und vollständig, also kompakt.

(b) ⇒ (c): X ist ein Teilraum von Compl X.

(c) ⇒ (d): Trivial.

(d) ⇒ (a): Jeder Teilraum eines kompakten Raumes ist als Teilraum eines total beschränkten Raumes ebenfalls total beschränkt. Jeder zu einem total beschränkten Raum uniform isomorphe Raum ist nach 4.1.5 ebenfalls total beschränkt.

4.2.6 BEMERKUNG

Ein Raum, der zu einem Teilraum eines kompakten Raumes topologisch isomorph ist, ist i. allg. nicht total beschränkt, denn totale Beschränktheit ist, wie wir gesehen haben, keine topologische Eigenschaft, z.B. ist $\mathbb{R}$ zwar nicht total beschränkt, aber zu dem Teilraum]0,1[des kompakten Raumes [0,1] topologisch isomorph. Der folgende Satz gibt einen Hinweis darauf, wie die Räume beschaffen sind, die zu einem Teilraum eines kompakten Raumes topologisch isomorph sind.

4.2.7 SATZ

Ist X topologisch isomorph zu einem Teilraum eines kompakten Raumes, so ist X separabel.

Beweis:

Jeder Teilraum eines kompakten Raumes ist total beschränkt und somit separabel. Da Separabilität eine topologische Eigenschaft ist (vgl. 4.1.15), ist auch X separabel.

4.2.8 BEMERKUNG

Wir werden in 6.4.8 zeigen, daß obiger Satz die separablen Räume charakterisiert, d.h. wir werden die Äquivalenz der folgenden drei Eigenschaften metrischer Räume nachweisen:

(a) X ist separabel.

(b) X ist topologisch isomorph zu einem total beschränkten Raum.

(c) X ist topologisch isomorph zu einem Teilraum eines kompakten Raumes.

Im Augenblick können wir nur (a) ⇐ (b) ⟺ (c) zeigen. Für die fehlende Implikation fehlen uns noch die Mittel.

4.2.9 BEMERKUNG

Kompakte Räume haben eine Fülle angenehmer Eigenschaften. Als nächstes wollen wir zeigen, daß ihre "uniforme Struktur" bereits durch ihre "topologische Struktur" bestimmt ist, d.h. daß je zwei topologisch isomorphe kompakte Räume bereits uniform isomorph sind. Insbesondere lassen sich in einem kompakten Raum alle uniformen Begriffe - wie z.B. Benachbartsein von Mengen, Benachbartsein von Folgen, gleichmäßige Umgebung - durch topologische Begriffe - wie abgeschlossene Menge, Berührpunkt einer Menge, Grenzwert einer Folge usf. - ausdrücken. Dem Leser sei empfohlen, sich an geeigneten Beispielen klarzumachen, daß Entsprechendes weder für vollständige noch für total beschränkte Räume gilt.

4.2.1o SATZ *(Existenz konvergenter Teilfolgenpaare)*

Sind (x_n) *und* (y_n) *Folgen in einem kompakten Raum* $\underline{X}$, *so gibt es eine konvergente Teilfolge* (x_{n_i}) *von* (x_n) *derart, daß die entsprechende Teilfolge* (y_{n_i}) *von* (y_n) *ebenfalls konvergiert.*

Beweis:

(x_n) besitzt einen Verdichtungspunkt x und somit eine gegen x konvergierende Teilfolge (x_{n_i}). Die entsprechende Teilfolge (y_{n_i}) von (y_n) konvergiert i. allg. nicht, besitzt aber ebenfalls einen Verdichtungspunkt y und somit eine gegen y konvergierende Teilfolge $(y_{n_{i_j}})$. Die entsprechende Teilfolge $(x_{n_{i_j}})$ von (x_{n_i}) konvergiert gegen x. Also sind $(x_{n_{i_j}})$ und $(y_{n_{i_j}})$ entsprechende Teilfolgen von (x_n) bzw. (y_n), die beide konvergieren.

4.2.11 SATZ

Sind A *und* B *nicht-leere Teilmengen eines kompakten Raumes* $\underline{X}$, *so gibt es Punkte* $x \in \mathrm{cl}A$ *und* $y \in \mathrm{cl}B$ *mit* $\mathrm{dist}(A,B) = d(x,y)$.

Beweis:

Zu jeder natürlichen Zahl n gibt es Elemente $a_n \in A$ und $b_n \in B$ mit $d(a_n,b_n) \leq \mathrm{dist}(A,B) + \frac{1}{n}$. Nach 4.2.1o gibt es entsprechende Teilfolgen (a_{n_i}) von (a_n) und (b_{n_i}) von (b_n), die konvergieren. Offensichtlich gilt $x = \lim\limits_{i\to\infty} a_{n_i} \in \mathrm{cl}A$ und $y = \lim\limits_{i\to\infty} b_{n_i} \in \mathrm{cl}B$ sowie $d(x,y) = \lim\limits_{i\to\infty} d(a_{n_i},b_{n_i}) \leq \lim\limits_{i\to\infty} (\mathrm{dist}(A,B) + \frac{1}{n_i}) = \mathrm{dist}(A,B)$. Andererseits folgt aus dist(clA,clB) = dist(A,B) unmittelbar dist(A,B) ≤ d(x,y). Somit gilt dist(A,B) = d(x,y).

4.2.12 SATZ

Sind A und B Teilmengen eines kompakten Raumes, so sind äquivalent:
(a) A *und* B *sind benachbart.*
(b) clA ∩ clB ≠ ∅, *d.h.* A *und* B *haben einen gemeinsamen Berührpunkt.*

Beweis:
(a) ⇒ (b): Aus dist(A,B) = 0 folgt, daß weder A noch B leer sind und nach 4.2.11, daß Punkte x ∈ clA und y ∈ clB mit d(x,y) = dist(A,B) = 0 existieren, woraus x = y ∈ clA ∩ clB folgt.
(b) ⇒ (a) gilt offenbar immer.

4.2.13 SATZ

Sind A und B Teilmengen eines kompakten Raumes, so sind äquivalent:
(a) B *ist gleichmäßige Umgebung von* A.
(b) clA ⊂ int B.
(c) B *ist Umgebung von* clA.

Beweis:
B gleichmäßige Umgebung von A ⟺ A und X\B sind nicht benachbart ⟺ clA ∩ cl(X\B) = ∅ ⟺ clA ⊂ X\cl(X\B) = int B ⟺ B ist Umgebung von clA.

4.2.14 SATZ

Sind (x_n) *und* (y_n) *Folgen in einem kompakten Raum, so sind äquivalent:*
(a) (x_n) *und* (y_n) *sind benachbart.*
(b) *Je zwei entsprechende Teilfolgen* (x_{n_i}) *und* (y_{n_i}) *von* (x_n) *und* (y_n) *haben entsprechende Teilfolgen* $(x_{n_{i_j}})$ *und* $(y_{n_{i_j}})$ *mit gemeinsamem Grenzwert.*

Beweis:
(a) ⇒ (b): Nach 4.2.1o haben (x_{n_i}) und (y_{n_i}) entsprechende konvergente Teilfolgen. Diese sind ebenfalls benachbart, haben somit denselben Grenzwert.
(b) ⇒ (a): Wären (x_n) und (y_n) nicht benachbart, so gäbe es eine positive reelle Zahl r und ein Paar entsprechende Teilfolgen (x_{n_i}) und (y_{n_i}) von (x_n) bzw. (y_n) mit $d(x_{n_i}, y_{n_i}) \geq r$ für jedes i. Dann hätten (x_{n_i}) und (y_{n_i}) offenbar kein Paar entsprechender Teilfolgen mit demselben Grenzwert, im Widerspruch zu (b).

4.2.15 THEOREM (*Gleichmäßige Stetigkeit stetiger Abbildungen mit kompaktem Definitionsbereich*)
Jede stetige Abbildung f: $\underline{X} \to \underline{Y}$ *von einem kompakten Raum* $\underline{X}$ *in einen beliebigen Raum* $\underline{Y}$ *ist gleichmäßig stetig.*

Beweis:
Sind A und B benachbart in $\underline{X}$, so haben sie einen gemeinsamen Berührpunkt x. Wegen der Stetigkeit von f ist f(x) gemeinsamer Berührpunkt von f[A] und f[B]. Folglich sind f[A] und f[B] benachbart in $\underline{Y}$. Nach 2.1.6 folgt hieraus die gleichmäßige Stetigkeit von f.

4.2.16 BEMERKUNG
Die kompakten Räume sind nicht die einzigen Räume mit obiger Eigenschaft. So ist jede stetige Abbildung - ja sogar jede Abbildung - von einem diskreten Raum in einen beliebigen Raum gleichmäßig stetig.

4.2.17 THEOREM
Jeder topologische Isomorphismus f: $\underline{X} \to \underline{Y}$ *von einem kompakten Raum* $\underline{X}$ *auf einen beliebigen Raum* $\underline{Y}$ *ist ein uniformer Isomorphismus.*

Beweis:
Kompaktheit ist eine topologische Eigenschaft. Also ist mit $\underline{X}$ auch $\underline{Y}$ kompakt. Somit sind nach dem Satz über die gleichmäßige Stetigkeit stetiger Abbildungen mit kompaktem Definitionsbereich (4.2.15) sowohl f: $\underline{X} \to \underline{Y}$ als auch f^{-1}: $\underline{Y} \to \underline{X}$ gleichmäßig stetig, also uniforme Isomorphismen.

4.2.18 THEOREM (*Stetige Bilder kompakter Räume sind kompakt*)
Ist f: $\underline{X} \to \underline{Y}$ *eine stetige Abbildung von* $\underline{X}$ *auf* $\underline{Y}$, *so ist mit* $\underline{X}$ *auch* $\underline{Y}$ *kompakt.*

Beweis:
Zu jeder Folge (y_n) in Y gibt es wegen der Surjektivität von f eine Folge (x_n) in X mit $(y_n) = (f(x_n))$. Wegen der Kompaktheit von $\underline{X}$ hat (x_n) einen Verdichtungspunkt x in $\underline{X}$. Wegen der Stetigkeit von f ist f(x) Verdichtungspunkt von $(f(x_n)) = (y_n)$ in $\underline{Y}$. Also ist $\underline{Y}$ kompakt.

4.2.19 SATZ
Ist f: $\underline{X} \to \underline{Y}$ *eine Abbildung zwischen metrischen Räumen und ist* $\underline{X}$ *kompakt, so sind äquivalent:*
(a) f: $\underline{X} \to \underline{Y}$ *ist bijektiv und stetig.*
(b) f: $\underline{X} \to \underline{Y}$ *ist ein topologischer Isomorphismus.*
(c) f: $\underline{X} \to \underline{Y}$ *ist ein uniformer Isomorphismus.*

Beweis:
Die Äquivalenz von (b) und (c) wurde in 4.2.17 bewiesen. Es genügt somit zu zeigen, daß (b) aus (a) folgt. Sei f: $\underline{X} \to \underline{Y}$ stetig und bijektiv. Ist A abgeschlossen in $\underline{X}$, so ist $\underline{A}$ nach 4.2.4 kompakt. Also ist $\underline{f[A]}$ nach 4.2.18 ein kompakter Teilraum von $\underline{Y}$, f[A] somit abgeschlossen in $\underline{Y}$ (vergl. 3.1.12(3)). Das Urbild jeder abgeschlossenen Teilmenge von $\underline{X}$ unter der Abbildung f^{-1}: $\underline{Y} \to \underline{X}$ ist somit abgeschlossen in $\underline{Y}$. Folglich ist f^{-1}: $\underline{Y} \to \underline{X}$ stetig und somit f: $\underline{X} \to \underline{Y}$ ein topologischer Isomorphismus.

<u>4.2.2o AUFGABEN</u>

(1) Zeigen Sie die Äquivalenz der folgenden Bedingungen für in sich dichte metrische Räume $\underline{X}$:

(a) $\underline{X}$ ist kompakt.
(b) In $\underline{X}$ haben je zwei benachbarte Teilmengen einen gemeinsamen Berührpunkt.
(c) Jede stetige Abbildung f: $\underline{X} \to \underline{\mathbb{R}}$ ist gleichmäßig stetig.

(2) Zeigen Sie, daß für jeden Teilraum $\underline{X}$ = (X,d) von $\underline{\mathbb{R}}$ folgende Aussagen äquivalent sind:

(a) $\underline{X}$ ist kompakt.
(b) Für jede zu d_E topologisch äquivalente Metrik d' auf X ist (X,d') vollständig.
(c) Für jede zu d_E topologisch äquivalente Metrik d' auf X ist (X,d') total beschränkt.
(d) Für jede zu d_E topologisch äquivalente Metrik d' auf X ist (X,d') beschränkt.

<u>4.2.21 BEMERKUNG</u>

Allgemeiner als 4.2.2o(2) gilt für jeden metrischen Raum $\underline{X}$, daß folgende Aussagen äquivalent sind:

(a) $\underline{X}$ ist kompakt.
(b) Jeder topologische Isomorphismus f: $\underline{X} \to \underline{Y}$ ist ein uniformer Isomorphismus.
(c) Jeder zu $\underline{X}$ topologisch isomorphe Raum ist vollständig.
(d) Jeder zu $\underline{X}$ topologisch isomorphe Raum ist total beschränkt.
(e) Jeder zu $\underline{X}$ topologisch isomorphe Raum ist beschränkt.

Die Äquivalenz der Bedingungen (a) - (e) folgt relativ leicht aus dem folgenden Satz, den wir nicht weiter benötigen und deshalb auch nicht beweisen: Ist (A,d_A) abgeschlossener Teilraum eines metrischen Raumes

(X,d), so läßt sich jede zu d_A topologisch äquivalente Metrik auf A zu einer zu d topologisch äquivalenten Metrik auf X fortsetzen. Dieser Satz wurde 193o von Felix Hausdorff bewiesen (Fundamenta Mathematica 16, S. 353 - 36o).

4.2.22 AUFGABEN

Zeigen Sie:

(1) Endliche Vereinigungen und beliebige Durchschnitte kompakter Teilräume von $\underline{X}$ sind kompakt.

(2) Ist A eine nicht-leere, kompakte Menge in $\underline{X}$, so gibt es Punkte a und a' in A mit diam A = d(a,a').

(3)(a) Keiner der metrischen Räume $\underline{\mathbb{R}^n}$, l_∞, l_1, l_2 ist kompakt.

(b) In $\mathbb{R}^n$ ist jede abgeschlossene Kugel kompakt.

(c) In keinem der Räume l_∞, l_2, l_1 existiert eine abgeschlossene Kugel mit positivem Radius.

(d) In jedem der Räume l_∞, l_2, l_1 ist jede kompakte Menge nirgends dicht.

(e) Für $(x_n) \in l_1$ ist $\{(y_n) \in l_1 \mid |y_n| \leq |x_n| \text{ für alle } n\}$ kompakt in l_1.

(4) Bair(X) ist genau dann kompakt, wenn X endlich ist.
[Vergl. 3.1.14(8) und 4.1.19(5)].

4.3 TOPOLOGISCHE CHARAKTERISIERUNG KOMPAKTER RÄUME

Aus Theorem 4.2.18 folgt sofort, daß jede stetige Abbildung f: $\underline{X} \to \underline{\mathbb{R}}$ von einem kompakten Raum $\underline{X}$ nach $\underline{\mathbb{R}}$ beschränkt ist. Erstaunlicherweise ist diese - aus der Analysis bekannte - wichtige Eigenschaft kompakter Räume zur Kompaktheit äquivalent. Der folgende Satz enthält eine Reihe weiterer zur Kompaktheit äquivalenter topologischer Eigenschaften metrischer Räume. Die aus der Analysis bekannte Überdeckungseigenschaft wird anschließend behandelt.

4.3.1 DEFINITION

x heißt *Häufungspunkt* von A in $\underline{X}$, falls x ein Berührpunkt von A\{x} in $\underline{X}$ ist.

4.3.2 THEOREM

Äquivalent sind:

(a) $\underline{X}$ *ist kompakt.*

(b) *Jede stetige Abbildung* $f: \underline{X} \to \mathbb{R}$ *ist beschränkt.*

(c) *Für jede stetige Abbildung* $f: \underline{X} \to \mathbb{R}$ *hat die Menge* $f[X]$ *ein größtes und ein kleinstes Element, oder sie ist leer.*

(d) *Jede unendliche Teilmenge von* $\underline{X}$ *hat einen Häufungspunkt.*

(e) *Jede monoton fallende Folge* $A_1 \supset A_2 \supset \ldots \supset A_n \supset \ldots$ *nicht-leerer, abgeschlossener Teilmengen von* $\underline{X}$ *hat einen nicht-leeren Durchschnitt* (Cantorsche Durchschnittseigenschaft; vergl. auch 3.1.13).

Beweis:

(a) ⇒ (b): Nach 4.2.18 ist $\underline{f[X]}$ ein kompakter und somit beschränkter Teilraum von $\underline{\mathbb{R}}$.

(b) ⇒ (c): Wäre $\underline{f[X]}$ eine beschränkte, nicht-leere Teilmenge von $\mathbb{R}$ ohne ein größtes Element, so wäre $r = \sup f[X]$ ein nicht zu $f[X]$ gehörender Berührpunkt von $f[X]$. Somit wäre die durch $x \mapsto (f(x) - r)^{-1}$ definierte Abbildung $g: \underline{X} \to \underline{\mathbb{R}}$ stetig und unbeschränkt, im Widerspruch zu (b). Also hat $f[X]$, falls ungleich $\emptyset$, ein größtes Element. Entsprechend folgt die Existenz eines kleinsten Elementes.

(c) ⇒ (d): Hat A keinen Häufungspunkt in $\underline{X}$, so ist A abgeschlossen in $\underline{X}$, und jede Abbildung $f: \underline{A} \to \underline{Y}$ von $\underline{A}$ in einen beliebigen metrischen Raum $\underline{Y}$ ist stetig. Hätte eine unendliche Menge A keinen Häufungspunkt in $\underline{X}$, so gäbe es eine Abbildung $f: \underline{A} \to \underline{\mathbb{R}}$ derart, daß $f[A]$ nach oben unbeschränkt wäre. Nach dem Fortsetzbarkeitstheorem für $\underline{\mathbb{R}}$ (2.3.7) ließe sich f zu einer stetigen Abbildung $g: \underline{X} \to \underline{\mathbb{R}}$ fortsetzen. Die Menge $g[X]$ hätte kein größtes Element, im Widerspruch zu (c).

(d) ⇒ (e): Für jedes $n \in \mathbb{N}$ wähle man ein Element $a_n \in A_n$. Ist die Menge $A = \{a_n | n \in \mathbb{N}\}$ endlich, so enthält sie ein Element, das in unendlich vielen A_n und somit in $\bigcap A_n$ liegt. Andernfalls besitzt A einen Häufungspunkt x. Wegen $\{a_n | n \geq m\} \subset A_m$ ist x Häufungspunkt und somit Element von jedem A_m. Also gilt $x \in \bigcap A_m$.

(e) ⇒ (a): Ist (x_n) eine Folge in $\underline{X}$ und definiert man $A_m = cl\{x_n | n \geq m\}$, so ist (A_m) eine monoton fallende Folge nicht-leerer, abgeschlossener Teilmengen von $\underline{X}$. Ist x ein Element von $\bigcap A_m$, so ist x Verdichtungspunkt von (x_n), denn jede Umgebung von x trifft jede der Mengen $\{x_n | n \geq m\}$ und enthält somit unendlich viele Glieder von (x_n).

4.3.3 DEFINITION

Eine Menge $\mathcal{U}$ von Teilmengen von X heißt *Überdeckung* von X, falls $X = \bigcup_{U \in \mathcal{U}} U$ gilt. $\mathcal{U}$ heißt *offen* in X, wenn jedes $U \in \mathcal{U}$ offen in $\underline{X}$ ist.

4.3.4 THEOREM (Satz von Heine-Borel)

Äquivalent sind:

(a) $\underline{X}$ *ist kompakt.*

(b) *Jede abzählbare offene Überdeckung* $\mathcal{U}$ *von* $\underline{X}$ *enthält eine endliche Überdeckung* $\mathcal{V} \subset \mathcal{U}$ *von* X.

(c) *Jede offene Überdeckung* $\mathcal{U}$ *von* X *enthält eine endliche Überdeckung* $\mathcal{V} \subset \mathcal{U}$ *von* X.

Beweis:

(a) ⇒ (b): Es sei $\mathcal{U} = \{U_i \mid i \in \mathbb{N}\}$ eine abzählbare offene Überdeckung von $\underline{X}$, und wir nehmen an, für alle $n \in \mathbb{N}$ wäre $X \neq \bigcup_{i=1}^{n} U_i$. Dann kann man durch $A_n := X \setminus \bigcup_{i=1}^{n} U_i$ eine monoton fallende Folge nichtleerer, abgeschlossener Teilmengen von $\underline{X}$ definieren, deren Durchschnitt wegen (a) nach 4.3.2(e) nicht leer ist, also

$$\emptyset \neq \bigcap_{n\in\mathbb{N}} A_n = \bigcap_{n\in\mathbb{N}} (X \setminus \bigcup_{i=1}^{n} U_i) = X \setminus \bigcup_{n\in\mathbb{N}} \bigcup_{i=1}^{n} U_i = X \setminus \bigcup_{i\in\mathbb{N}} U_i .$$

Das widerspricht jedoch der Voraussetzung, daß $\mathcal{U}$ die Menge X überdeckt.

(b) ⇒ (a): Wäre für eine absteigende Folge (A_n) nichtleerer abgeschlossener Teilmengen von X $\bigcap_{n\in\mathbb{N}} A_n = \emptyset$, so wäre mit $U_n = X \setminus A_n$ $\mathcal{U} = \{U_n \mid n \in \mathbb{N}\}$ eine höchstens abzählbar offene Überdeckung von $\underline{X}$. Nach Voraussetzung existiert ein $n \in \mathbb{N}$ mit $\bigcup_{i=1}^{n} U_i = X$, im Widerspruch zu $\emptyset = X \setminus \bigcup_{i=1}^{n} U_i = \bigcap_{i=1}^{n} A_i = A_n$.

(c) ⇒ (b) ist trivial.

(b) ⇒ (c): Wegen (b) ⇒ (a) ist $\underline{X}$ nach 4.1.14 separabel. Für eine höchstens abzählbare, dichte Teilmenge B von $\underline{X}$ und für eine offene Überdeckung $\mathcal{U}$ von $\underline{X}$ betrachtet man die höchstens abzählbare Menge $I = \{(b,n) \in B \times \mathbb{N} \mid \exists U \in \mathcal{U}: S(b, \frac{1}{n}) \subset U\}$.

Für jedes $i = (b,n) \in I$ sei eine Menge $U_i \in \mathcal{U}$ mit $S(b, \frac{1}{n}) \subset U_i$ ausgewählt. Für jedes $x \in X$ findet man ein $U \in \mathcal{U}$ und ein $m \in \mathbb{N}$ mit $S(x, \frac{1}{m}) \subset U$ und, weil B dicht ist, auch ein $b \in B$ mit $b \in S(x, \frac{1}{2m}) \subset U$, also $S(b, \frac{1}{2m}) \subset S(x, \frac{1}{m}) \subset U$.

Folglich ist $i = (b, \frac{1}{2m}) \in I$, und es gilt $x \in S(b, \frac{1}{2m}) \subset U_i$.

$\{U_i \mid i \in I\}$ ist also eine abzählbare Teilüberdeckung von $\mathcal{U}$, aus der man voraussetzungsgemäß eine endliche Überdeckung auswählen kann.

4.3.5 BEMERKUNG

Über die Größe eines kompakten Raumes haben wir sehr präzise Vorstellungen. Jeder endliche Raum ist kompakt. Jeder kompakte Raum hat nach 4.1.8 höchstens $\mathfrak{c}$ = Card $\mathbb{R}$ Punkte. Im nächsten Kapitel werden wir zeigen, daß jeder in sich dichte kompakte Raum genau $\mathfrak{c}$ Punkte hat.

4.3.6 AUFGABEN

Zeigen Sie:

(1) $\underline{X}$ ist genau dann kompakt, wenn $\underline{X}$ keinen abgeschlossenen Teilraum besitzt, der zu $\underline{\mathbb{N}}$ topologisch isomorph ist.

(2) $\underline{X}$ ist genau dann kompakt, wenn für jede stetige Abbildung f: $\underline{X} \to \underline{Y}$ die Menge f[X] abgeschlossen in $\underline{Y}$ ist.

(3) $\underline{X}$ ist genau dann kompakt, wenn für jede Menge $\mathcal{A}$ von abgeschlossenen Teilmengen von $\underline{X}$ aus $\cap\mathcal{A} = \emptyset$ die Existenz einer endlichen Menge $\mathcal{B} \subset \mathcal{A}$ mit $\cap\mathcal{B} = \emptyset$ folgt.

(4) Ist $\mathcal{U}$ eine offene Überdeckung eines kompakten metrischen Raumes $\underline{X}$, so existiert eine positive reelle Zahl r derart, daß für jede Teilmenge A von X mit diam A $\le$ r ein U $\in \mathcal{U}$ mit A $\subset$ U existiert (Lebesquescher Überdeckungssatz).

(5) Seien $\underline{X}$ kompakt und ist F eine Menge stetiger Abbildungen von $\underline{X}$ nach $\underline{\mathbb{R}}$ mit folgenden Eigenschaften:

(a) aus f $\in$ F und g $\in$ F folgt f·g $\in$ F

(b) zu jedem x $\in$ X existiert eine Umgebung U von x in $\underline{X}$ und ein f $\in$ F mit f(y) = 0 für jedes y $\in$ U.

Dann enthält F die konstante Abbildung von $\underline{X}$ nach $\underline{\mathbb{R}}$ mit Wert 0.

(6) Ist $\underline{X}$ einem Teilraum von $\underline{Y}$ metrisch isomorph, ist $\underline{Y}$ einem Teilraum von $\underline{X}$ metrisch isomorph und ist $\underline{X}$ kompakt, so sind $\underline{X}$ und $\underline{Y}$ metrisch isomorph.

Ohne die Kompaktheit von $\underline{X}$ gilt obige Folgerung nicht.

§ 5 ZUSAMMENHANGSEIGENSCHAFTEN METRISCHER RÄUME

STUDIERHINWEISE ZU § 5

Dieser Paragraph dient im ersten Abschnitt der Untersuchung einer sehr anschaulichen Eigenschaft metrischer Räume, die - grob gesprochen - besagt, daß der Raum nicht in mehrere Teile zerfällt. Je nachdem, ob man mehr die topologischen bzw. die uniformen Aspekte in den Vordergrund stellt, gelangt man zu der topologischen Eigenschaft "Zusammenhang" bzw. zu der uniformen Eigenschaft "uniformer Zusammenhang". Diese Begriffe werden sich trotz ihrer großen Einfachheit als wesentliche Hilfsmittel zum Erkennen der (topologischen bzw. uniformen) Verschiedenheit zweier metrischer Räume herausstellen. In diesem Abschnitt werden die Parallelen, aber auch die Unterschiede zwischen mehr topologischer bzw. mehr uniformer Betrachtungsweise besonders deutlich. Dem Leser sei empfohlen, sich ausführlich mit den zahlreichen Beispielen zu beschäftigen.

Sodann werden metrische Räume untersucht, deren (uniform) zusammenhängende Teilräume höchstens einelementig sind. 5.2. enthält die wichtigsten allgemeinen Aussagen über derartige Räume. Hier dürfte der Leser keine Schwierigkeiten haben. 5.3 dient dem Studium eines speziellen metrischen Raumes, des Cantorschen Diskontinuums $\underline{\mathbb{D}}$. Dem Leser sei empfohlen, sich sehr sorgfältig mit der Definition dieses Raumes zu befassen, da dieser Raum,wie die Abschnitte 5.3 und 6.3 zeigen werden, zu den wichtigsten metrischen Räumen gehört. Der Beweis des Charakterisierungssatzes 5.3.4 von $\underline{\mathbb{D}}$ wird dem Leser möglicherweise nicht nur wegen seiner Länge Schwierigkeiten bereiten, sondern auch wegen seiner neuartigen Methodik: der induktiven Konstruktion gewisser Mengensysteme (genauer: Zerlegungen).Auf diese Methode haben wir bisher verzichten können, und wir werden sie (mit Ausnahme von 5.3.4) im Verlauf dieses Kurses auch weiterhin nicht benötigen. Diejenigen, die ihre topologischen Kenntnisse später noch vertiefen möchten, werden an dieser Methode allerdings Gefallen finden müssen. Sie ist ein wesentliches Hilfsmittel zur Feinanalyse metrischer (und topologischer) Räume.

5.4 dient ebenfalls dem Studium eines speziellen Raumes, des zerbrechlichen Kegels $\underline{\mathbb{K}}$. Dieser Raum ist im Gegensatz zum Cantorschen Diskontinuum nicht sonderlich wichtig. Seine merkwürdigen Eigenschaften sollen vielmehr nur zeigen, daß unsere naive Anschauung - obwohl ein unersetzliches Hilfsmittel - uns gelegentlich in die Irre führen kann. Der Beweis von 5.4.3 ist nicht ganz einfach und kann notfalls übergangen werden.

5.0 EINFÜHRUNG

Eine wichtige Aufgabe der Topologie ist es, Methoden zu entwickeln, die es gestatten, die Frage zu beantworten, ob zwei gegebene metrische Räume $\underline{X}$ und $\underline{Y}$ topologisch oder uniform isomorph sind. Eine positive Beantwortung dieser Frage besteht in der Regel in der effektiven Konstruktion eines topologischen oder uniformen Isomorphismus $f\colon \underline{X} \to \underline{Y}$. Z.B. haben wir auf diese Weise die topologische Isomorphie der Räume $\underline{]0,1[}$, $\underline{\mathbb{R}}$ und $\underline{\{r \in \mathbb{R} \mid r > 0\}}$ nachgewiesen. Eine negative Beantwortung der Frage besteht in der Regel in der Angabe einer topologischen oder uniformen Eigenschaft, die einer der Räume $\underline{X}$ und $\underline{Y}$ hat, der andere hingegen nicht. So ist z.B. der Raum $\underline{[0,1]}$ kompakt, der Raum $\underline{]0,1[}$ hingegen nicht, woraus folgt, daß diese Räume nicht topologisch isomorph sind. So sind die Räume $\mathbb{R}$ und $]0,1[$ zwar topologisch isomorph, aber nicht uniform isomorph, denn $\mathbb{R}$ ist vollständig, $]0,1[$ hingegen nicht. Das Spektrum topologischer und uniformer Eigenschaften metrischer Räume, das wir bisher kennen (z.B. Vollständigkeit, topologische Vollständigkeit, totale Beschränktheit, Separabilität und Kompaktheit), gestattet für einige der folgenden Raumpaare X und Y die Beantwortung der Frage, ob sie topologisch oder uniform isomorph sind, ist jedoch noch zu klein, um die Frage für alle aufgeführten Paare zu entscheiden:

(0) $\mathbb{R}$ und $\mathbb{P}$
(1) $]0,1[$ und $[0,1[$
(2) $\mathbb{R}$ und $\{r \in \mathbb{R} \mid r \geq 0\}$
(3) $\mathbb{R}$ und $\mathbb{R}^2$
(4) $\mathbb{P}$ und $\mathbb{P}^2$
(5) $\mathbb{Q}$ und $\mathbb{Q}^2$
(6) $\mathbb{Q} \times \mathbb{P}$ und $\mathbb{Q} \times \mathbb{R}$
(7) $\mathbb{P}^2$ und $\mathbb{P} \times \mathbb{R}$
(8) $[0,1]$ und $S^1 = \{(x,y) \in \mathbb{R}^2 \mid x^2 + y^2 = 1\}$
(9) S^1 und $S^2 = \{(x,y,z) \in \mathbb{R}^3 \mid x^2 + y^2 + z^2 = 1\}$
(1o) S^2 und der Torus $T = \{(x,y,z) \in \mathbb{R}^3 \mid (\sqrt{x^2 + y^2} - 2)^2 + z^2 = 1$
(11) X-stachliger Igel und Y-stachliger Igel.

In diesem Kapitel werden wir topologische und uniforme Eigenschaften metrischer Räume studieren, die besonders geeignet sind, Fragen der obigen Art zu beantworten. Das sei an den Beispielen (0) und (1) kurz demonstriert. Die Räume $\mathbb{R}$ und $\mathbb{P}$ sind nicht uniform isomorph, denn $\mathbb{R}$ ist vollständig, $\mathbb{P}$ hingegen nicht. Die Räume $\mathbb{R}$ und $\mathbb{P}$ sind auch topologisch nicht isomorph. Das können wir jedoch noch nicht nachweisen, denn beide stimmen in allen bisher betrachteten topologischen Eigenschaften überein: beide sind topologisch vollständig, separabel, in sich dicht und nicht kompakt. Wir werden jedoch sehen, was anschaulich klar ist, daß $\mathbb{R}$ "zusammenhängend" ist, $\mathbb{P}$ hingegen nicht.

Die Räume $]0,1[$ und $[0,1[$ sind, wie wir uns erinnern, weder uniform noch topologisch isomorph. Ersteres folgte aus der Tatsache, daß Compl $]0,1[\setminus]0,1[$ genau 2 Punkte enthält, Compl $[0,1[\setminus [0,1[$ hingegen nur einen. Letzteres haben wir mit Hilfe des aus der Analysis bekannten Zwischenwertsatzes nachgewiesen. Sehr viel einfacher und natürlicher ist folgendes Argument: Entfernen wir einen beliebigen Punkt x aus $]0,1[$, so ist der Rest $]0,1[\setminus \{x\}$ nicht mehr "zusammenhängend", sondern "zerfällt" in die Teile $]0,x[$ und $]x,1[$; entfernen wir hingegen den Punkt 0 aus $[0,1[$, so ist der Rest $[0,1[\setminus \{0\} =]0,1[$ zusammenhängend. Darüber hinaus werden wir sehen, daß der Zwischenwertsatz der Analysis ein einfacher Spezialfall des viel allgemeineren (und sehr leicht zu beweisenden) Satzes ist, daß jedes stetige Bild eines zusammenhängenden Raumes wieder zusammenhängend ist.

In gewissem Gegensatz zu den zusammenhängenden Räumen stehen die Räume, die wie $\underline{\mathbb{Q}}$ und $\underline{\mathbb{P}}$ in einzelne Punkte "zerfallen", d.h., die keinen zusammenhängenden Teilraum mit mehr als einem Punkt besitzen. Ein besonders wichtiges Beispiel, dessen Bedeutung im 6. Paragraphen klar wird, ist das sogenannte Cantorsche Diskontinuum $\underline{\mathbb{D}}$, ein kompakter Teilraum von $\underline{[0,1]}$. Ein weniger wichtiger aber besonders merkwürdiger Raum ist der zerbrechliche Kegel $\underline{\mathbb{K}}$, ein zusammenhängender Teilraum von $\underline{[0,1]^2}$, der nach Wegnahme eines einzigen Punktes in seine einzelnen Punkte "zerfällt".

5.1 ZUSAMMENHÄNGENDE METRISCHE RÄUME

5.1.1 DEFINITION

Ein metrischer Raum $\underline{X}$ heißt *(uniform) zusammenhängend*, wenn jede (gleichmäßig) stetige Abbildung $f: \underline{X} \to \underline{Y}$ von $\underline{X}$ in einen zweielementigen metrischen Raum $\underline{Y}$ konstant ist.

Der (uniforme) Zusammenhang metrischer Räume läßt sich in vielfacher Weise charakterisieren. Die obigen Definitionen lassen die Parallelitäten zwischen Zusammenhang und uniformen Zusammenhang besonders deutlich hervortreten. Intuitiv näherliegende Charakterisierungen des uniformen Zusammenhangs finden Sie insbesondere in 5.1.14 und des Zusammenhangs in 5.1.31(5).

5.1.2 SATZ

Jeder zusammenhängende Raum ist uniform zusammenhängend.

Beweis:

Jede gleichmäßig stetige Abbildung ist stetig.

5.1.3 THEOREM *((gleichmäßig) stetige Bilder (uniform) zusammenhängender Räume sind (uniform) zusammenhängend)*

Ist $f: \underline{X} \to \underline{Y}$ *eine (gleichmäßig) stetige Abbildung von* $\underline{X}$ *auf* $\underline{Y}$, *so folgt aus dem (uniformen) Zusammenhang von* $\underline{X}$ *der (uniforme) Zusammenhang von* $\underline{Y}$.

Beweis:

Wäre $\underline{Y}$ nicht (uniform) zusammenhängend, so gäbe es eine nicht konstante, (gleichmäßig) stetige Abbildung g: $\underline{Y} \to \underline{Z}$ von $\underline{Y}$ in einen zweielementigen metrischen Raum $\underline{Z}$. Also wäre $g \circ f$: $\underline{X} \to \underline{Z}$ eine nicht konstante (gleichmäßig) stetige Abbildung von $\underline{X}$ in einen zweielementigen metrischen Raum, im Widerspruch zum (uniformen) Zusammenhang von $\underline{X}$.

5.1.4 BEMERKUNG

(1) Aus obigem Theorem folgt unmittelbar, daß Zusammenhang ein topologischer Begriff und uniformer Zusammenhang ein uniformer Begriff ist.

(2) Etwas später werden wir sehen, daß der aus der Analysis bekannte Zwischenwertsatz eine einfache Folgerung aus obigem Theorem ist.

5.1.5 SATZ

Ist $\underline{A}$ ein dichter Teilraum von $\underline{X}$, so folgt aus dem (uniformen) Zusammenhang von $\underline{A}$ der (uniforme) Zusammenhang von $\underline{X}$.

Beweis:

Ist f: $\underline{X} \to \underline{Y}$ eine (gleichmäßig) stetige Abbildung von $\underline{X}$ in einen zweielementigen metrischen Raum, so ist die Einschränkung $f|A$: $\underline{A} \to \underline{Y}$ von f auf $\underline{A}$ konstant. Die konstante Fortsetzung g: $\underline{X} \to \underline{Y}$ von $f|A$ auf $\underline{X}$ ist auch (gleichmäßig) stetig. Wegen $f|A = g|A$ folgt $f = g$ nach 3.2.4(1). Also ist f konstant.

5.1.6 SATZ

Ist $\underline{A}$ ein dichter Teilraum von $\underline{X}$, so sind äquivalent:

(a) *$\underline{A}$ ist uniform zusammenhängend.*

(b) *$\underline{X}$ ist uniform zusammenhängend.*

Beweis:

(a) ⇒ (b): Ist in obigem Satz (5.1.5) enthalten.

(b) ⇒ (a): Ist f: $\underline{A} \to \underline{Y}$ eine gleichmäßig stetige Abbildung von $\underline{A}$ in einen zweielementigen metrischen Raum $\underline{Y}$, so folgt aus der Vollständigkeit von $\underline{Y}$ nach dem Fortsetzbarkeitstheorem für gleichmäßig stetige Abbildungen in vollständige Räume (3.2.3), daß eine gleichmäßig stetige Fortsetzung g: $\underline{X} \to \underline{Y}$ von f existiert. Wegen (b) ist g und damit auch f konstant.

5.1.7 FOLGERUNG

Äquivalent sind:

(a) *$\underline{X}$ ist uniform zusammenhängend.*

(b) Compl *$\underline{X}$ ist uniform zusammenhängend.*

5.1.8 SATZ

Ist $\{A_i \mid i \in I\}$ *eine Menge (uniform) zusammenhängender Teilräume von* $\underline{X}$ *mit* $\bigcap_{i\in I} A_i \neq \emptyset$, *so ist auch der durch* $A = \bigcup_{i\in I} A_i$ *bestimmte Teilraum* $\underline{A}$ *von* $\underline{X}$ *(uniform) zusammenhängend.*

Beweis:
Sei $a \in \bigcap_{i\in I} A_i$. Ist $f\colon \underline{A} \to \underline{Y}$ eine (gleichmäßig) stetige Abbildung von $\underline{A}$ in einen zweielementigen metrischen Raum, so ist f auf jedem A_i konstant. Somit gilt $f(x) = f(a)$ für jedes $x \in \bigcup_{i\in I} A_i$. Also ist f konstant.

Vor den Beispielen wollen wir noch einige mehr "interne" Beschreibungen (uniform) zusammenhängender Räume geben.

5.1.9 DEFINITION

Eine Teilmenge A eines metrischen Raumes $\underline{X}$ heißt *(uniforme) Zerlegungsmenge* von $\underline{X}$, wenn A und $X\setminus A$ keinen gemeinsamen Berührpunkt in $\underline{X}$ haben (wenn A und $X\setminus A$ nicht benachbart sind).

5.1.10 SATZ

$\underline{X}$ *ist genau dann (uniform) zusammenhängend, wenn* $\emptyset$ *und* X *die einzigen (uniformen) Zerlegungsmengen von* $\underline{X}$ *sind.*

Beweis:
(1) Ist A eine (uniforme) Zerlegungsmenge von $\underline{X}$ mit $\emptyset \neq A \neq X$, so wird durch $f(x) = \begin{cases} 0, & \text{falls } x \in A \\ 1, & \text{falls } x \notin A \end{cases}$ eine (gleichmäßig) stetige, nicht konstante Abbildung $f\colon \underline{X} \to \underline{Y}$ von $\underline{X}$ in den metrischen Raum $\underline{Y} = \underline{\{0,1\}}$ definiert.
(2) Ist umgekehrt $f\colon \underline{X} \to \underline{Y}$ eine nicht-konstante, (gleichmäßig) stetige Abbildung von $\underline{X}$ in einen zweielementigen metrischen Raum $\underline{Y}$ und ist $y \in f[X]$, so ist $A = f^{-1}[\{y\}]$ eine (uniforme) Zerlegungsmenge von $\underline{X}$ mit $\emptyset \neq A \neq X$.

5.1.11 SATZ

Eine Teilmenge A von X ist genau dann Zerlegungsmenge von $\underline{X}$, *wenn sie sowohl offen als auch abgeschlossen ist.*

Beweis:
(1) Ist A offen und abgeschlossen, so ist auch $X\setminus A$ abgeschlossen und offen. Als disjunkte, abgeschlossene Mengen haben A und $X\setminus A$ keinen gemeinsamen Berührpunkt.

(2) Ist A Zerlegungsmenge von $\underline{X}$, so liegt kein Berührpunkt von A in X\A. Also ist A abgeschlossen in $\underline{X}$. Analog ist X\A abgeschlossen in $\underline{X}$, denn kein Berührpunkt von X\A liegt in X\(X\A) = A. Also ist A = X\(X\A) als Komplement einer abgeschlossenen Menge auch offen.

5.1.12 FOLGERUNG

Ein metrischer Raum $\underline{X}$ ist genau dann zusammenhängend, wenn ∅ und X die einzigen Teilmengen von $\underline{X}$ sind, die gleichzeitig offen und abgeschlossen sind.

5.1.13 DEFINITION

Seien $\underline{X}$ ein metrischer Raum und ε eine positive reelle Zahl. Eine ε-*Kette* von x nach y in $\underline{X}$ ist eine endliche Folge $(x_1,\dots,x_n)$ von Elementen in $\underline{X}$ mit $x_1 = x$, $x_n = y$ und $d(x_i,x_{i+1}) < \varepsilon$ für $i = 1,\dots,n-1$. Punkte x und y von $\underline{X}$ heißen ε-*verkettet* in $\underline{X}$, wenn in $\underline{X}$ eine ε-Kette von x nach y existiert. $\underline{X}$ heißt *verkettet*, wenn für jedes ε > O je zwei Punkte in $\underline{X}$ ε-verkettet sind.

5.1.14 SATZ

Ein metrischer Raum ist genau dann uniform zusammenhängend, wenn er verkettet ist.

Beweis:

(1) Sei $\underline{X}$ uniform zusammenhängend, und sei ε > O. Ist X leer, so ist $\underline{X}$ trivialerweise verkettet. Ist X ≠ ∅, so sei x_o ein festes Element von X. Ferner sei A die Menge aller mit x_o ε-verketteten Punkte von $\underline{X}$. Für jedes x ∈ A und jedes y ∈ X\A gilt dann offenbar d(x,y) ≥ ε. Also sind A und X\A nicht benachbart. Da A eine nicht-leere Teilmenge von X ist, folgt aus dem uniformen Zusammenhang von $\underline{X}$ sofort A = X. Also ist $\underline{X}$ verkettet.

(2) Ist $\underline{X}$ nicht uniform zusammenhängend, so gibt es eine Teilmenge A von X mit ∅ ≠ A ≠ X und dist(A,X\A) = r > O. Folglich ist kein Punkt von A mit einem Punkt von X\A r-verkettet. Also ist $\underline{X}$ nicht verkettet.

Als nächstes wenden wir uns konkreten Beispielen zu. Insbesondere werden wir die (uniform) zusammenhängenden Teilräume von $\underline{\mathbb{R}}$ intern charakterisieren.

5.1.15 DEFINITION

Eine Teilmenge X von ℝ heißt ein *Intervall*, wenn aus x ∈ X, y ∈ X, r ∈ ℝ und x < r < y stets r ∈ X folgt.

Insbesondere sind die leere Menge und alle einelementigen Teilmengen von $\mathbb{R}$ Intervalle. Sie werden auch ausgeartete Intervalle genannt.

5.1.16 SATZ (*Charakterisierung zusammenhängender Teilräume von $\underline{\mathbb{R}}$*)
Für jede Teilmenge X von $\mathbb{R}$ sind folgende Aussagen äquivalent:
(a) $\underline{X}$ *ist zusammenhängend.*
(b) X *ist ein Intervall.*

Beweis:
(a) ⇒ (b): Wäre X kein Intervall, so gäbe es $x \in X$, $y \in X$ und $z \in \mathbb{R} \setminus X$ mit $x < z < y$. Also wäre $A = X \cap \{r \in \mathbb{R} \mid r < z\} = X \cap \{r \in \mathbb{R} \mid r \leq z\}$ eine sowohl offene als auch abgeschlossene Teilmenge von $\underline{X}$ mit $\emptyset \neq A \neq X$, im Widerspruch zum Zusammenhang von $\underline{X}$.
(b) ⇒ (a): Wäre $\underline{X}$ nicht zusammenhängend, so gäbe es eine Teilmenge A von X mit $\emptyset \neq A \neq X$, die in $\underline{X}$ sowohl offen als auch abgeschlossen wäre. Sei $x \in A$ und $y \in X \setminus A$, und sei ohne Beschränkung der Allgemeinheit $x < y$. Die Menge $\{a \in A \mid a < y\}$ wäre nicht-leer und nach oben beschränkt, besäße also eine kleinste obere Schranke z in $\underline{\mathbb{R}}$ mit $x \leq z \leq y$. Wegen (b) gehörte z zu X, wegen $z \in \mathrm{cl}\{a \in A \mid a < y\}$ und der Abgeschlossenheit von A in $\underline{X}$ sogar zu A, woraus insbesondere $z < y$ folgte. Weiter würde aus $[z,y] \subset X$, aus der Offenheit von A in $\underline{X}$ und $z \in A$ folgen, daß für ein geeignetes $r > 0$ auch das Intervall $[z,z+r]$ zu A gehörte, im Widerspruch zur Definition von z.

5.1.17 THEOREM (*Charakterisierung zusammenhängender Räume durch stetige reellwertige Abbildungen*)
Für jeden metrischen Raum $\underline{X}$ sind folgende Aussagen äquivalent:
(a) $\underline{X}$ *ist zusammenhängend.*
(b) *Für jede stetige Abbildung* $f: \underline{X} \to \underline{\mathbb{R}}$ *ist* $f[X]$ *ein Intervall.*

Beweis:
Im Fall $X = \emptyset$ sind (a) und (b) trivialerweise erfüllt. Sei also $X \neq \emptyset$.

(a) ⇒ (b): Nach 5.1.3 ist $\underline{f[X]}$ als stetiges Bild eines zusammenhängenden Raumes zusammenhängend. Somit ist $f[X]$ nach 5.1.16 ein Intervall.

(b) ⇒ (a): Ist $\underline{X}$ nicht zusammenhängend, so gibt es eine nicht konstante, stetige Abbildung $g: \underline{X} \to \underline{Y}$ von $\underline{X}$ in einen zweielementigen metrischen Raum $\underline{Y}$. Sei $y_0 \in Y$. Dann ist

die durch $h(y) := \begin{cases} 0, & \text{falls } y \neq y_0 \\ 1, & \text{falls } y = y_0 \end{cases}$ definierte Abbildung $h: \underline{Y} \to \underline{\mathbb{R}}$

stetig, somit auch die Abbildung $f = h \circ g: \underline{X} \to \underline{\mathbb{R}}$, aber $f[X] = \{0,1\}$ ist kein Intervall.

5.1.18 BEMERKUNG

Der *Zwischenwertsatz* der Analysis besagt, daß für jedes abgeschlossene Intervall [a,b] in $\mathbb{R}$ und jede stetige Abbildung f: $\underline{[a,b]} \to \underline{\mathbb{R}}$ die Menge f[[a,b]] ein Intervall ist. Wegen 5.1.16 ist das ein Spezialfall der Implikation (a) ⇒ (b) in 5.1.17. Aus dem Zwischenwertsatz folgt unmittelbar folgender Fixpunktsatz: Jede stetige Abbildung f: $\underline{[0,1]} \to \underline{[0,1]}$ hat mindestens einen Fixpunkt; denn für die durch $x \mapsto f(x) - x$ definierte stetige Abbildung g: $\underline{[0,1]} \to \underline{\mathbb{R}}$ gilt $g(0) \geq 0$ und $g(1) \leq 0$, woraus die Existenz eines $z \in [0,1]$ mit $g(z) = 0$, d.h. $f(z) = z$ folgt. Der *Brouwersche Fixpunktsatz* besagt, daß für jedes $n \in \mathbb{N}$ jede stetige Abbildung f: $\underline{[0,1]^n} \to \underline{[0,1]^n}$ mindestens einen Fixpunkt hat. Der Satz ist erheblich schwerer zu beweisen.

5.1.19 SATZ (*Charakterisierung uniform zusammenhängender Teilräume von* $\underline{\mathbb{R}}$)

Für Teilmengen X von $\mathbb{R}$ *sind folgende Aussagen äquivalent:*

(a) $\underline{X}$ *ist uniform zusammenhängend.*

(b) *Die abgeschlossene Hülle* clX *von* X *in* $\underline{\mathbb{R}}$ *ist ein Intervall.*

Beweis:

(a) ⇒ (b): Wäre clX kein Intervall, so gäbe es $x \in \mathrm{cl}X$, $y \in \mathrm{cl}X$ und $z \in \mathbb{R}\setminus\mathrm{cl}X$ mit $x < z < y$. Folglich wäre $A = \{a \in X \mid a < z\}$ eine uniforme Zerlegungsmenge von $\underline{X}$, denn aus $\mathrm{dist}(A,X\setminus A) = 0$ würde $z \in \mathrm{cl}X$ folgen. Wegen $\emptyset \neq A \neq X$ wäre $\underline{X}$ nicht uniform zusammenhängend.

(b) ⇒ (a): Ist Y = clX ein Intervall, so ist $\underline{Y}$ nach 5.1.16 zusammenhängend, also erst recht uniform zusammenhängend. Als dichter Teilraum von $\underline{Y}$ ist $\underline{X}$ nach 5.1.6 ebenfalls uniform zusammenhängend.

5.1.2o SATZ (*Charakterisierung uniform zusammenhängender Räume durch gleichmäßig stetige, reellwertige Abbildungen*)

Für jeden metrischen Raum $\underline{X}$ *sind folgende Aussagen äquivalent:*

(a) $\underline{X}$ *ist uniform zusammenhängend.*

(b) *Für jede gleichmäßig stetige Abbildung* f: $\underline{X} \to \underline{\mathbb{R}}$ *ist* cl f[X] *ein Intervall.*

Beweis:

Der Fall $X = \emptyset$ ist wiederum trivial. Sei also $X \neq \emptyset$.

(a) ⇒ (b): Nach 5.1.3 ist $\underline{f[X]}$ als gleichmäßig stetiges Bild eines uniform zusammenhängenden Raumes selbst uniform zusammenhängend. Nach 5.1.19 ist cl f[X] ein Intervall.

(b) ⇒ (a): Ist $\underline{X}$ nicht uniform zusammenhängend, so gibt es eine nicht konstante, gleichmäßig stetige Abbildung $g: \underline{X} \to \underline{Y}$ von $\underline{X}$ in einen zweielementigen metrischen Raum $\underline{Y}$. Sei $y_o \in Y$.

Die durch $h(y) = \begin{cases} 0, & \text{falls } y = y_o \\ 1, & \text{falls } y \neq y_o \end{cases}$ definierte Abbildung $h: \underline{Y} \to \underline{\mathbb{R}}$ ist gleichmäßig stetig, somit auch die Abbildung $f = h \circ g: \underline{X} \to \underline{\mathbb{R}}$. Aber $f[X] = \{0,1\}$ ist kein Intervall.

5.1.21 BEISPIELE

(1) $\underline{\mathbb{R}}$, $\underline{]0,1[}$, $\underline{[0,1[}$ und $\underline{[0,1]}$ sind zusammenhängend.

(2) $\underline{\mathbb{Q}}$ und $\underline{\mathbb{P}}$ sind uniform zusammenhängend, aber nicht zusammenhängend. Insbesondere sind $\underline{\mathbb{P}}$ und $\underline{\mathbb{R}}$ nicht topologisch isomorph.

(3) $\underline{\mathbb{R}^n}$ ist zusammenhängend. Das sieht man z.B. folgendermaßen: Ist $\{A_i \mid i \in I\}$ die Menge aller Geraden durch einen festen Punkt x des $\underline{\mathbb{R}^n}$, so gilt:

(i) $\bigcap_{i \in I} A_i \neq \emptyset$, denn $x \in \bigcap_{i \in I} A_i$.

(ii) $\bigcup_{i \in I} A_i = \mathbb{R}^n$.

(iii) Jedes A_i ist topologisch isomorph zu $\underline{\mathbb{R}}$ und somit zusammenhängend. Also folgt aus 5.1.8, daß $\underline{\mathbb{R}^n}$ zusammenhängend ist.

(4) Analog sieht man, daß $\underline{[0,1]^n}$, $\underline{]0,1[^n}$ etc. zusammenhängend sind.

(5) Für jedes $n \geq 1$ ist die n-dimensionale Sphäre $\underline{S^n} = \underline{\{(x_1,\dots,x_{n+1}) \in \mathbb{R}^{n+1} \mid x_1^2 + \dots + x_{n+1}^2 = 1\}}$ zusammenhängend. Das sieht man z.B. folgendermaßen: Zunächst wird durch $(x_1,\dots,x_{n+1}) \mapsto (x_1,\dots,x_n)$ ein topologischer Isomorphismus von $\underline{S_+^n} = \underline{\{(x_1,\dots,x_{n+1}) \in S^n \mid x_{n+1} \geq 0\}}$ auf den zusammenhängenden Teilraum $\underline{\{(x_1,\dots,x_n) \in \mathbb{R}^n \mid x_1^2 + \dots + x_n^2 \leq 1\}}$ von $\underline{\mathbb{R}^n}$ definiert. Somit ist $\underline{S_+^n}$ zusammenhängend. Ebenso folgt der Zusammenhang von $\underline{S_-^n} = \underline{\{(x_1,\dots,x_{n+1}) \in S^n \mid x_{n+1} \leq 0\}}$. Wegen $S_+^n \cap S_-^n \neq \emptyset$ folgt aus 5.1.8 der Zusammenhang von $\underline{S^n} = \underline{S_+^n \cup S_-^n}$.

(6) Analog beweist man den Zusammenhang von Torus, Kegel etc.

(7) Ein diskreter Raum $\underline{X}$ ist genau dann (uniform) zusammenhängend, wenn X höchstens ein Element enthält.

5.1.22 BEMERKUNG

Da fast alle uns bisher interessierenden Räume sich als zusammenhängend erwiesen, scheint es zunächst, daß der Zusammenhangsbegriff nicht sonderlich gut geeignet ist, um bei der Lösung der am Anfang dieses

Paragraphen aufgeworfenen Frage nach der topologischen Klassifizierung metrischer Räume zu helfen. Das ist jedoch ein Irrtum. Zwar sind z.B. $]0,1[$ und $[0,1[$ beide zusammenhängend, dennoch können wir beide jetzt topologisch unterscheiden: entfernt man nämlich irgendeinen Punkt aus $]0,1[$, so ist der Rest nicht mehr zusammenhängend, entfernt man hingegen 0 aus $[0,1[$, so ist der Rest sehr wohl zusammenhängend, und hieraus folgt sofort, daß $]0,1[$ und $[0,1[$ nicht topologisch isomorph sein können. Wie wir im folgenden verdeutlichen wollen, ist die Methode, aus zwei Räumen topologisch isomorphe Teile wegzuschneiden und die Zusammenhangseigenschaften der Reste zu vergleichen, ein sehr natürliches Hilfsmittel zur topologischen Unterscheidung metrischer Räume.

5.1.23 DEFINITION

Ein Element x eines zusammenhängenden metrischen Raumes $\underline{X}$ heißt *Schnittpunkt* von $\underline{X}$, falls $\underline{X\backslash\{x\}}$ nicht zusammenhängend ist; andernfalls *Nichtschnittpunkt* von $\underline{X}$.

5.1.24 BEMERKUNG

Die Begriffe Schnittpunkt und Nichtschnittpunkt sind topologische Begriffe, d.h. wenn $f: \underline{X} \to \underline{Y}$ ein topologischer Isomorphismus ist, so ist x genau dann ein (Nicht-)Schnittpunkt von $\underline{X}$, wenn f(x) ein (Nicht-) Schnittpunkt von $\underline{Y}$ ist. Insbesondere haben topologisch isomorphe zusammenhängende Räume dieselbe Zahl von (Nicht-)Schnittpunkten.

5.1.25 BEISPIELE

(1) Jeder Punkt von $\underline{\mathbb{R}}$ und von $]0,1[$ ist Schnittpunkt.

(2) $[0,1[$ und $\{r \in \mathbb{R} \mid r \geq 0\}$ haben je einen Nichtschnittpunkt.

(3) $[0,1]$ hat genau zwei Nichtschnittpunkte.

(4) Ist X eine Menge mit mindestens 2 Elementen, so hat der X-stachlige Igel genau CardX Nichtschnittpunkte.

(5) Die Räume $\underline{\mathbb{R}}^n$ (für $n \geq 2$), die Sphären $\underline{S}^n$ (für $n \geq 1$) und der Torus $\underline{T}$ haben keine Schnittpunkte.

Hieraus folgt u.a.:

(i) $]0,1[$ und $[0,1[$ sind nicht topologisch isomorph.

(ii) $\underline{\mathbb{R}}$ und $\{r \in \mathbb{R} \mid r \geq 0\}$ sind nicht topologisch isomorph.

(iii) $\underline{\mathbb{R}}$ und $\underline{\mathbb{R}}^2$ sind nicht topologisch isomorph.

(iv) $\underline{\mathbb{Q}}$ und $\underline{\mathbb{Q}}^2$ sind nicht uniform isomorph, denn andernfalls wären auch ihre Vervollständigungen Compl $\underline{\mathbb{Q}}$ und Compl $\underline{\mathbb{Q}^2}$ uniform isomorph, was nach (iii) nicht möglich ist, denn Compl $\underline{\mathbb{Q}}$ ist uniform isomorph zu $\underline{\mathbb{R}}$ und Compl $\underline{\mathbb{Q}^2}$ zu $\underline{\mathbb{R}^2}$. Man kann jedoch zeigen, was wir nicht ausführen, daß jeder abzählbare, in sich dichte metrische Raum zu $\underline{\mathbb{Q}}$ topologisch isomorph ist. Insbesondere sind für jedes $n \in \mathbb{N}$ die Räume $\underline{\mathbb{Q}}$ und $\underline{\mathbb{Q}^n}$ topologisch isomorph.

(v) $\underline{\mathbb{P}}$ und $\underline{\mathbb{P}^2}$ sind nicht uniform isomorph, denn andernfalls wären auch ihre Vervollständigungen Compl $\underline{\mathbb{P}}$ und Compl $\underline{\mathbb{P}^2}$, also $\underline{\mathbb{R}}$ und $\underline{\mathbb{R}^2}$ uniform isomorph. Hingegen sind $\underline{\mathbb{P}}$ und $\underline{\mathbb{P}^2}$ topologisch isomorph, worauf wir noch eingehen werden.

(vi) $\underline{[0,1]}$ und $\underline{S^1}$ sind nicht topologisch isomorph. Man kann zeigen, daß ein metrischer Raum $\underline{X}$ genau dann zu $\underline{[0,1]}$ topologisch (und somit uniform) isomorph ist, wenn er folgende 3 Bedingungen erfüllt:

(α) $\underline{X}$ ist kompakt.

(β) $\underline{X}$ ist zusammenhängend.

(γ) $\underline{X}$ hat genau 2 Nichtschnittpunkte.

Ebenso läßt sich zeigen, daß ein metrischer Raum $\underline{X}$ mit wenigstens 2 Punkten genau dann zu $\underline{S^1}$ topologisch (und somit uniform) isomorph ist, wenn er folgende 3 Bedingungen erfüllt:

(α) $\underline{X}$ ist kompakt.

(β) $\underline{X}$ ist zusammenhängend.

(γ) Entfernt man genau 2 Punkte aus $\underline{X}$, so ist der Rest nicht zusammenhängend.

Diese Resultate machen die Bedeutung von Zusammenhangseigenschaften besonders klar.

(vii) $\underline{S^1}$ und $\underline{S^2}$ sind nicht topologisch isomorph. Entfernt man nämlich 2 Punkte von $\underline{S^1}$, so ist der Rest nicht zusammenhängend, entfernt man hingegen 2 Punkte von $\underline{S^2}$, so ist der Rest zusammenhängend.

(viii) Sind X und Y mindestens zweielementige Mengen, so sind der X-stachlige Igel und der Y-stachlige Igel genau dann topologisch isomorph, wenn CardX = CardY gilt.

(ix) $\underline{S^2}$ und $\underline{T}$ sind nicht topologisch isomorph. Das folgt aus dem folgenden anschaulichen aber mühsam zu beweisenden *Jordanschen Kurvensatz*: Entfernt man aus der Sphäre $\underline{S^2}$ einen zu $\underline{S^1}$ topologisch isomorphen Teilraum, so ist der Rest nicht zusammenhängend. Hingegen ist leicht zu erkennen, daß der aus dem Torus $\underline{T} = \underline{\{(x,y,z) \in \mathbb{R}^3 \mid (\sqrt{x^2+y^2}-2)^2+z^2 = 1\}}$ durch Entfernen des zu $\underline{S^1}$ topologisch isomorphen Teilraumes $\underline{\{(x,y,z) \in \mathbb{R}^3 \mid (x-2)^2 + z^2 = 1,\ y = 0\}}$ entstehende Rest zusammenhängend ist.

5.1.26 BEMERKUNG

Wir haben gesehen (5.1.14), daß ein metrischer Raum genau dann uniform zusammenhängend ist, wenn er verkettet ist. Eine entsprechend anschauliche Charakterisierung zusammenhängender Räume gibt es leider nicht. Allerdings kann man recht leicht zeigen, daß ein offener Teilraum $\underline{X}$ von $\underline{\mathbb{R}}^n$ genau dann zusammenhängend ist, wenn je 2 Punkte x und y von $\underline{X}$ durch einen Streckenzug in $\underline{X}$ verbunden werden können, d.h. wenn es eine endliche Folge $(x_1,\ldots,x_m)$ von Punkten in $\underline{X}$ mit $x = x_1$ und $y = x_m$ so gibt, daß für jedes $i = 1,\ldots,m-1$ die Strecke, welche die Punkte x_i und x_{i+1} verbindet, ganz in $\underline{X}$ liegt. Wie der Teilraum $\underline{\{(x,x^2) | x \in \mathbb{R}\}}$ von $\underline{\mathbb{R}}^2$ zeigt, läßt sich obiger Satz nicht auf beliebige Teilräume von $\underline{\mathbb{R}}^n$ übertragen. Ist $\underline{X}$ hingegen kompakt, so ist $\underline{X}$ genau dann zusammenhängend, wenn $\underline{X}$ verkettet ist, wie folgender Satz zeigt:

5.1.27 SATZ

Ist $\underline{X}$ *kompakt, so sind folgende Aussagen äquivalent:*

(a) $\underline{X}$ *ist zusammenhängend.*

(b) $\underline{X}$ *ist uniform zusammenhängend.*

(c) $\underline{X}$ *ist verkettet.*

Beweis:

Die Äquivalenz von (a) und (b) folgt sofort aus der Tatsache, daß eine Abbildung von einem kompakten Raum in einen beliebigen metrischen Raum genau dann stetig ist, wenn sie gleichmäßig stetig ist (4.2.15). Die Äquivalenz von (b) und (c) ist der Inhalt von Satz 5.1.14.

5.1.28 BEMERKUNG

Anschaulich besagt das Verkettetsein von $\underline{X}$, daß man von jedem Punkt $x \in X$ zu jedem Punkt $y \in X$ in endlich vielen Schritten gelangen kann, ganz egal wie kurz die Beine sind, die man hat (sofern die Schrittlänge positiv ist). Eine andere Frage liegt nahe: Ist es möglich, in einem kompakten, zusammenhängenden Raum $\underline{X}$ je 2 Punkte von X durch einen *Bogen* in $\underline{X}$ (d.h. einen zu $\underline{[0,1]}$ topologisch isomorphen Teilraum von $\underline{X}$) zu verbinden? Die Antwort ist negativ, wie folgendes Beispiel zeigt: Der durch $X = \{(0,x) | x \in [-1,1]\} \cup \{(x,\sin \frac{1}{x}) | x \in]0,1]\}$ bestimmte Teilraum $\underline{X}$ von $\underline{\mathbb{R}}^2$ ist zusammenhängend und kompakt, aber es gibt keinen Bogen in $\underline{X}$, der die Punkte (0,0) und (1,sin 1) miteinander verbindet (vgl. 5.1.3o(2)). Ist ein kompakter, zusammenhängender Raum $\underline{X}$ jedoch lokal-zusammenhängend (d.h. existiert zu jedem $x \in X$ und jeder Umgebung U von x eine zusammenhängende Umgebung V von x mit $x \in V \subset U$), so lassen sich, wie man zeigen kann, je zwei Punkte von X durch einen

Bogen in $\underline{X}$ verbinden. Die nicht-leeren, kompakten, zusammenhängenden und lokal-zusammenhängenden metrischen Räume sind übrigens auch aus einem anderen Grunde interessant: sie sind genau die stetigen Bilder von $\underline{I}$ (Sätze von Hahn und Mazurkiewicz).

5.1.29 THEOREM, DEFINITION *(Existenz und Eindeutigkeit von Zusammenhangskomponenten)*
Sei x *ein Element eines metrischen Raumes* $\underline{X}$. *Weiter seien*
$K(x) = \bigcup \{A \subset X \mid \underline{A}$ zusammenhängend und $x \in A\}$ *und*
$K_u(x) = \bigcup \{A \subset X \mid \underline{A}$ uniform zusammenhängend und $x \in A\}$.
Dann gilt:

(1) $K(x)$ $(K_u(x))$ *ist der größte* x *enthaltende (uniform) zusammenhängende Teilraum von* $\underline{X}$.

(2) $K(x)$ *und* $K_u(x)$ *sind abgeschlossen in* $\underline{X}$.

(3) *Ist* $\underline{X}$ *kompakt, so ist* $K(x) = K_u(x)$, *und* $K(x)$ *besteht aus allen Punkten von* $\underline{X}$, *die für jedes* $\varepsilon > 0$ *mit* x ε-*verkettet sind.*

$K(x)$ $(K_u(x))$ heißt die *(uniforme) Zusammenhangskomponente* von x in $\underline{X}$.

Beweis:
(1) folgt unmittelbar aus 5.1.8.
(2) folgt unmittelbar aus 5.1.5 und (1).
(3) Aus 5.1.2 folgt, daß $K(x) \subset K_u(x)$. Sei $A = \{y \in X \mid$ für jedes $\varepsilon > 0$ ist y mit x ε-verkettet$\} = \bigcap_{\varepsilon>0} A_\varepsilon$, wobei A_ε für $\varepsilon > 0$ die Menge aller Punkte aus $\underline{X}$ ist, die mit x ε-verkettet sind. Für jedes $\varepsilon > 0$ ist A_ε eine uniforme Zerlegungsmenge von $\underline{X}$, denn offenbar gilt $\mathrm{dist}(A_\varepsilon, X \setminus A_\varepsilon) \geq \varepsilon$. Daher ist A_ε für jedes $\varepsilon > 0$ abgeschlossen in $\underline{X}$, und somit ist auch A abgeschlossen in $\underline{X}$, was wir im folgenden ausnutzen werden. Wir sind fertig, wenn wir gezeigt haben, daß $\underline{A}$ zusammenhängend ist:
Wegen 5.1.14 ist nämlich $K_u(x) \subset A$; also gilt dann
$K(x) \subset K_u(x) \subset A \subset K(x)$, woraus (3) folgt.
Wir nehmen an, daß $\underline{A}$ nicht zusammenhängend ist. Dann gibt es eine nicht-konstante, stetige Abbildung $f: \underline{A} \to \underline{Y}$, wobei $\underline{Y}$ ein zweielementiger metrischer Raum ist. Ohne Beschränkung der Allgemeinheit kann man $\underline{Y} = \underline{\{0,1\}}$ wählen, wie Sie sich selbst leicht klarmachen können. (Hinweis: Ist $\underline{Y}$ ein diskreter metrischer Raum, $f_0: \underline{A} \to \underline{Y}$ stetig und nicht-konstant, so können Sie leicht eine stetige Abbildung $f_1: \underline{Y} \to \underline{\{0,1\}}$ konstruieren, so daß $f = f_1 \circ f_0$ nicht-konstant ist.) Nach dem Fortsetzbarkeitstheorem (2.3.5) für $\underline{[0,1]}$ läßt sich f zu einer stetigen

Abbildung g: $\underline{X} \to \underline{[0,1]}$ fortsetzen. Die Mengen $B = g^{-1}[[0,\frac{1}{3}[]$ und $C = g^{-1}[]\frac{2}{3},1]]$ sind offen, nicht-leer und haben disjunkte abgeschlossene Hüllen, somit einen positiven Abstand r. Ohne Einschränkung sei $x \in B$. Für jedes $\varepsilon > 0$ mit $\varepsilon < r$ trifft A_ε die abgeschlossene Menge $D = X\setminus(B \cup C)$, denn mindestens ein Punkt y von C ist wegen $C \cap A \neq \emptyset$ mit x ε-verkettet, und da $\varepsilon < r$ ist, muß jede ε-Kette von x nach y auch Glieder außerhalb von $B \cup C$ haben:

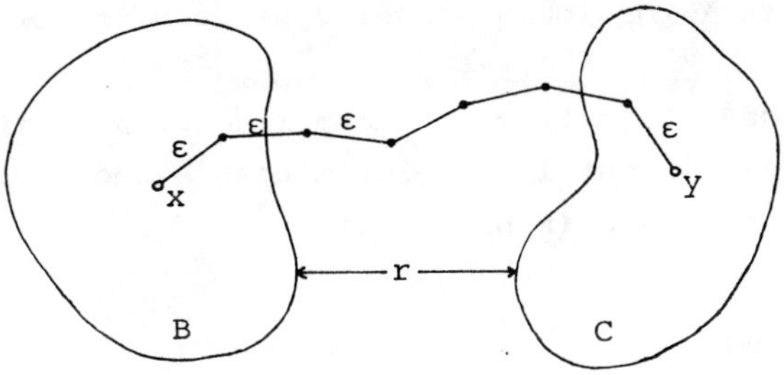

Da aus $\varepsilon < \varepsilon'$ stets $A_\varepsilon \subset A_{\varepsilon'}$ folgt, ist für jedes ε die Menge $D_\varepsilon = D \cap A_\varepsilon$ nicht-leer. Somit ist $D_1, D_{\frac{1}{2}}, D_{\frac{1}{3}} \ldots$ eine monoton fallende Folge nicht-leerer, abgeschlossener Teilmengen von $\underline{X}$. Nach 4.3.2 ist $\bigcap_{n\in\mathbb{N}} D_{\frac{1}{n}} = D \cap A$ nicht-leer. Das ist aber ein Widerspruch zu der Tatsache $g(y) \in \{0,1\}$ für jedes $y \in A$ und $g(y) \in [\frac{1}{3}, \frac{2}{3}]$ für jedes $y \in D$.

5.1.30 AUFGABEN

Zeigen Sie:

(1) In dem durch $X = \{(0,0),(0,1)\} \cup \{(\frac{1}{n}, \frac{m}{n}) \mid n \in \mathbb{N}, m \in \{0,\ldots,n\}\}$ bestimmten Teilraum $\underline{X}$ von $\underline{\mathbb{R}^2}$ gilt $K((0,0)) = \{(0,0)\}$, aber (0,0) und (0,1) sind ε-verkettet für jedes $\varepsilon > 0$ (vgl. 5.1.29).

(2) Ist $\underline{X}$ der durch $X = \{(0,x) \mid x \in [-1,1]\} \cup \{(x,\sin\frac{1}{x}) \mid x \in]0,1]\}$ bestimmte Teilraum des $\underline{\mathbb{R}^2}$, so gilt:

(i) $\underline{X}$ ist kompakt.

(ii) $\underline{X}$ ist zusammenhängend.

(iii) Es gibt keine stetige Abbildung $f: \underline{[0,1]} \to \underline{X}$ mit $f(0) = (0,0)$ und $f(1) = (1,\sin 1)$.

(3) Sind A und B Teilmengen eines metrischen Raumes $\underline{X}$ mit $A \subset B \subset \mathrm{cl}A$, so folgt aus dem (uniformen) Zusammenhang von $\underline{A}$ der (uniforme) Zusammenhang von $\underline{B}$.

5.1.31 AUFGABEN

Prüfen Sie,

(1) ob jeder vollständige, uniform zusammenhängende Raum bereits zusammenhängend ist,

(2) für welche X der Raum B(X) zusammenhängend ist,

(3) die Beziehungen zwischen dem (uniformen) Zusammenhang von X und Hyp X.

(4) Zeigen Sie, daß ein metrischer Raum X genau dann zusammenhängend ist, wenn jeder zu X topologisch isomorphe Raum uniform zusammenhängend ist.

(5) Zeigen Sie, daß ein metrischer Raum X genau dann zusammenhängend ist, wenn zu je zwei nicht-leeren Teilmengen A und B von X ein Punkt $x \in X$ mit $\mathrm{dist}(x,A) = \mathrm{dist}(x,B)$ existiert.

5.1.32 AUFGABEN

Zeigen Sie:

(1) Ist X zusammenhängend, so hat X entweder höchstens einen oder überabzählbar viele Elemente.

(2) X ist genau dann (uniform) zusammenhängend, wenn jede (gleichmäßig) stetige Abbildung von X in einen diskreten metrischen Raum konstant ist.

(3) Die metrischen Räume l_∞, l_2 und l_1 sind zusammenhängend.

(4) X ist genau dann zusammenhängend, wenn jede offene Überdeckung $\mathcal{U}$ von X verkettet ist (d.h. wenn zu je zwei nicht-leeren Elementen U und V von $\mathcal{U}$ eine endliche Folge $(U_1,\ldots,U_n)$ in $\mathcal{U}$ mit $U = U_1$, $V = U_n$ und $U_i \cap U_{i+1} \neq \emptyset$ für $i \in \{1,\ldots,n-1\}$ existiert).

(5) Ist X lokal-zusammenhängend (siehe 5.1.28), so ist jede Zusammenhangskomponente K(x) eine Zerlegungsmenge in X.

5.2 TOTAL-UNZUSAMMENHÄNGENDE METRISCHE RÄUME

5.2.1 DEFINITION

Ein metrischer Raum X heißt *(uniform) total-unzusammenhängend*, wenn jeder (uniform) zusammenhängende Teilraum von X höchstens einen Punkt enthält.

5.2.2 SATZ

Jeder uniform total-unzusammenhängende Raum ist total-unzusammenhängend.

Beweis:

Jeder zusammenhängende Raum ist uniform zusammenhängend.

5.2.3 SATZ

Ist f: $\underline{X} \to \underline{Y}$ eine (gleichmäßig) stetige, injektive Abbildung, so ist mit $\underline{Y}$ auch $\underline{X}$ (uniform) total-unzusammenhängend.

Beweis:

Ist $\underline{A}$ ein (uniform) zusammenhängender Teilraum von $\underline{X}$, so ist nach 5.1.3 $\underline{f[A]}$ ein (uniform) zusammenhängender Teilraum von $\underline{Y}$ und somit höchstens einpunktig. Da f injektiv ist, ist auch $\underline{A}$ höchstens einpunktig.

5.2.4 SATZ

Jeder Teilraum eines (uniform) total-unzusammenhängenden Raumes ist (uniform) total-unzusammenhängend.

Beweis:

5.2.3.

5.2.5 BEMERKUNG

Aus 5.2.3 folgt unmittelbar, daß totaler Unzusammenhang ein topologischer Begriff und uniformer totaler Unzusammenhang ein uniformer Begriff ist.

5.2.6 BEISPIELE

(1) Jeder diskrete Raum ist uniform total-unzusammenhängend.

(2) $\underline{\mathbb{Q}}$ und $\underline{\mathbb{P}}$ sind total-unzusammenhängend, aber nicht uniform total-unzusammenhängend; sie sind sogar uniform zusammenhängend.

(3) $\underline{\mathbb{Q} \times \mathbb{P}}$ ist total-unzusammenhängend; denn ist $\underline{A}$ ein zusammenhängender Teilraum von $\underline{\mathbb{Q} \times \mathbb{P}}$, so wird $\underline{A}$ nach 5.1.3 durch die beiden Projektionen $(x,y) \mapsto x$ und $(x,y) \mapsto y$ auf zusammenhängende und somit höchstens einelementige Teilräume $\underline{\mathbb{Q}}$ bzw. $\underline{\mathbb{P}}$ abgebildet, woraus folgt, daß A selbst höchstens einelementig ist. Der Raum $\underline{\mathbb{Q} \times \mathbb{R}}$ hingegen ist nicht total-unzusammenhängend, denn für jedes $r \in \mathbb{Q}$ ist $\underline{\{r\} \times \mathbb{R}}$ ein zu $\underline{\mathbb{R}}$ topologisch isomorpher und somit zusammenhängender Teilraum von $\underline{\mathbb{Q} \times \mathbb{R}}$. Folglich sind $\underline{\mathbb{Q} \times \mathbb{P}}$ und $\underline{\mathbb{Q} \times \mathbb{R}}$ nicht topologisch isomorph.

(4) Analog erkennt man, daß $\underline{\mathbb{P}^2}$ und $\underline{\mathbb{P} \times \mathbb{R}}$ nicht topologisch isomorph sind, denn $\underline{\mathbb{P}^2}$ ist total-unzusammenhängend, $\underline{\mathbb{P} \times \mathbb{R}}$ hingegen nicht.

5.2.7 SATZ

Jede (gleichmäßig) stetige Abbildung f: $\underline{X} \to \underline{Y}$ von einem (uniform) zusammenhängenden Raum in einen (uniform) total-unzusammenhängenden Raum ist konstant.

Beweis:

Nach 5.1.3 ist f[X] ein (uniform) zusammenhängender Teilraum von Y und somit höchstens einelementig. Folglich ist f konstant.

5.2.8 BEMERKUNG

Obige Eigenschaft kann man sowohl zur Charakterisierung (uniform) zusammenhängender Räume als auch zur Charakterisierung (uniform) total-unzusammenhängender Räume benutzen, wie folgende Sätze zeigen:

5.2.9 SATZ

Äquivalent sind:

(a) *X ist (uniform) zusammenhängend.*

(b) *Jede (gleichmäßig) stetige Abbildung von X in einen (uniform) total-unzusammenhängenden Raum ist konstant.*

Beweis:

(a) ⇒ (b): 5.2.7.

(b) ⇒ (a): Folgt unmittelbar aus der Tatsache, daß jeder zweielementige metrische Raum uniform total-unzusammenhängend ist.

5.2.1o SATZ

Äquivalent sind:

(a) *X ist (uniform) total-unzusammenhängend.*

(b) *Jede (gleichmäßig) stetige Abbildung von einem (uniform) zusammenhängenden Raum nach X ist konstant.*

Beweis:

(a) ⇒ (b): 5.2.7.

(b) ⇒ (a): Ist Y ein (uniform) zusammenhängender Teilraum von X, so ist die Einbettung f: Y → X gleichmäßig stetig, nach (b) also konstant. Somit ist Y höchstens einelementig.

5.2.11 BEMERKUNG

Kompakte Räume sind besonders einfach zu handhaben. Das wird auch hier wieder deutlich.

5.2.12 SATZ

Ist X kompakt, so sind äquivalent:

(a) *X ist total-unzusammenhängend.*

(b) *X ist uniform total-unzusammenhängend.*

Beweis:

(a) ⇒ (b): 5.1.29.

(b) $\Rightarrow$ (a): 5.2.2.

5.2.13 THEOREM

Ist $\underline{X}$ kompakt, so sind äquivalent:

(a) *$\underline{X}$ ist total-unzusammenhängend.*

(b) *Ist U gleichmäßige Umgebung von A in $\underline{X}$, so gibt es eine uniforme Zerlegungsmenge B in $\underline{X}$ mit $A \subset B \subset U$.*

(c) *Ist U Umgebung von x in $\underline{X}$, so gibt es eine Zerlegungsmenge B in $\underline{X}$ mit $x \in B \subset U$.*

Beweis:

(a) $\Rightarrow$ (b): Für jedes $n \in \mathbb{N}$ ist die Menge B_n aller Punkte von $\underline{X}$, die $\frac{1}{n}$ - verkettet mit wenigstens einem $a \in A$ sind, eine A umfassende uniforme Zerlegungsmenge von $\underline{X}$, denn es gilt $\text{dist}(B_n, X \setminus B_n) \geq \frac{1}{n}$. Es genügt somit zu zeigen, daß ein n mit $B_n \subset \text{int } U$ existiert. Wäre das nicht der Fall, so wäre $(B_n \setminus \text{int } U)$ eine monoton fallende Folge nicht-leerer, abgeschlossener Mengen, hätte also nach 4.3.2 einen nicht-leeren Durchschnitt. Wäre x ein Element des Durchschnitts, so gäbe es zu jedem $n \in \mathbb{N}$ ein a_n in A, das $\frac{1}{n}$ - verkettet mit x wäre. Ist a ein Verdichtungspunkt der Folge (a_n), so gilt $a \in \text{cl}A$, und a ist mit x ε-verkettet für jedes $\varepsilon > 0$. Nach 5.1.29 und dem totalen Unzusammenhang von $\underline{X}$ folgt hieraus $x = a$. Somit wäre a ein Element von $\text{cl}A \setminus \text{int } U = \text{cl}A \cap \text{cl}(X \setminus U)$, was nicht möglich ist, da U gleichmäßige Umgebung von A ist.

(b) $\Rightarrow$ (c) $\Rightarrow$ (a) gilt immer (warum?).

5.2.14 BEMERKUNG

Wie die Aufgaben 5.4.5 und 5.2.15(1) zeigen, gilt keine der Implikationen (a) $\Rightarrow$ (c) und (c) $\Rightarrow$ (b) des obigen Satzes für beliebige metrische Räume.

5.2.15 AUFGABEN

(1) Zeigen Sie, daß der durch $X = \{(0,0),(0,1)\} \cup \{(\frac{1}{n}, \frac{m}{n}) \mid n \in \mathbb{N}, m \in \{0,\ldots,n\}\}$ bestimmte Teilraum $\underline{X}$ des $\underline{\mathbb{R}}^2$ folgende Eigenschaften hat:

(i) $\underline{X}$ ist uniform total-unzusammenhängend.

(ii) $\underline{X}$ erfüllt die Bedingung (c) von 5.2.13.

(iii) $\underline{X}$ erfüllt die Bedingung (b) von 5.2.13 nicht.

(2) Zeigen Sie, daß für einen total beschränkten metrischen Raum $\underline{X}$ die folgenden Bedingungen äquivalent sind:

(a) Compl $\underline{X}$ ist total-unzusammenhängend.

(b) Zu je zwei nicht benachbarten Teilmengen A und B von $\underline{X}$ existiert eine gleichmäßig stetige Abbildung f: $\underline{X} \to \underline{\{0,1\}}$ mit $f[A] \subset \{0\}$ und $f[B] \subset \{1\}$.

(3) Untersuchen Sie, ob aus dem uniformen totalen Unzusammenhang von $\underline{X}$ stets der uniforme totale Unzusammenhang von Compl $\underline{X}$ folgt.

(4) Gibt es einen zu $\mathbb{Q}$ topologisch isomorphen, uniform total-unzusammenhängenden metrischen Raum?

(5) Zeigen Sie:

(a) Jeder endliche metrische Raum ist uniform total-unzusammenhängend.

(b) Jeder diskrete metrische Raum ist uniform total-unzusammenhängend.

(c) Für jedes X ist Bair(X) uniform total-unzusammenhängend.

(d) Jeder ultrametrische Raum ist uniform total-unzusammenhängend.

(6) Zeigen Sie die Äquivalenz folgender Aussagen:

(a) x ist ein isolierter Punkt in $\underline{X}$.

(b) $\{x\}$ ist eine Zerlegungsmenge in $\underline{X}$.

(c) $\{x\}$ ist eine uniforme Zerlegungsmenge in $\underline{X}$.

5.3 DAS CANTORSCHE DISKONTINUUM $\underline{\mathbb{D}}$

Als nächstes wollen wir das sogenannte Cantorsche Diskontinuum $\underline{\mathbb{D}}$ definieren und analysieren. Dieser Raum hat sehr viele interessante Eigenschaften und ist zweifellos, wie wir sehen werden, einer der wichtigsten metrischen Räume. Er gibt u.a. eine positive Antwort auf die naheliegende Frage, ob es überabzählbare, kompakte, total-unzusammenhängende Räume gibt.

5.3.1 DEFINITION

Der durch $\mathbb{D} = \{\sum_{n=1}^{\infty} \frac{x_n}{3^n} \mid (x_n) \text{ ist eine Folge in } \{0,2\}\}$ bestimmte Teilraum $\underline{\mathbb{D}}$ von $\underline{\mathbb{R}}$ heißt *Cantorsches Diskontinuum*.

5.3.2 BEMERKUNG

$\mathbb{D}$ kann auch folgendermaßen beschrieben werden. Für jedes $m \in \mathbb{N}$ sei
$D_m = \{\sum_{n=1}^{\infty} \frac{x_n}{3^n} \mid (x_n) \text{ ist eine Folge in } \{0,1,2\} \text{ mit } \{x_1,\ldots,x_m\} \subset \{0,2\}\}$.
Dann gilt offenbar $[0,1] \supset D_1 \supset D_2 \supset \ldots \supset \bigcap D_m = \mathbb{D}$.

Ferner ist D_1 Vereinigung der beiden Intervalle

$[0,\frac{1}{3}] = \{\sum_{n=1}^{\infty} \frac{x_n}{3^n} \mid (x_n) \text{ ist Folge in } \{0,1,2\} \text{ und } x_1 = 0\}$ und

$[\frac{2}{3},1] = \{\sum_{n=1}^{\infty} \frac{x_n}{3^n} \mid (x_n) \text{ ist Folge in } \{0,1,2\} \text{ und } x_1 = 2\}$.

Analog ist D_2 Vereinigung der 4 Intervalle

$[0,\frac{1}{9}] = \{\sum_1^\infty \frac{x_n}{3^n} \mid (x_n) \text{ ist Folge in } \{0,1,2\} \text{ und } x_1 = x_2 = 0\},$

$[\frac{2}{9},\frac{3}{9}] = \{\sum_1^\infty \frac{x_n}{3^n} \mid (x_n) \text{ ist Folge in } \{0,1,2\} \text{ und } x_1 = 0 \text{ und } x_2 = 2\},$

$[\frac{6}{9},\frac{7}{9}] = \{\sum_1^\infty \frac{x_n}{3^n} \mid (x_n) \text{ ist Folge in } \{0,1,2\} \text{ und } x_1 = 2 \text{ und } x_2 = 0\},$

$[\frac{8}{9},1] = \{\sum_1^\infty \frac{x_n}{3^n} \mid (x_n) \text{ ist Folge in } \{0,1,2\} \text{ und } x_1 = x_2 = 2\}.$

Analog ist jedes D_n Vereinigung von 2^n Intervallen der Form $[\frac{k}{3^n},\frac{k+1}{3^n}]$, die man durch Fixieren der ersten $n \cdot x_i$ erhält.

D_{n+1} geht aus D_n hervor, indem man aus jedem der D_n aufbauenden Intervalle $[\frac{k}{3^n},\frac{k+1}{3^n}]$ das offene mittlere Drittel wegschneidet, also $[\frac{k}{3^n},\frac{k+1}{3^n}]$ durch $[\frac{k}{3^n}, \frac{k+1}{3^n}] \setminus]\frac{3k+1}{3^{n+1}}, \frac{3k+2}{3^{n+1}}[= [\frac{3k}{3^{n+1}}, \frac{3k+1}{3^{n+1}}] \cup [\frac{3k+2}{3^{n+1}}, \frac{3k+3}{3^{n+1}}]$ ersetzt.

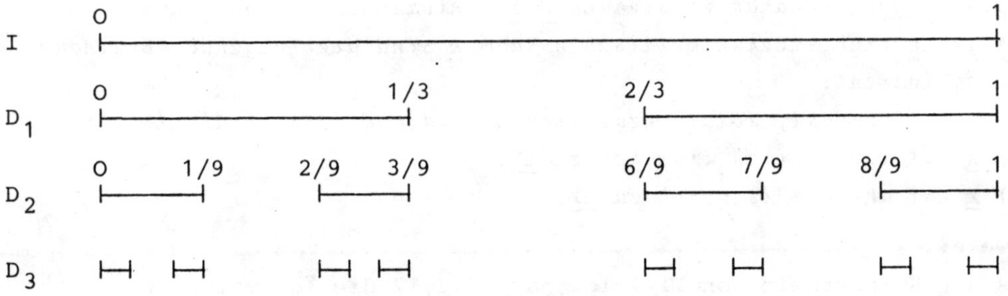

<u>5.3.3 SATZ</u>

Das Cantorsche Diskontinuum $\mathbb{D}$ hat folgende Eigenschaften:

(1) $\mathbb{D}$ *ist kompakt.*

(2) $\mathbb{D}$ *ist total-unzusammenhängend.*

(3) $\mathbb{D}$ *ist in sich dicht.*

(4) Card $\mathbb{D} = c$.

Beweis:

(1) Jedes D_n ist als Vereinigung von 2^n abgeschlossenen Intervallen selbst abgeschlossen. Somit ist $\mathbb{D} = \cap D_n$ abgeschlossen in $\mathbb{R}$. Da $\mathbb{D}$ beschränkt ist, muß $\mathbb{D}$ kompakt sein.

(2) Sei X ein zusammenhängender Teilraum von $\mathbb{D}$. Dann ist X ein Intervall. Aus $X \subset D_n$ folgt, daß X in einem der D_n aufbauenden Intervalle liegt und somit eine Länge $\leq \frac{1}{3^n}$ hat. Da das für jedes $n \in \mathbb{N}$ gilt, ist X höchstens einelementig.

(3) Sei $x \in \mathbb{D}$ und $\varepsilon > 0$. Dann existiert ein m mit $\sum_{n=m}^\infty \frac{2^n}{3^n} < \varepsilon$. Sei

$x = \sum_{n=1}^{\infty} \frac{x_n}{3^n}$, sei $y_n = \begin{bmatrix} x_n \text{ für } n < m \\ 0 \text{ für } n \geq m \text{ und } x_n = 2 \\ 2 \text{ für } n \geq m \text{ und } x_n = 0 \end{bmatrix}$, und sei $y = \sum_{n=1}^{\infty} \frac{y_n}{3^n}$.

Dann gilt $y \in \mathbb{D}$, $x \neq y$ und $|x - y| \leq \sum_{n=1}^{\infty} \frac{|x_n - y_n|}{3^n} \leq \sum_{n=m}^{\infty} \frac{2^n}{3^n} < \varepsilon$. Also ist $\underline{\mathbb{D}}$ in sich dicht.

(4) Die Menge M aller Folgen in $\{0,2\}$ hat bekanntlich die Kardinalzahl c. Die durch $(x_n) \mapsto \sum_{n=1}^{\infty} \frac{x_n}{3^n}$ definierte Abbildung $f\colon M \to \mathbb{D}$ ist bijektiv. Also gilt Card $\mathbb{D} = c$.

Wie wir im folgenden sehen werden, ist $\underline{\mathbb{D}}$ im wesentlichen der einzige nicht-leere, kompakte, total-unzusammenhängende, in sich dichte metrische Raum. Jeder Raum mit diesen Eigenschaften ist nämlich zu $\underline{\mathbb{D}}$ uniform isomorph.

5.3.4 THEOREM *(Charakterisierung des Cantorschen Diskontinuums)*
Für jeden nicht-leeren metrischen Raum $\underline{X}$ sind die folgenden Bedingungen äquivalent:

(a) *$\underline{X}$ ist kompakt, total-unzusammenhängend und in sich dicht.*

(b) *$\underline{X}$ ist topologisch isomorph zu $\underline{\mathbb{D}}$.*

(c) *$\underline{X}$ ist uniform isomorph zu $\underline{\mathbb{D}}$.*

Beweis:

Aus der Kompaktheit von $\underline{\mathbb{D}}$ folgt nach 5.2.17 die Äquivalenz von (b) und (c). Aus 5.3.3 folgt, daß (a) aus (b) folgt. Es genügt somit zu zeigen, daß je zwei nicht-leere, kompakte, total-unzusammenhängende, in sich dichte metrische Räume $\underline{X}$ und $\underline{X'}$ topologisch isomorph sind. Wir konstruieren einen topologischen Isomorphismus $f\colon \underline{X} \to \underline{X'}$ in mehreren Schritten:

(1) Für jedes $\varepsilon > 0$ gibt es eine Zahl n_0, so daß zu jedem $m \geq n_0$ eine Zerlegung von $\underline{X}$ in m paarweise disjunkte, nicht-leere Zerlegungsmengen $A_1', \ldots, A_m'$ mit diam $A_i' \leq \varepsilon$ für alle i existiert. Um das einzusehen, betrachte man ein $\frac{\varepsilon}{4}$ - Netz $\{x_1, \ldots, x_m\}$ in $\underline{X}$. Für jedes x_i ist die Kugel $S(x_i, \frac{\varepsilon}{2})$ eine gleichmäßige Umgebung der Kugel $S(x_i, \frac{\varepsilon}{4})$. Somit existiert nach 5.2.13 eine uniforme Zerlegungsmenge B_i mit $S(x_i, \frac{\varepsilon}{4}) \subset B_i \subset S(x_i, \frac{\varepsilon}{2})$. Definiert man $A_i = B_i \setminus \bigcup_{j<i} B_j$, so sind die Mengen $A_1, \ldots, A_m$ paarweise disjunkte Zerlegungsmengen in $\underline{X}$ mit diam $A_i \leq$ diam $S(x_i, \frac{\varepsilon}{2}) \leq \varepsilon$ und $\bigcup_{i=1}^{m} A_i = X$. Entfernt man von den Mengen

$A_1,\dots,A_m$ diejenigen, die leer sind, so erhält man durch geeignete Umnumerierung der verbleibenden A_i's eine Zerlegung von $\underline{X}$ in $n_o (\le m)$ paarweise disjunkte nicht-leere Zerlegungsmengen $A_1,\dots,A_{n_o}$ mit diam $A_i \le \varepsilon$ für alle i. Jeder der Unterräume $\underline{A_1},\dots,\underline{A_{n_o}}$ ist nicht-leer, kompakt, total-unzusammenhängend und als offener Unterraum auch in sich dicht. Durch weitere Zerlegung eines der A_i, z.B. von A_{n_o}, kann man für jedes $m > n_o$ eine Zerlegung von $\underline{X}$ in genau m paarweise disjunkte nicht-leere Zerlegungsmengen gewinnen. Das sieht man z.B. folgendermaßen: $\underline{A_{n_o}}$ enthält unendlich viele Punkte; denn andernfalls wäre es nicht in sich dicht. Also gibt es $m-(n_o - 1)$ verschiedene Punkte $y_{n_o},\dots,y_m$ in A_{n_o}. Ist $r = \frac{1}{2} \min\{d(y_k,y_l) \mid k=n_o,\dots,m, l=n_o,\dots,m, k \neq l\}$, so gibt es nach 5.2.13 zu jedem y_k eine Zerlegungsmenge C_k in $\underline{A_{n_o}}$ mit $y_k \in C_k \subset S(y_k,r)$. Definiert man

$$A_i' = \begin{cases} A_i & \text{für } i = 1,\dots,n_o-1 \\ C_i & \text{für } i = n_o,\dots,m-1 \\ A_{n_o} \setminus \bigcup\limits_{j<m} C_j & \text{für } i = m, \end{cases}$$

so erhält man eine Zerlegung von $\underline{X}$ in m paarweise disjunkte, nicht-leere Zerlegungsmengen $A_1',\dots,A_m'$ mit diam $A_i' \le \varepsilon$.

(2) Wir konstruieren durch Induktion eine Folge (Z_n) von Zerlegungen von $\underline{X}$ und eine Folge (Z_n') von Zerlegungen von $\underline{X'}$. Wegen (1) gibt es eine Zahl n_1 und Zerlegungen $Z_1 = \{A_1,\dots,A_{n_1}\}$ von $\underline{X}$ und $Z_1' = \{B_1,\dots,B_{n_1}\}$ von $\underline{X'}$ in jeweils n_1 paarweise disjunkte, nicht-leere Zerlegungsmengen mit Durchmesser $\le \frac{1}{2}$. Jeder der Räume $\underline{A_i}$ bzw. $\underline{B_i}$ ist wieder nicht-leer, kompakt, total-unzusammenhängend und in sich dicht. Also gibt es nach (1) eine Zahl n_2 und für jedes $\underline{A_i}$ bzw. $\underline{B_i}$ eine Zerlegung $\{A_{i1},\dots,A_{in_2}\}$ bzw. $\{B_{i1},\dots,B_{in_2}\}$ in jeweils n_2 paarweise disjunkte, nicht-leere Zerlegungsmengen mit Durchmesser $\le \frac{1}{4}$. Folglich ist $Z_2 = \{A_{i_1 i_2} \mid i_1 \in \{1,\dots,n_1\},\ i_2 \in \{1,\dots,n_2\}\}$ bzw. $Z_2' = \{B_{i_1 i_2} \mid i_1 \in \{1,\dots,n_1\},\ i_2 \in \{1,\dots,n_2\}\}$ eine Zerlegung von $\underline{X}$ bzw. $\underline{X'}$ in jeweils $n_1 \cdot n_2$ paarweise disjunkte, nicht-leere Zerlegungsmengen mit Durchmesser $\le \frac{1}{4}$. Seien $Z_r = \{A_{i_1 \dots i_r} \mid i_1 \in \{1,\dots,n_1\},\dots,i_r \in \{1,\dots,n_r\}\}$ und $Z_r' = \{B_{i_1 \dots i_r} \mid i_1 \in \{1,\dots,n_1\},\dots,i_r \in \{1,\dots,n_r\}\}$ bereits

definiert. Nach (1) existiert eine Zahl n_{r+1} und für jedes $\underline{A_{i_1 \ldots i_r}} \in Z_r$ bzw. $\underline{B_{i_1 \ldots i_r}} \in Z'_r$ eine Zerlegung $\{A_{i_1 \ldots i_r 1}, \ldots, A_{i_1 \ldots i_r n_{r+1}}\}$ bzw. $\{B_{i_1 \ldots i_r 1}, \ldots, B_{i_1 \ldots i_r n_{r+1}}\}$ in n_{r+1} paarweise disjunkte, nicht-leere Zerlegungsmengen mit Durchmesser $\leq \frac{1}{2^{r+1}}$. Somit ist $Z_{r+1} = \{A_{i_1 \ldots i_{r+1}} \mid i_\nu \in \{1, \ldots, n_\nu\}$ für $\nu = 1, \ldots, r+1\}$ bzw. $Z'_{r+1} = \{B_{i_1 \ldots i_{r+1}} \mid i_\nu \in \{1, \ldots, n_\nu\}$ für $\nu = 1, \ldots, r+1\}$ eine Zerlegung von $\underline{X}$ bzw. $\underline{X'}$ in $\prod_{i=1}^{r+1} n_i$ paarweise verschiedene, nicht-leere Zerlegungsmengen vom Durchmesser $\leq \frac{1}{2^{r+1}}$.

(3) Für jedes $x \in \underline{X}$ gibt es genau eine Folge (i_n), so daß $x \in A_{i_1 \ldots i_r}$ für jedes r gilt. Ist (i_n) die zu x gehörige Folge, so gibt es genau einen Punkt $f(x) \in \underline{X'}$, so daß $f(x) \in B_{i_1 \ldots i_r}$ für jedes r gilt. Die durch $x \mapsto f(x)$ definierte Abbildung $f\colon \underline{X} \to \underline{X'}$ ist offenbar bijektiv. Zum Nachweis der Stetigkeit von f betrachte man ein $x \in \underline{X}$ und ein $\varepsilon > 0$. Ist $\frac{1}{2^r} < \varepsilon$ und ist (i_n) die zu x gehörige Folge, so gilt $\operatorname{diam} B_{i_1 \ldots i_r} < \varepsilon$. Also ist die Zerlegungsmenge $A_{i_1 \ldots i_r}$ eine Umgebung von x mit $f[A_{i_1 \ldots i_r}] = B_{i_1 \ldots i_r} \subset S(f(x), \varepsilon)$. Folglich ist f stetig in x und somit stetig. Nach 4.2.19 ist $f\colon \underline{X} \to \underline{X'}$ ein topologischer Isomorphismus.

5.3.5 BEMERKUNG

Obige Charakterisierung deutet bereits an, daß das Cantorsche Diskontinuum $\underline{\mathbb{D}}$ nicht "ein Raum wie jeder andere" ist, sondern zumindest in der Theorie der kompakten Räume eine ausgezeichnete Rolle spielt. Wir werden später sehen, daß ein kompakter Raum genau dann total-unzusammenhängend ist, wenn er zu einem abgeschlossenen Teilraum von $\underline{\mathbb{D}}$ topologisch isomorph ist, und daß ein nicht-leerer metrischer Raum genau dann kompakt ist, wenn er stetiges Bild von $\underline{\mathbb{D}}$ ist. Zunächst zeigen wir, daß $\underline{[0,1]}$ stetiges Bild von $\underline{\mathbb{D}}$ ist.

5.3.6 SATZ

Es existiert eine stetige Abbildung $f\colon \underline{\mathbb{D}} \to \underline{[0,1]}$ *von* $\underline{\mathbb{D}}$ *auf* $\underline{[0,1]}$.

Beweis:

Zu jedem $x \in \mathbb{D}$ existiert genau eine Folge (x_n) in $\{0,2\}$ mit

$x = \sum_{n=1}^{\infty} \frac{x_n}{3^n}$. Da sich jedes $y \in [0,1]$ in der Form $y = \sum_{n=1}^{\infty} \frac{y_n}{2^n}$ mit $y_n \in \{0,1\}$ darstellen läßt, wird durch $x \mapsto (x_n) \mapsto \sum_{n=1}^{\infty} \frac{x_n}{2^{n+1}}$ eine surjektive Abbildung $f\colon \mathbb{D} \to \underline{[0,1]}$ definiert. Zum Nachweis der (gleichmäßigen) Stetigkeit von f genügt es, da $(\frac{1}{2^n})$ eine Nullfolge ist, zu zeigen, daß für jedes m und jedes $x \in \mathbb{D}$ und $y \in \mathbb{D}$ aus $d(x,y) < \frac{1}{3^m}$ stets $d(f(x),f(y)) \le \frac{1}{2^m}$ folgt. Ist (x_n) die zu x gehörige Folge in $\{0,2\}$ und (y_n) die zu y gehörige Folge in $\{0,2\}$, so folgt aus $d(x,y) = \left| \sum_{n=1}^{\infty} \frac{x_n - y_n}{3^n} \right| < \frac{1}{3^m}$ zunächst $x_n = y_n$ für $n = 1,\dots,m$ und somit $d(f(x),f(y)) \le \sum_{n=1}^{\infty} \frac{|x_n - y_n|}{2^{n+1}} \le \sum_{n=m+1}^{\infty} \frac{2}{2^{n+1}} = \frac{1}{2^m}$.

Der nächste Satz zeigt, daß viele Räume einen zum Cantorschen Diskontinuum topologisch isomorphen Raum als Teilraum besitzen und somit mindestens $\mathfrak{c}$ Punkte enthalten.

<u>5.3.7 SATZ</u>

Jeder nicht-leere, in sich dichte, vollständige metrische Raum besitzt einen zum Cantorschen Diskontinuum topologisch isomorphen Teilraum.

Beweis:

Sei $\underline{X}$ nicht leer, in sich dicht und vollständig. Durch Induktion nach n definieren wir für jede endliche Folge $(i_1,\dots,i_n)$ in $\{0,2\}$ eine abgeschlossene Menge $A_{i_1\dots i_n}$ in X mit $\operatorname{int} A_{i_1\dots i_n} \neq \emptyset$.

Induktionsanfang: Wähle zwei verschiedene Punkte x_1 und x_2 in $\underline{X}$, setze $r_1 = \min\{1, \frac{d(x_1,x_2)}{3}\}$ und definiere $A_0 = \{x \in X \mid d(x_1,x) \le r_1\}$ und $A_2 = \{x \in X \mid d(x_2,x) \le r_1\}$.

Induktionsschluß: Sei $A_{i_1\dots i_n}$ bereits definiert. Wähle zwei Punkte y_1 und y_2 in $\operatorname{int} A_{i_1\dots i_n}$, setze $r = \min\{\frac{1}{2^{n+1}}, \frac{1}{3}d(y_1,y_2), \frac{1}{2}\operatorname{dist}(y_1, X\setminus A_{i_1\dots i_n}), \frac{1}{2}\operatorname{dist}(y_2, X\setminus A_{i_1\dots i_n})\}$ und definiere $A_{i_1\dots i_n 0} = \{x \in X \mid d(y_1,x) \le r\}$ und $A_{i_1\dots i_n 2} = \{x \in X \mid d(y_2,x) \le r\}$. Ist $x \in \mathbb{D}$ und (x_n) die zugehörige Folge in $\{0,2\}$, so gibt es nach 3.1.13 genau einen Punkt f(x) in $\underline{X}$ mit $f(x) \in A_{x_1\dots x_n}$ für jedes n. Ist $\underline{Y}$ der durch $\{f(x) \mid x \in \mathbb{D}\}$ bestimmte Teilraum von $\underline{X}$, so wird durch $x \mapsto f(x)$ ein topologischer Isomorphismus $f\colon \underline{\mathbb{D}} \to \underline{Y}$ definiert.

5.3.8 SATZ (vgl. auch Satz 3.4.5)
Ist $\underline{X}$ *ein nicht-leerer, in sich dichter, vollständiger metrischer Raum, so gilt* Card $X \geq c$.

5.3.9 SATZ
Ist $\underline{X}$ *ein nicht-leerer, in sich dichter, kompakter metrischer Raum, so gilt* Card $X = c$.

Bemerkenswert und sehr nützlich ist die Tatsache, daß jede stetige Abbildung von einem abgeschlossenen Teilraum von $\underline{\mathbb{D}}$ in einen beliebigen metrischen Raum stetig auf $\underline{\mathbb{D}}$ fortgesetzt werden kann. Zum Beweis dieses Satzes benötigen wir einige Vorbereitungen:

5.3.1o LEMMA 1
Durch $d^*\left(\sum_{n=1}^{\infty} \frac{x_n}{3^n}, \sum_{n=1}^{\infty} \frac{y_n}{3^n}\right) = \sum_{n=1}^{\infty} \frac{|x_n - y_n|}{3^n}$ *wird eine zu* $d = d_E|\mathbb{D} \times \mathbb{D}$ *uniform äquivalente Metrik* d^* *auf* $\mathbb{D}$ *definiert.*

Beweis:

Sind $x = \sum_{n=1}^{\infty} \frac{x_n}{3^n}$ und $y = \sum_{n=1}^{\infty} \frac{y_n}{3^n}$ zwei verschiedene Punkte von $\mathbb{D}$ und gilt $m = \min\{n \in \mathbb{N} \mid x_n \neq y_n\}$, so gilt $d^*(x,y) \leq \sum_{n=m}^{\infty} \frac{2}{3^n} = \frac{1}{3^{m-1}}$ und $d(x,y) \geq \frac{2}{3^m} - \sum_{n=m+1}^{\infty} \frac{2}{3^n} = \frac{1}{3^m}$. Somit gilt $d(x,y) \leq d^*(x,y) \leq 3d(x,y)$, woraus nach 2.2.8 die uniforme Äquivalenz von d und d^* folgt.

5.3.11 LEMMA 2
Sind x,y *und* y' *Punkte von* $\mathbb{D}$ *mit* $d^*(x,y) = d^*(x,y')$, *so gilt* $y = y'$.

Beweis:

Aus $d^*(x,y) = d^*(x,y')$ folgt $\sum_{n=1}^{\infty} \frac{|x_n - y_n|}{3^n} = \sum_{n=1}^{\infty} \frac{|x_n - y'_n|}{3^n}$. Wegen $|x_n - y_n| \in \{0,2\}$ und $|x_n - y'_n| \in \{0,2\}$ folgt hieraus $|x_n - y_n| = |x_n - y'_n|$ und somit $y_n = y'_n$ für alle n, d.h. $y = y'$.

5.3.12 LEMMA 3
Ist A *eine nicht-leere, abgeschlossene Teilmenge von* $(\mathbb{D},d^*)$, *so gibt es zu jedem* $x \in \mathbb{D}$ *genau einen Punkt* $r(x)$ *in* A *mit* $d^*(x,r(x)) = \operatorname{dist}(x,A)$. *Die durch* $x \mapsto r(x)$ *definierte Abbildung* $r\colon \underline{\mathbb{D}} \to \underline{A}$ *ist stetig.*

Beweis:

Nach 5.3.1o ist die Stetigkeit von r: $\underline{\mathbb{D}} \to \underline{A}$ äquivalent zur Stetigkeit von r: $(\mathbb{D},d^*) \to (A,d^*|A \times A)$; letzteres zeigen wir.

Die Existenz von r(x) folgt wegen 5.3.1o aus 4.2.11, die Eindeutigkeit aus 5.3.11.

Zum Nachweis der Stetigkeit von r: $(\mathbb{D},d^*) \to (A,d^*|A \times A)$ betrachte man eine gegen x konvergierende Folge (x_n) in $(\mathbb{D},d^*)$. Würde die Folge $(r(x_n))$ nicht gegen r(x) konvergieren, so gäbe es eine Teilfolge $(r(x_{n_i}))$, die in $(A,d^*|A \times A)$ gegen einen Punkt $a \neq r(x)$ konvergieren würde. Somit würde die Folge $(d^*(x_{n_i},r(x_{n_i}))) = (\mathrm{dist}(x_{n_i},A))$ nach 1.3.8 gegen $d^*(x,a)$ und nach 5.3.2 gegen dist(x,A) konvergieren, woraus $d^*(x,a) = \mathrm{dist}(x,A)$ und somit $a = r(x)$ folgen würde, im Widerspruch zu $a \neq r(x)$.

5.3.13 THEOREM

Ist $\underline{A}$ *ein abgeschlossener Teilraum von* $\underline{\mathbb{D}}$, *so existiert zu jeder stetigen Abbildung* f: $\underline{A} \to \underline{X}$ *von* $\underline{A}$ *in einen beliebigen, nicht-leeren metrischen Raum eine stetige Fortsetzung* g: $\underline{\mathbb{D}} \to \underline{X}$.

Beweis:

Ist A leer, so ist die Behauptung trivial. Ist A nicht leer, so existiert nach 5.3.12 eine stetige Abbildung r: $\underline{\mathbb{D}} \to \underline{A}$ mit r(a) = a für alle $a \in A$. Folglich ist die Abbildung $g = f \circ r$: $\underline{\mathbb{D}} \to \underline{X}$ eine stetige Fortsetzung von f.

5.3.14 AUFGABEN

Zeigen Sie:

(1) Sei σ: $\{0,2\} \to \{0,2\}$ die von der Identität verschiedene Bijektion, sei M eine Teilmenge von $\mathbb{N}$, und sei f_M: $\mathbb{D} \to \mathbb{D}$ die durch
$$\sum_{n=1}^{\infty} \frac{x_n}{3^n} \mapsto \sum_{n=1}^{\infty} \frac{y_n}{3^n} \quad \text{mit} \quad y_n = \begin{cases} x_n, & \text{falls } n \notin M \\ \sigma(x_n), & \text{falls } n \in M \end{cases}$$
definierte Abbildung. Dann gilt:

(a) f_M: $\underline{\mathbb{D}} \to \underline{\mathbb{D}}$ ist ein uniformer Isomorphismus

(b) $f_M \circ f_N = f_{(M \cup N)\setminus(M \cap N)}$

(c) $f_M \circ f_M$ ist die Identität auf $\mathbb{D}$

(d) die Folge $(f_{\{n\}})$ konvergiert gleichmäßig gegen die Identität auf $\mathbb{D}$

(e) ist (M_n) eine monoton wachsende Folge von Teilmengen von $\mathbb{N}$ und gilt $M = \bigcup\{M_n | n \in \mathbb{N}\}$, so konvergiert die Folge (f_{M_n}) gleichmäßig gegen f_M

(f) es gibt uniforme Isomorphismen f: $\mathbb{D} \to \mathbb{D}$, die nicht von der Form

f_M sind. [Hinweis: Untersuchen Sie die Fixpunkte von f_M].

(2) Zu je zwei Punkten x und y von $\mathbb{D}$ existiert ein uniformer Isomorphismus $f: \mathbb{D} \to \mathbb{D}$ mit $f(x) = y$.

(3) Seien A und B nicht-leere, disjunkte, abgeschlossene Teilmengen von $(\mathbb{D}, d^*)$. Es gibt keinen Punkt x in $\mathbb{D}$ mit $\mathrm{dist}(x,A) = \mathrm{dist}(x,B)$.

(4) Jede gleichmäßig stetige Abbildung von einem beliebigen Teilraum von $\mathbb{D}$ in einen nicht-leeren, vollständigen metrischen Raum besitzt eine gleichmäßig stetige Fortsetzung auf $\mathbb{D}$.

5.4 DER ZERBRECHLICHE KEGEL $\mathbb{K}$

Das Cantorsche Diskontinuum erweist sich als wesentliches Hilfsmittel zur Konstruktion eines Teilraumes $\mathbb{K}$ von $\mathbb{R}^2$ mit sehr merkwürdigen Eigenschaften, die unseren naiven Vorstellungen arg widersprechen.

5.4.1 DEFINITION

Eine Folge (x_n) heißt *fast konstant*, wenn fast alle ihre Glieder übereinstimmen, d.h. wenn es ein n so gibt, daß aus $m \geq n$ stets $x_m = x_n$ folgt.

5.4.2 DEFINITION

Sei $D_1 = \{ \sum_{n=1}^{\infty} \frac{x_n}{3^n} \mid (x_n)$ ist eine fast konstante Folge in $\{0,2\}\}$, und sei $D_2 = \mathbb{D} \setminus D_1$. Für jedes $x \in D_1$ (bzw. $x \in D_2$) bezeichne S_x die Menge aller Punkte der Strecke von $(x,0)$ nach $(\frac{1}{2}, 1)$, deren zweite Koordinate rational (bzw. irrational) ist. Der durch $\mathbb{K} = \bigcup_{x \in \mathbb{D}} S_x$ bestimmte Teilraum $\mathbb{K}$ von $\mathbb{R}^2$ heißt *zerbrechlicher Kegel*:

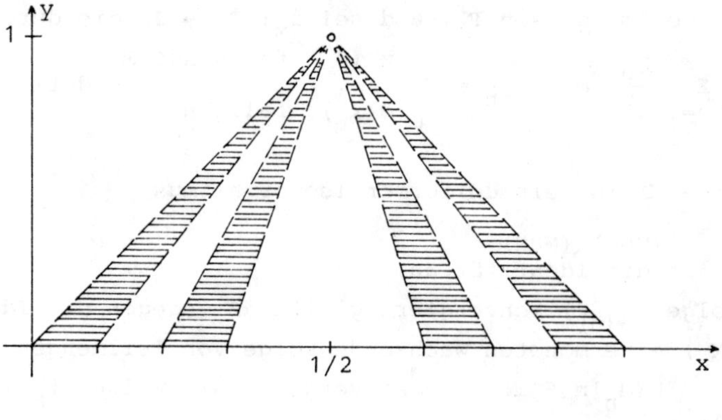

5.4.3 SATZ

Der zerbrechliche Kegel $\mathbb{K}$ ist zusammenhängend.

Beweis:

Sei A eine Zerlegungsmenge von $\underline{\mathbb{K}}$ mit $(\frac{1}{2},1) \in A$. Für jedes $x \in \mathbb{D}$ sei A_x die Menge aller $r \in [0,1]$, für die jeder Punkt (p,q) von S_x mit $q \geq r$ in A liegt, und $r_x = \inf A_x$. Da A offen ist und $(\frac{1}{2},1)$ enthält, gilt $r_x < 1$ für jedes $x \in \mathbb{D}$. Ist $\{x \in \mathbb{D} \mid r_x = 0\}$ dicht in $\underline{\mathbb{D}}$, so gilt $A = \mathbb{K}$ wegen der Abgeschlossenheit von A in $\underline{\mathbb{K}}$. Es verbleibt zu zeigen, daß eine Alternative nicht möglich ist. Wäre $\{x \in \mathbb{D} \mid r_x = 0\}$ nicht dicht in $\underline{\mathbb{D}}$, so gäbe es eine nicht-leere offene Teilmenge B in $\underline{\mathbb{D}}$ mit $r_x > 0$ für jedes $x \in B$. Wir folgern zunächst
$r_x \in \mathbb{P}$ für jedes $x \in B \cap D_1$ und $r_x \in \mathbb{Q}$ für jedes $x \in B \cap D_2$.
Sei $x \in B \cap D_1$, und es gälte $r_x \in \mathbb{Q}$. Dann wäre $(p^*,r_x) \in S_x$, p^* geeignet gewählt, aufgrund der Definition von r_x und der Abgeschlossenheit von A. Da A offen ist, existierte eine Umgebung U von (p^*,r_x) mit $U \subset A$; wegen $r_x > 0$ gäbe es dann ein $(p,q) \in S_x$ mit $q < r_x$ im Widerspruch zur Definition von r_x. Es gilt also $r_x \in \mathbb{P}$. Analog zeigt man $r_x \in \mathbb{Q}$ für jedes $x \in B \cap D_2$.
Definiert man $B_r = \{r\}$ für $r \in B \cap D_1$ und $B_r = \{x \in B \cap D_2 \mid r_x = r\}$ für jedes $r \in \mathbb{Q} \cap]0,1[$, so wäre B Vereinigung der abzählbar vielen Mengen B_r mit $r \in (B \cap D_1) \cup (\mathbb{Q} \cap]0,1[)$.
Als nicht-leerer offener Teilraum des vollständigen Raumes $\underline{\mathbb{D}}$ wäre $\underline{B}$ topologisch vollständig und somit von 2. Kategorie. Daher existierte ein $r_o \in D_1 \cup (\mathbb{Q} \cap]0,1[)$ derart, daß B_{r_o} nicht nirgends dicht in $\underline{B}$ und somit nicht nirgends dicht in $\underline{\mathbb{D}}$ wäre. Insbesondere gälte $B_{r_o} \subset D_2$, andernfalls wäre B_{r_o} einelementig. Wäre C eine nicht-leere offene Teilmenge von $\underline{\mathbb{D}}$ mit $C \subset \mathrm{cl}\, B_{r_o}$, so gäbe es ein $x_o \in C \cap D_1$, da D_1 dicht in $\underline{\mathbb{D}}$ ist. Folglich wäre der Punkt von S_{x_o}, dessen zweite Koordinate gleich r_o ist, sowohl Berührpunkt von A als auch von $\mathbb{K} \setminus A$, im Widerspruch dazu, daß A Zerlegungsmenge von $\underline{\mathbb{K}}$ ist. Folglich ist jede $(\frac{1}{2},1)$ enthaltende und damit jede nicht-leere Zerlegungsmenge von $\underline{\mathbb{K}}$ gleich $\underline{\mathbb{K}}$, d.h. $\underline{\mathbb{K}}$ ist zusammenhängend.

5.4.4 SATZ

Der durch $X = \mathbb{K} \setminus \{(\frac{1}{2},1)\}$ *bestimmte Teilraum* $\underline{X}$ *von* $\underline{\mathbb{K}}$ *ist total-unzusammenhängend.*

Beweis:

Sei $\underline{A}$ ein zusammenhängender Teilraum von $\underline{X}$. Sind x und y zwei verschiedene Punkte von $\underline{\mathbb{D}}$, so gibt es eine Zerlegungsmenge B von $\underline{\mathbb{D}}$ mit $x \in B$ und $y \notin B$. Folglich ist $C = \bigcup_{b \in B} S_b^*$ eine Zerlegungsmenge von $\underline{X}$ mit

$S_x^* \subset C$ und $S_y^* \subset X\backslash C$; dabei sei $S_u^* = S_u \setminus \{(\frac{1}{2},1)\}$.
Da A ganz in C oder in X\C liegt, kann A mit höchstens einer der Mengen S_x^* und S_y^* Punkte gemeinsam haben. Somit existiert ein w in $\mathbb{D}$ mit $A \subset S_w^*$. Da $\underline{S_w^*}$ total-unzusammenhängend ist, ist A höchstens einelementig.

5.4.5 AUFGABE

Zeigen Sie, daß der durch $X = \mathbb{K}\backslash\{(\frac{1}{2},1)\}$ bestimmte Teilraum $\underline{X}$ von $\underline{\mathbb{K}}$ folgende Eigenschaften hat:

(1) $\underline{X}$ ist uniform zusammenhängend.

(2) $\underline{X}$ erfüllt nicht die Bedingung (c) von 5.2.13.

§ 6 FUNKTIONENRÄUME

STUDIERHINWEISE ZU § 6

Der § 6 enthält einige der Hauptergebnisse des Kurses. Er dient

(1) dem Studium von Metriken auf Funktionenmengen, welche die gleichmäßige bzw. die einfache Konvergenz von Funktionenfolgen beschreiben.

(2) der Konstruktion der wichtigen Räume $\underline{\{0,1\}^{\mathbb{N}}}$ und $\underline{\mathbb{H}} = \underline{[0,1]^{\mathbb{N}}}$,

(3) der Strukturanalyse gewisser Klassen metrischer Räume, z.B. wird gezeigt, daß die kompakten Räume (bis auf uniforme Isomorphie) genau die abgeschlossenen Teilräume von $\underline{\mathbb{H}}$ sind.

Abschnitt 6.1 dient dem Studium von Metriken auf X^n, Abschnitt 6.2 dem von Metriken auf $X^{\mathbb{N}}$. Diese beiden Abschnitte sind so angeordnet, daß Analogien in Problemstellung und Methodik offensichtlich werden. Ein sorgfältiges Studium von 6.1 erleichtert das Verständnis von 6.2 erheblich. Dem Leser wird auffallen, daß es weder auf X^n noch auf $X^{\mathbb{N}}$ eine besonders ausgezeichnete Metrik gibt, welche die einfache Konvergenz beschreibt. Sowohl im Falle X^n als auch im Falle $X^{\mathbb{N}}$ gibt es deren unendlich viele (6.1.2, 6.2.3). Der Leser sollte sich hierdurch nicht verwirren lassen, sondern vielmehr die Erkenntnis gewinnen, daß Metriken nur Hilfsmittel sind, deren man sich bedienen kann, um "uniforme Strukturen" bzw. "topologische Strukturen" zu definieren. Hierauf werden wir im 7. Paragraphen, der einen Ausblick darstellt, noch näher eingehen.

Die Abschnitte 6.3 und 6.4 dienen dem Studium der Räume $\underline{\{0,1\}^{\mathbb{N}}}$ und $\underline{\mathbb{H}} = \underline{[0,1]^{\mathbb{N}}}$. Es zeigt sich, daß viele Klassen metrischer Räume durch Anwendung sehr einfacher Konstruktionsverfahren aus diesen beiden Räumen gewonnen werden können. Dadurch gewinnen wir erhebliche Einsichten in die Struktur gewisser metrischer Räume. In die - durch die metrischen Axiome definierte - zunächst unüberschaubare Vielfalt metrischer Räume ist eine gewisse Ordnung eingetreten. Diese Einsicht sollte als eines der wesentlichen Ergebnisse des vorliegenden Kurses betrachtet werden. Die Beweise der Struktursätze sind nach unseren sorgfältigen Vorbereitungen durchweg einfach. Der Abschnitt 6.5 dient der Untersuchung von $\underline{\mathbb{N}^{\mathbb{N}}}$. Er kann überschlagen werden. In 6.6 werden die Sätze von Arzela-Ascoli und von Weierstraß-Stone bewiesen, die in der Funktionalanalysis vielfach Anwendung finden.

Schließlich zeigen wir in 6.7, daß es keine Metrik auf $\mathbb{R}^{\mathbb{R}}$ gibt, welche die einfache Konvergenz in $\mathbb{R}^{\mathbb{R}}$ beschreibt. Haben uns die Krücken der Metrik bis hierher getragen, so sind wir jetzt endgültig gezwungen, sie wegzuwerfen und uns direkt dem Studium uniformer und topologischer Strukturen zuzuwenden. Damit diese Strukturen, deren Studium einem besonderen Topologiekurs vorbehalten sein muß, nicht allzu geheimnisvoll bleiben, sollen sie im 7. Paragraphen zumindest definiert werden.

Schließlich noch eine naheliegende Frage: Wäre es nicht sinnvoller gewesen, gleich uniforme bzw. topologische Strukturen zu studieren und auf metrische Räume ganz zu verzichten?
Die Antwort lautet nein. Die Gründe sind folgende:

(1) Ohne Hilfsmittel geht es nicht. Hätten wir auf den Begriff der Metrik verzichtet, so hätten wir erheblich kompliziertere und z.T. weitaus weniger anschauliche Hilfsmittel (Filter, Überdeckungen, Zerlegungen etc.) entwickeln müssen, um die Ergebnisse dieses Kurses beweisen und z.T. sogar überhaupt erst formulieren zu können.

(2) Eine Motivation für das Studium der erheblich abstrakteren uniformen und topologischen Strukturen kann nur gegeben werden, wenn man - den historischen Prozeß nachvollziehend - die Nachteile und Grenzen von viel anschaulicheren und naheliegenderen Begriffsbildungen (wie den Begriff der Metrik oder den der Konvergenz einer Folge) aufzeigt.

6.0 EINFÜHRUNG

Dieser Paragraph enthält einige zentrale Ergebnisse des vorliegenden Buches. Bereits im ersten Paragraphen haben wir mehrere wichtige Beispiele metrischer Räume bereitgestellt, insbesondere die Räume $\underline{\mathbb{R}^n}$ und deren Teilräume. Ebenfalls im ersten Paragraphen haben wir gezeigt, daß der aus der Analysis bekannte wichtige Begriff des Grenzwerts einer Folge in beliebigen metrischen Räumen definiert und analysiert werden kann. Aus der Analysis ist weiterhin bekannt, daß man für jede Teilmenge Y von $\mathbb{R}$ auf der Menge $Abb(Y,\mathbb{R})$ aller Abbildungen von Y nach $\mathbb{R}$ zwei nützliche Konvergenzbegriffe einführen kann: den der einfachen (oder punktweisen) Konvergenz und den der gleichmäßigen Konvergenz. In naheliegender Weise lassen sich diese beiden Konvergenzbegriffe für beliebige Mengen Y und beliebige metrische Räume $\underline{X}$ folgendermaßen definieren:

6.0.1 DEFINITION

Eine Folge (f_n) von Abbildungen $f_n\colon Y \to \underline{X}$ *konvergiert einfach* gegen eine Abbildung $f\colon Y \to \underline{X}$ (in Zeichen: $(f_n) \xrightarrow{e} f$), falls gilt:
$\forall y \in Y\ \forall \varepsilon > 0\ \ \exists n\ \forall m \geq n\ \ d(f_m(y),f(y)) < \varepsilon$, d.h. falls für jedes $y \in Y$ die Folge $(f_n(y))$ in $\underline{X}$ gegen $f(y)$ konvergiert.

6.0.2 DEFINITION

Eine Folge (f_n) von Abbildungen $f_n\colon Y \to \underline{X}$ *konvergiert gleichmäßig* gegen eine Abbildung $f\colon Y \to \underline{X}$ (in Zeichen: $(f_n) \xrightarrow{gl} f$), falls gilt:
$\forall \varepsilon > 0\ \ \exists n\ \forall m \geq n\ \forall y \in Y\ \ d(f_m(y),f(y)) < \varepsilon$.

Die Frage liegt nahe, ob sich obige Konvergenzarten durch Metriken beschreiben lassen, d.h. ob für jede Menge Y und jeden metrischen Raum $\underline{X}$ auf der Menge $Abb(Y,X)$ aller Abbildungen von Y nach X Metriken d_e und d_{gl} so existieren, daß eine Folge (f_n) in $Abb(Y,X)$ genau dann einfach (bzw. gleichmäßig) gegen f konvergiert, wenn sie bzgl. der Metrik d_e (bzw. d_{gl}) gegen f konvergiert. Diese Frage hat im Fall der gleichmäßigen Konvergenz eine einfache positive Lösung. Ist $\underline{X} = (X,d)$ beschränkt, so wird durch $d_{gl}(f,g) = \sup\{d(f(y),g(y)) \mid y \in Y\}$ eine Metrik d_{gl} auf $Abb(Y,X)$ mit den gewünschten Eigenschaften definiert. Ist $\underline{X} = (X,d)$ unbeschränkt, so kann man zunächst d durch eine uniform äquivalente, beschränkte Metrik d' auf X ersetzen (z.B. durch $d'(x,y) = \min\{1,d(x,y)\}$) und dann d_{gl} wie oben mit Hilfe von d' definieren. Im Falle der einfachen Konvergenz ist das Problem schwieriger und interessanter. Wir werden es in 3 Schritten analysieren. Im 1. Schritt werden wir Y als endlich voraussetzen. Da für $Y = \{1,...,n\}$ die Menge $Abb(Y,X)$ in naheliegender Weise mit der Menge X^n aller n-Tupel $(x_1,...,x_n)$ aus X identifiziert werden kann, gilt es, geeignete Metriken auf X^n zu finden. Dieses Problem erweist sich als lösbar. Die aus der Analysis bekannten Sätze über $\underline{\mathbb{R}^n}$ erweisen sich als Spezialfälle allgemeinerer Resultate. Im 2. Schritt werden wir Y als abzählbar unendlich voraussetzen. Der Einfachheit halber wählen wir $Y = \mathbb{N}$, d.h. $Abb(Y,X) = X^{\mathbb{N}}$ ist nichts anderes als die Menge aller Folgen in X. Auch in diesem Fall gelingt es uns, geeignete Metriken auf $X^{\mathbb{N}}$ zu finden. Die so gewonnenen Räume $\underline{X^{\mathbb{N}}}$ haben eine Reihe merkwürdiger und äußerst interessanter Eigenschaften, z.B. sind für jedes $\underline{X}$ die Räume $Y = \underline{X^{\mathbb{N}}}$, $\underline{Y^n}$ und $\underline{Y^{\mathbb{N}}}$ paarweise uniform isomorph. Darüber hinaus werden sie unsere Einsichten in die Struktur metrischer Räume wesentlich vertiefen. Einige der Hauptergebnisse sind:

(1) $\underline{\{0,1\}^{\mathbb{N}}}$ ist uniform isomorph zum Cantorschen Diskontinuum $\underline{\mathbb{D}}$.

(2) Ein metrischer Raum ist genau dann kompakt und total-unzusammenhängend, wenn er topologisch isomorph zu einem abgeschlossenen Teilraum von $\underline{\mathbb{D}}$ ist.

(3) Jede stetige Abbildung von einem abgeschlossenen Teilraum eines kompakten, total-unzusammenhängenden Raumes $\underline{X}$ in einen nicht-leeren metrischen Raum läßt sich stetig auf $\underline{X}$ fortsetzen.

(4) Für einen metrischen Raum $\underline{X}$ sind folgende Bedingungen äquivalent:
(a) $\underline{X}$ ist kompakt.
(b) $\underline{X}$ ist stetiges Bild von $\underline{\mathbb{D}}$ oder leer.
(c) $\underline{X}$ ist zu einem abgeschlossenen Teilraum von $\underline{[0,1]^{\mathbb{N}}}$ topologisch isomorph.

(5) Ein metrischer Raum ist genau dann total beschränkt, wenn er zu einem Teilraum von $\underline{[0,1]^{\mathbb{N}}}$ uniform isomorph ist.

Weiterhin gilt:

(6) Ein metrischer Raum ist genau dann separabel, wenn er zu einem Teilraum von $\underline{[0,1]^{\mathbb{N}}}$ topologisch isomorph ist.

(7) $\underline{\mathbb{N}^{\mathbb{N}}}$ und $\underline{\mathbb{P}}$ sind topologisch isomorph.

Im 3. Schritt werden wir Y als überabzählbar voraussetzen. Hier erweist sich das Problem i. allg. als unlösbar. Insbesondere werden wir zeigen, daß es keine Metrik auf *Abb*($\mathbb{R}$,$\mathbb{R}$) gibt, welche die einfache Konvergenz beschreibt. Damit erweist sich der Begriff des metrischen Raumes (obwohl äußerst nützlich, wie wir gesehen haben) als zu eng, um einen Rahmen für die Behandlung aller sinnvollen Arten von Konvergenz zu liefern. Im nächsten Paragraphen werden wir Lösungen dieses Problems diskutieren.

6.1 DIE METRISCHEN RÄUME $\underline{X}^n$

6.1.1 DEFINITION

Für einen metrischen Raum $\underline{X} = (X,d)$ und eine natürliche Zahl n bezeichne $\underline{X}^n = (X^n,d_n)$ den metrischen Raum mit der Trägermenge X^n und der durch $d_n((x_1,\ldots,x_n),(y_1,\ldots,y_n)) = \max\{d(x_1,y_1),\ldots,d(x_n,y_n)\}$ definierten Metrik d_n.

6.1.2 SATZ

Ist $\underline{X} = (X,d)$ *ein metrischer Raum und* $(r_1,\ldots,r_n)$ *ein n-Tupel positiver reeller Zahlen, so sind die folgenden Metriken* $d^1,\ldots,d^5$ *auf* X^n *zu* d_n *uniform äquivalent:*

(1) $d^1((x_1,\ldots,x_n),(y_1,\ldots,y_n)) = \sum_{i=1}^{n} d(x_i,y_i)$,

(2) $d^2((x_1,\ldots,x_n),(y_1,\ldots,y_n)) = \sqrt{\sum_{i=1}^{n} (d(x_i,y_i))^2}$,

(3) $d^3((x_1,\ldots,x_n),(y_1,\ldots,y_n)) = \max\{r_1 d(x_1,y_1),\ldots,r_n d(x_n,y_n)\}$,

(4) $d^4((x_1,\ldots,x_n),(y_1,\ldots,y_n)) = \sum_{i=1}^{n} r_i d(x_i,y_i)$,

(5) $d^5((x_1,\ldots,x_n),(y_1,\ldots,y_n)) = \sqrt{\sum_{i=1}^{n} (r_i d(x_i,y_i))^2}$.

Beweis:

Sei $x = (x_1,\ldots,x_n)$ und $y = (y_1,\ldots,y_n)$. Die uniforme Äquivalenz von d_n, d^1 und d^2 folgt wegen 2.2.8 (vgl. 2.2.9(6)) aus $d_n(x,y) \le d^2(x,y) \le d^1(x,y) \le n\cdot d_n(x,y) \le n\cdot d^2(x,y)$. Sei $r = \min\{r_1,\ldots,r_n\}$ und $r' = \max\{r_1,\ldots,r_n\}$. Die uniforme Äquivalenz von d_n, d^3, d^4 und d^5 folgt wegen 2.2.8 aus $r\cdot d_n(x,y) \le d^3(x,y) \le d^5(x,y) \le d^4(x,y) \le n\cdot r'\cdot d_n(x,y)$.

6.1.3 BEMERKUNG

Ist $\underline{X} = \underline{\mathbb{R}}$, so ist der in 6.1.1 definierte Raum $\underline{\mathbb{R}}^n = (\mathbb{R}^n,d_n)$ nicht identisch mit dem in 1.1.2(3) definierten Raum $\underline{\mathbb{R}^n} = (\mathbb{R}^n,d_E)$. Die Metriken d_n und $d_E = d^2$ sind nach 6.1.2 jedoch uniform äquivalent, ihr Unterschied ist also völlig unerheblich. Insbesondere spielt es im gesamten Kurs keine Rolle, welchen der beiden Räume wir als den $\mathbb{R}^n$ ansehen. Ebensogut hätten wir irgendeine andere der vielen zu d_E uniform äquivalenten Metriken auf der Menge $\mathbb{R}^n$ wählen können. Weil es geometrisch anschaulicher ist, haben wir im ersten Paragraphen d_E gewählt, weil es rechnerisch einfacher ist, haben wir in diesem Paragraphen d_n gewählt.

6.1.4 SATZ

Sind $(x_m) = ((x_1^m,\dots,x_n^m))$ *und* $(y_m) = ((y_1^m,\dots,y_n^m))$ *Folgen in* X^n, *so sind äquivalent:*

(a) (x_m) *und* (y_m) *sind benachbart in* $\underline{X}^n$.

(b) *Für jedes* $i=1,\dots,n$ *sind die Folgen* (x_i^m) *und* (y_i^m) *benachbart in* $\underline{X}$.

Beweis:

Wegen $d_n(x_m,y_m) = \max\{d(x_i^m,y_i^m) \mid i = 1,\dots,n\}$ gilt $\lim\limits_{m\to\infty} d_n(x_m,y_m) = 0$ genau dann, wenn $\lim\limits_{m\to\infty} d(x_i^m,y_i^m) = 0$ für jedes $i = 1,\dots,n$ gilt. Also sind (a) und (b) äquivalent.

6.1.5 SATZ

Ist $(x_m) = ((x_1^m,\dots,x_n^m))$ *eine Folge in* X^n *und ist* $x = (x_1,\dots,x_n)$ *ein Element von* X^n, *so sind äquivalent:*

(a) (x_m) *konvergiert in* $\underline{X}^n$ *gegen* x.

(b) *Für jedes* $i = 1,\dots,n$ *konvergiert die Folge* (x_i^m) *in* $\underline{X}$ *gegen* x_i.

Beweis:

Die Behauptung folgt wegen 1.3.13 unmittelbar aus 6.1.4.

6.1.6 BEMERKUNG

Aus obigen Sätzen folgt unmittelbar:

(1) Die Metrik d_n (sowie jede der Metriken $d^1,\dots,d^5$ von 6.1.2) beschreibt die einfache Konvergenz in X^n (also in der Funktionenmenge $\mathrm{Abb}(\{1,\dots,n\},X)$), d.h. eine Folge in $\underline{X}^n$ konvergiert genau dann, wenn sie komponentenweise konvergiert.

(2) Sind d und d' topologisch (bzw. uniform) äquivalente Metriken auf $\underline{X}$, so sind d_n und d'_n nach 6.1.5 und 2.2.6 (bzw. 6.1.4 und 2.2.5) topologisch (bzw. uniform) äquivalent.

6.1.7 SATZ

(1) $\underline{X}$ und $\underline{X}^1$ sind metrisch isomorph.

(2) Für jedes $n \leq m$ wird durch $(x_1,\ldots,x_m) \mapsto (x_1,\ldots,x_n)$ eine gleichmäßig stetige Abbildung $p_n^m\colon \underline{X}^m \to \underline{X}^n$ von $\underline{X}^m$ auf $\underline{X}^n$ definiert.

(3) Für jedes $n \leq m$ und für jedes feste $x \in X$ wird durch $(x_1,\ldots,x_n) \mapsto (x_1,\ldots,x_n,\overbrace{x,\ldots,x}^{(m-n)\text{mal}})$ ein uniformer Isomorphismus von $\underline{X}^n$ auf einen abgeschlossenen Teilraum von $\underline{X}^m$ definiert.

Beweis:

Trivial.

Als nächstes wollen wir zeigen, daß die Konstruktion von $\underline{X}^n$ so schön ist, daß sie nur wenige topologische oder uniforme Eigenschaften von $\underline{X}$ "zerstört". Darüber hinaus gilt für fast alle von uns untersuchten topologischen oder uniformen Eigenschaften E die folgende Äquivalenz: Ein metrischer Raum $\underline{X}$ hat genau dann die Eigenschaft E, wenn $\underline{X}^n$ für jedes n die Eigenschaft E hat.

6.1.8 SATZ

Äquivalent sind für jedes n:

(a) $\underline{X}$ ist vollständig.

(b) $\underline{X}^n$ ist vollständig.

Beweis:

(a) ⇒ (b): Ist $(x_m) = ((x_1^m,\ldots,x_n^m))$ eine Cauchy-Folge in $\underline{X}^n$, so ist wegen $d(x_i^m,x_i^{m'}) \leq d_n(x_m,x_{m'})$ für jedes $i = 1,\ldots,n$ die Folge (x_i^m) eine Cauchy-Folge in $\underline{X}$, konvergiert also gegen ein x_i in $\underline{X}$. Nach 6.1.5 konvergiert (x_m) gegen den Punkt $(x_1,\ldots,x_n)$ in $\underline{X}^n$.

(b) ⇒ (a) folgt aus 6.1.7(3) und 3.1.1o.

6.1.9 SATZ

Äquivalent sind für jedes n:

(a) $\underline{X}$ ist total beschränkt.

(b) $\underline{X}^n$ ist total beschränkt.

Beweis:

(a) ⇒ (b): Ist Y ein ε-Netz in $\underline{X}$, so ist Y^n ein ε-Netz in $\underline{X}^n$.

(b) ⇒ (a) folgt aus 6.1.7(3) und 5.1.1o(1).

6.1.1o SATZ

Äquivalent sind für jedes n:

(a) $\underline{X}$ ist kompakt.

(b) $\underline{X}^n$ *ist kompakt.*

Beweis:
Dies folgt aus der Tatsache, daß ein metrischer Raum genau dann kompakt ist, wenn er vollständig und total beschränkt ist (4.2.2), und aus den beiden vorangegangenen Sätzen.

6.1.11 SATZ
Äquivalent sind für jedes n:
(a) $\underline{X}$ *ist topologisch vollständig.*
(b) $\underline{X}^n$ *ist topologisch vollständig.*

Beweis:
(a) ⇒ (b): Ist $\underline{X}$ topologisch vollständig, so ist $\underline{X}$ nach 3.6.9 ein G_δ-Teilraum eines vollständigen Raumes $\underline{Y}$. Somit ist $\underline{X}^n$ offensichtlich ein G_δ-Teilraum des nach 6.1.8 vollständigen Raumes $\underline{Y}^n$, also nach 3.6.9 selbst topologisch vollständig.
(b) ⇒ (a) folgt aus 6.1.7(3) und 3.5.5(1).

6.1.12 SATZ
Äquivalent sind für jedes n:
(a) $\underline{X}$ *ist separabel.*
(b) $\underline{X}^n$ *ist separabel.*

Beweis:
(a) ⇒ (b): Ist Y eine höchstens abzählbare dichte Teilmenge in $\underline{X}$, so ist Y^n eine höchstens abzählbare dichte Teilmenge in $\underline{X}^n$.
(b) ⇒ (a): Ist $Y = \{(y_1^i,\ldots,y_n^i) \mid i \in \mathbb{N}\}$ eine dichte Teilmenge in $\underline{X}^n$, so ist $\{y_1^i \mid i \in \mathbb{N}\}$ eine dichte Teilmenge in $\underline{X}$.

6.1.13 SATZ
Äquivalent sind für jedes n:
(a) $\underline{X}$ *ist (uniform) zusammenhängend.*
(b) $\underline{X}^n$ *ist (uniform) zusammenhängend.*

Beweis:
(a) ⇒ (b) folgt für $X = \emptyset$ trivialerweise und für $X \neq \emptyset$ durch Induktion: $\underline{X}^1$ ist metrisch isomorph zu $\underline{X}$ und somit (uniform) zusammenhängend. Sei $\underline{X}^n$ (uniform) zusammenhängend, und sei $x \in X$. Dann ist für jedes $y \in X$ der durch $A_y = \{(x_1,\ldots,x_{n+1}) \in X^{n+1} \mid x_{n+1} = y\}$ bestimmte Teilraum $\underline{A_y}$ von $\underline{X^{n+1}}$ metrisch isomorph zu $\underline{X}^n$ und somit (uniform) zusammenhängend. Ferner ist der durch $B = \{(x_1,\ldots,x_{n+1}) \in X^{n+1} \mid x_1 = \ldots = x_n = x\}$ be-

stimmte Teilraum $\underline{B}$ von $\underline{X^{n+1}}$ metrisch isomorph zu $\underline{X}$ und somit (uniform) zusammenhängend. Wegen $(x,\ldots,x,y) \in B \cap A_y$ ist der durch $B_y = B \cup A_y$ bestimmte Teilraum $\underline{B_y}$ von $\underline{X^{n+1}}$ nach 5.1.8 (uniform) zusammenhängend. Wegen $(x,\ldots,x,x) \in \bigcap_{y\in X} B_y$ ist nach 5.1.8 auch der durch $\bigcup_{y\in X} B_y = X^{n+1}$ bestimmte Teilraum von $\underline{X^{n+1}}$, d.h. $\underline{X^{n+1}}$ selbst (uniform) zusammenhängend.

(b) ⇒ (a): Die durch $(x_1,\ldots,x_n) \mapsto x_1$ definierte Abbildung f: $\underline{X^n} \to \underline{X}$ ist gleichmäßig stetig. Somit ist $\underline{X}$ nach 5.1.3 (uniform) zusammenhängend.

6.1.14 SATZ

Äquivalent sind für jedes n:

(a) $\underline{X}$ *ist (uniform) total-unzusammenhängend.*

(b) $\underline{X^n}$ *ist (uniform) total-unzusammenhängend.*

Beweis:

(a) ⇒ (b): Für jedes i = 1,...,n ist die durch $(x_1,\ldots,x_i,\ldots,x_n) \mapsto x_i$ definierte Abbildung p_i: $\underline{X^n} \to \underline{X}$ gleichmäßig stetig. Für jeden (uniform) zusammenhängenden Teilraum $\underline{Y}$ von $\underline{X^n}$ ist $\underline{p_i[Y]}$ nach 5.1.3 ein (uniform) zusammenhängender Teilraum von $\underline{X}$ und folglich höchstens einelementig. Somit ist Y höchstens einelementig.

(b) ⇒ (a) folgt aus 6.1.7(3) und 5.2.4.

6.1.15 SATZ

Äquivalent sind für jedes n:

(a) $\underline{X}$ *ist in sich dicht.*

(b) $\underline{X^n}$ *ist in sich dicht.*

Beweis:

(a) ⇒ (b): Ist $(x_1,\ldots,x_n)$ ein Element von X^n und ist $\varepsilon > 0$, so gibt es zu jedem i = 1,...,n ein y_i in X mit $x_i \neq y_i$ und $d(x_i,y_i) < \varepsilon$. Somit gilt $(x_1,\ldots,x_n) \neq (y_1,\ldots,y_n)$ und $d_n((x_1,\ldots,x_n),(y_1,\ldots,y_n)) < \varepsilon$.

(b) ⇒ (a): Ist x ein Element von X und ist $\varepsilon > 0$, so gibt es ein Element $(y_1,\ldots,y_n)$ von X^n mit $(x,\ldots,x) \neq (y_1,\ldots,y_n)$ und $d_n((x,\ldots,x),(y_1,\ldots,y_n)) < \varepsilon$. Somit gibt es ein $i \in \{1,\ldots,n\}$ mit $x \neq y_i$ und $d(x,y_i) < \varepsilon$.

6.1.16 AUFGABEN

Zeigen Sie:

(1) $U \subset X^n$ ist genau dann Umgebung von $(x_1,\ldots,x_n)$ in $\underline{X^n}$, wenn es Umgebungen U_1 von $x_1,\ldots,U_n$ von x_n in $\underline{X}$ so gibt, daß $U_1 \times\ldots\times U_n \subset U$ gilt.

(2) Sind $A_1,\ldots,A_n$ abgeschlossene Teilmengen von $\underline{X}$, so ist $A_1 \times\ldots\times A_n$ eine abgeschlossene Teilmenge von $\underline{X}^n$.

6.1.17 AUFGABEN

Prüfen Sie die Gültigkeit folgender Aussagen:

(1) Zwei Teilmengen A und B von X^n sind genau dann benachbart in $\underline{X}^n$, wenn für $i = 1,\ldots,n$ die Mengen $p_i[A]$ und $p_i[B]$ in $\underline{X}$ benachbart sind.

(2) x ist genau dann Berührpunkt von A in $\underline{X}^n$, wenn für $i = 1,\ldots,n$ das Element $p_i(x)$ Berührpunkt von $p_i[A]$ in $\underline{X}$ ist.

6.1.18 AUFGABEN

A und B seien Teilmengen von $\underline{X}$. Zeigen Sie:

(1) $\mathrm{int}_{\underline{X}^2}(A \times B) = \mathrm{int}_{\underline{X}}A \times \mathrm{int}_{\underline{X}}B$.

(2) $\mathrm{cl}_{\underline{X}^2}(A \times B) = \mathrm{cl}_{\underline{X}}A \times \mathrm{cl}_{\underline{X}}B$.

(3) $\mathrm{fr}_{\underline{X}^2}(A \times B) = (\mathrm{fr}_{\underline{X}}A \times \mathrm{cl}_{\underline{X}}B) \cup (\mathrm{cl}_{\underline{X}}A \times \mathrm{fr}_{\underline{X}}B)$.

(4) Die Diagonale $\Delta_X = \{(x,x) \mid x \in X\}$ ist abgeschlossen in $\underline{X}^2$.

6.1.19 AUFGABEN

Zeigen Sie:

(1) Sind $f_1: \underline{X} \to \underline{Y}$ und $f_2: \underline{X} \to \underline{Y}$ (gleichmäßig) stetig, so ist auch die durch $f(x,x') = (f_1(x),f_2(x'))$ definierte Abbildung $f: \underline{X}^2 \to \underline{Y}^2$ (gleichmäßig) stetig.

(2) $(\mathrm{Compl}\ \underline{X})^n$ ist Vervollständigung von $\underline{X}^n$.

(3) Sind $\underline{X}$ und $\underline{Y}$ metrisch (uniform, topologisch) isomorph, so sind auch $\underline{X}^n$ und $\underline{Y}^n$ metrisch (uniform, topologisch) isomorph.

(4) $\underline{\mathbb{D}}$ und $\underline{\mathbb{D}}^n$ sind für jedes n uniform isomorph.

6.1.2o AUFGABEN

Sind $\underline{X} = (X,d_X)$ und $\underline{Y} = (Y,d_Y)$ metrische Räume, so wird durch $d((x,y),(x',y')) = \mathrm{Max}\{d_X(x,x'),d_Y(y,y')\}$ eine Metrik d auf $X \times Y$ definiert. Der metrische Raum $(X \times Y,d)$ wird Produkt von $\underline{X}$ und $\underline{Y}$ genannt und mit $\underline{X} \times \underline{Y}$ bezeichnet. Zeigen Sie:

(1) $\underline{X}^2 = \underline{X} \times \underline{X}$.

(2) Eine Folge (x_n,y_n) konvergiert in $\underline{X} \times \underline{Y}$ genau dann gegen (x,y), wenn (x_n) in $\underline{X}$ gegen x und (y_n) in $\underline{Y}$ gegen y konvergieren.

(3) Gilt $X \neq \emptyset \neq Y$, so ist $\underline{X} \times \underline{Y}$ genau dann (topologisch) vollständig, total beschränkt, kompakt, separabel, (uniform) zusammenhängend bzw. (uniform) total-unzusammenhängend, wenn sowohl $\underline{X}$ als auch $\underline{Y}$ die entsprechende Eigenschaft haben.

(4) Gilt $X \neq \emptyset \neq Y$, so ist $\underline{X} \times \underline{Y}$ genau dann in sich dicht, wenn $\underline{X}$ oder $\underline{Y}$ in sich dicht ist.

(5) Ist $\underline{X}$ ein nicht-leerer, kompakter, total-unzusammenhängender metrischer Raum, so sind $\underline{\mathbb{D}}$ und $\underline{X} \times \underline{\mathbb{D}}$ uniform isomorph.

6.2 DIE METRISCHEN RÄUME $\underline{X^{\mathbb{N}}}$

6.2.1 DEFINITION

Sei $\underline{X} = (X,d)$ ein metrischer Raum mit diam $X \leq 1$. Durch $d_{\mathbb{N}}((x_n),(y_n)) = \sup\{\frac{d(x_n,y_n)}{n} \mid n \in \mathbb{N}\}$ wird eine Metrik $d_{\mathbb{N}}$ auf der Menge $X^{\mathbb{N}}$ aller Folgen in X definiert. Der Raum $(X^{\mathbb{N}},d_{\mathbb{N}})$ wird mit $\underline{X^{\mathbb{N}}}$ bezeichnet.

6.2.2 BEMERKUNG

Die Bedingung diam $X \leq 1$ in obiger Definition bedeutet keine wesentliche Einschränkung, da zu jeder Metrik d auf X eine uniform äquivalente Metrik d' (z.B. $d'(x,y) = \min\{1,d(x,y)\}$) mit diam $(X,d') \leq 1$ existiert. Im folgenden sei deshalb stets vorausgesetzt, daß $\underline{X}$ ein metrischer Raum mit diam $X \leq 1$ ist.

6.2.3 SATZ

Sind $\underline{X} = (X,d)$ *ein metrischer Raum mit* diam $X \leq 1$, (r_n) *eine Folge positiver reeller Zahlen mit* $\lim\limits_{n\to\infty} r_n = 0$ *und* (s_n) *eine Folge positiver reeller Zahlen mit* $\sum\limits_{n=1}^{\infty} s_n < \infty$, *so sind folgende Metriken* d^1, d^2, d^3 *auf* $X^{\mathbb{N}}$ *zu* $d_{\mathbb{N}}$ *uniform äquivalent:*

(1) $d^1((x_n),(y_n)) = \sup\{r_n \cdot d(x_n,y_n) \mid n \in \mathbb{N}\}$,

(2) $d^2((x_n),(y_n)) = \sum\limits_{n=1}^{\infty} s_n \cdot d(x_n,y_n)$,

(3) $d^3((x_n),(y_n)) = \sqrt{\sum\limits_{n=1}^{\infty} (s_n \cdot d(x_n,y_n))^2}$.

Zwei Folgen $(x_m) = ((x_n^m))$ *und* $(y_m) = ((y_n^m))$ *in* $\underline{X^{\mathbb{N}}}$ *sind genau dann benachbart, wenn für jedes* $n \in \mathbb{N}$ *die beiden Folgen* (x_n^m) *und* (y_n^m) *in* $\underline{X}$ *benachbart sind.*

Beweis:

(1) Zunächst zeigen wir, daß (x_m) und (y_m) in $(X^{\mathbb{N}},d^1)$ genau dann benachbart sind, wenn für alle n die Folgen (x_n^m) und (y_n^m) in $\underline{X}$ benachbart sind. Sind (x_m) und (y_m) in $(X^{\mathbb{N}},d^1)$ benachbart, so gilt

$\lim_{m\to\infty} d^1(x_m,y_m) = \lim_{m\to\infty} \sup\{r_n \cdot d(x_n^m,y_n^m) \mid n \in \mathbb{N}\} = 0$. Somit gilt für jedes $n \in \mathbb{N}$ erst recht $\lim_{m\to\infty} r_n \cdot d(x_n^m,y_n^m) = 0$, wegen $r_n \neq 0$ also $\lim_{m\to\infty} d(x_n^m,y_n^m) = 0$. Folglich sind für jedes $n \in \mathbb{N}$ die Folgen (x_n^m) und (y_n^m) in $\underline{X}$ benachbart. Sind umgekehrt für jedes $n \in \mathbb{N}$ die Folgen (x_n^m) und (y_n^m) in $\underline{X}$ benachbart, so gibt es zu jedem $\varepsilon > 0$ und zu jedem $n \in \mathbb{N}$ ein m_n, so daß aus $m \geq m_n$ stets $d(x_n^m,y_n^m) < \frac{\varepsilon}{r_n}$ folgt. Ferner gibt es ein n_o, so daß aus $n > n_o$ stets $r_n < \varepsilon$ und somit $r_n \cdot d(x_n^m,y_n^m) \leq r_n < \varepsilon$ folgt. Ist $m_o = \max\{m_1,\ldots,m_{n_o}\}$, so folgt aus $m \geq m_o$ stets $r_n \cdot d(x_n^m,y_n^m) < \varepsilon$ und somit $d^1(x_m,y_m) = \sup\{r_n \cdot d(x_n^m,y_n^m) \mid n \in \mathbb{N}\} \leq \varepsilon$. Also gilt $\lim_{m\to\infty} d^1(x_m,y_m) = 0$. Die Folgen (x_m) und (y_m) sind damit in $(X^{\mathbb{N}},d^1)$ benachbart.

(2) Ganz analog zeigt man, daß (x_m) und (y_m) in $(X^{\mathbb{N}},d^i)$ für $i = 2,3$ genau dann benachbart sind, wenn für jedes $n \in \mathbb{N}$ die Folgen (x_n^m) und (y_n^m) in $\underline{X}$ benachbart sind. Hieraus folgt nach 2.2.5 die uniforme Äquivalenz der Metriken d^3, d^2, d^1 und insbesondere $d_{\mathbb{N}}$.

<u>6.2.4 SATZ</u>

Ist $(x_m) = ((x_n^m))$ *eine Folge in* $X^{\mathbb{N}}$ *und* $z = (z_n)$ *ein Element von* $X^{\mathbb{N}}$, *so sind äquivalent:*

(a) (x_m) *konvergiert in* $\underline{X^{\mathbb{N}}}$ *gegen* z.

(b) *Für jedes* $n \in \mathbb{N}$ *konvergiert die Folge* (x_n^m) *in* $\underline{X}$ *gegen* z_n *(d.h., es liegt koordinatenweise Konvergenz vor).*

Beweis:

Die Behauptung folgt wegen 1.3.13 unmittelbar aus 6.2.3.

<u>6.2.5 BEMERKUNG</u>

Aus obigen Sätzen folgt:

(1) Sind d und d' topologisch (bzw. uniform) äquivalente Metriken auf X, so sind $d_{\mathbb{N}}$ und $d'_{\mathbb{N}}$ nach 6.2.4 und 2.2.6 (bzw. 6.2.3 und 2.2.5) topologisch (bzw. uniform) äquivalent.

(2) Die Metrik $d_{\mathbb{N}}$ (ebenso wie jede der Metriken d^1,d^2 und d^3 von 6.2.3) beschreibt die einfache Konvergenz auf der Funktionenmenge $X^{\mathbb{N}} = Abb(\mathbb{N},X)$. Wie in 6.0 bemerkt, wird die gleichmäßige Konvergenz in der Funktionenmenge $X^{\mathbb{N}}$ u.a. durch die Metrik $d_s((x_n),(y_n)) = \sup\{d(x_n,y_n) \mid n \in \mathbb{N}\}$ beschrieben. Wegen $d_{\mathbb{N}}(x,y) \leq d_s(x,y)$ ist die durch $x \mapsto x$ definierte Abbildung $f\colon (X^{\mathbb{N}},d_s) \to (X^{\mathbb{N}},d_{\mathbb{N}})$ gleichmäßig stetig. Hingegen ist $f^{-1}\colon (X^{\mathbb{N}},d_{\mathbb{N}}) \to (X^{\mathbb{N}},d_s)$ nicht stetig, sofern X

wenigstens zwei Punkte enthält. Sind nämlich x und y zwei verschiedene Punkte in X und definiert man $x_n^m = \begin{cases} x \text{ für } n < m \\ y \text{ für } n \geq m \end{cases}$, $x_m = (x_n^m)$ und $x_o = (x)$, so konvergiert die Folge (x_m) wegen $d_{\mathbb{N}}(x_m, x_o) = \sup\{\frac{1}{n}\, d(x_n^m, x) \mid n \in \mathbb{N}\} = \frac{1}{m} \cdot d(y,x)$ in $(X^{\mathbb{N}}, d_{\mathbb{N}})$ gegen x_o. Hingegen konvergiert die Folge (x_m) in $(X^{\mathbb{N}}, d_s)$ nicht, sie besitzt nicht einmal eine konvergente Teilfolge; denn aus $m \neq m'$ folgt stets $d_s(x_m, x_{m'}) = \sup\{d(x_n^m, x_n^{m'}) \mid n \in \mathbb{N}\} = d(x,y)$. Somit sind d_s und $d_{\mathbb{N}}$ für mindestens zweielementige X nicht topologisch äquivalent. Wie obige Folge zeigt, ist $(X^{\mathbb{N}}, d_s)$ für mindestens zweielementige X niemals kompakt. Hingegen werden wir sehen, daß $\underline{X}^{\mathbb{N}}$ kompakt ist, sobald $\underline{X}$ kompakt ist.

6.2.6 SATZ

(1) *Für jedes* n *wird durch* $(x_m) \mapsto (x_1,\ldots,x_n)$ *eine gleichmäßig stetige Abbildung von* $\underline{X}^{\mathbb{N}}$ *auf* $\underline{X}^n$ *definiert.*

(2) *Für jedes* n *und jedes* $x \in X$ *wird durch*

$(x_1,\ldots,x_n) \mapsto (x'_m)$ mit $x'_m = \begin{cases} x_m, & \text{falls } m \leq n \\ x, & \text{falls } m > n \end{cases}$ *ein uniformer Isomorphismus von* $\underline{X}^n$ *auf einen abgeschlossenen Teilraum von* $\underline{X}^{\mathbb{N}}$ *definiert.*

Beweis:

Trivial.

6.2.7 SATZ

Ist (f_n) *eine Folge von Abbildungen* $f_n\colon \underline{Y} \to \underline{X}$, *so ist die durch* $y \mapsto (f_n(y))$ *definierte Abbildung* $f\colon \underline{Y} \to \underline{X}^{\mathbb{N}}$ *genau dann (gleichmäßig) stetig, wenn alle* $f_n\colon \underline{Y} \to \underline{X}$ *(gleichmäßig) stetig sind.*

Beweis:

(1) Sei $f\colon \underline{Y} \to \underline{X}^{\mathbb{N}}$ (gleichmäßig) stetig. Da für jedes $n \in \mathbb{N}$ die durch $(x_m) \mapsto x_n$ definierte Abbildung $p_n\colon \underline{X}^{\mathbb{N}} \to \underline{X}$ gleichmäßig stetig ist, ist auch für jedes $n \in \mathbb{N}$ $f_n = p_n \circ f$ (gleichmäßig) stetig.

(2) Sei jedes $f_n\colon \underline{Y} \to \underline{X}$ gleichmäßig stetig. Sind (y_m) und (y'_m) benachbarte Folgen in $\underline{Y}$, so sind für jedes n die Folgen $(f_n(y_m)) = (f(y_m)_n)$ und $(f_n(y'_m)) = (f(y'_m)_n)$ benachbart in $\underline{X}$. Somit sind nach 6.2.3 die Folgen $(f(y_m))$ und $(f(y'_m))$ benachbart in $\underline{X}^{\mathbb{N}}$. Nach 2.1.6 ist $f\colon \underline{Y} \to \underline{X}^{\mathbb{N}}$ gleichmäßig stetig.

(3) Sei jedes $f_n\colon \underline{Y} \to \underline{X}$ stetig. Konvergiert (y_m) in $\underline{Y}$ gegen y, so konvergiert für jedes n die Folge $(f_n(y_m)) = (f(y_m)_n)$ in $\underline{X}$ gegen $f_n(y) = f(y)_n$. Nach 6.2.4 konvergiert $(f(y_m))$ in $\underline{X}^{\mathbb{N}}$ gegen $f(y)$. Nach 2.1.2 ist $f\colon \underline{Y} \to \underline{X}^{\mathbb{N}}$ stetig.

6.2.8 SATZ

Äquivalent sind:

(a) $\underline{X}$ *ist vollständig.*

(b) $\underline{X^{\mathbb{N}}}$ *ist vollständig.*

Beweis:

(a) ⇒ (b): Ist $(x_m) = ((x_n^m))$ eine Cauchy-Folge in $\underline{X^{\mathbb{N}}}$, so ist wegen $d(x_n^m, x_n^{m'}) \le n d_{\mathbb{N}}(x_m, x_{m'})$ für jedes $n \in \mathbb{N}$ die Folge (x_n^m) eine Cauchy-Folge in $\underline{X}$, konvergiert also gegen ein x_n in $\underline{X}$. Nach 6.2.4 konvergiert (x_m) gegen den Punkt $x = (x_n)$ in $\underline{X^{\mathbb{N}}}$.

(b) ⇒ (a) folgt aus 6.2.6(2) und 3.1.1o.

6.2.9 SATZ

Äquivalent sind:

(a) $\underline{X}$ *ist total-beschränkt.*

(b) $\underline{X^{\mathbb{N}}}$ *ist total-beschränkt.*

Beweis:

(a) ⇒ (b): Sei $\varepsilon > 0$. Ist Y ein ε-Netz in $\underline{X}$, x ein Punkt von X und n eine natürliche Zahl mit $\frac{1}{n} < \varepsilon$, so ist $\{(x_m) \in X^{\mathbb{N}} \mid x_m \in Y$ für $m < n$ und $x_m = x$ für $m \ge n\}$ ein ε-Netz in $\underline{X^{\mathbb{N}}}$.

(b) ⇒ (a) folgt aus 6.2.6(2) und 4.1.1o.

6.2.1o SATZ

Äquivalent sind:

(a) $\underline{X}$ *ist kompakt.*

(b) $\underline{X^{\mathbb{N}}}$ *ist kompakt.*

Beweis:

Dies folgt aus 4.2.2 und den beiden vorangegangenen Sätzen.

6.2.11 SATZ

Äquivalent sind:

(a) $\underline{X}$ *ist topologisch vollständig.*

(b) $\underline{X^{\mathbb{N}}}$ *ist topologisch vollständig.*

Beweis:

(a) ⇒ (b): Nach 3.6.9 ist $\underline{X}$ ein G_δ-Teilraum eines vollständigen metrischen Raumes $\underline{Y}$. Sei (B_n) eine Folge offener Teilmengen von Y mit $X = \bigcap_{n=1}^{\infty} B_n$. Für jedes Paar $(n,m) \in \mathbb{N}^2$ ist die Menge $B_{n,m} = \{(x_i) \in Y^{\mathbb{N}} \mid x_n \in B_m\}$ eine offene Teilmenge von $\underline{Y^{\mathbb{N}}}$. Wegen $\bigcap_{n,m=1}^{\infty} B_{n,m} = X^{\mathbb{N}}$ ist $\underline{X^{\mathbb{N}}}$ ein G_δ-Teilraum des nach 6.2.8 vollständigen Raumes $\underline{Y^{\mathbb{N}}}$ und somit nach 3.6.9 selbst topologisch vollständig.

(b) ⇒ (a) folgt aus 6.2.6(2) und 3.5.5(1).

6.2.12 SATZ

Äquivalent sind:

(a) $\underline{X}$ *ist separabel.*

(b) $\underline{X^{\mathbb{N}}}$ *ist separabel.*

Beweis:

(a) ⇒ (b): Ist Y eine höchstens abzählbare, dichte Teilmenge von $\underline{X}$, so ist $D = \{(y_n) \in Y^{\mathbb{N}} \mid (y_n)$ ist fast konstant$\}$ eine höchstens abzählbare, dichte Teilmenge von $\underline{X^{\mathbb{N}}}$. Beweisen Sie das bitte!

(b) ⇒ (a): Ist Y eine höchstens abzählbare, dichte Teilmenge von $\underline{X^{\mathbb{N}}}$ und ist $f\colon \underline{X^{\mathbb{N}}} \to \underline{X}$ eine stetige Abbildung von $\underline{X^{\mathbb{N}}}$ auf $\underline{X}$ (vergl. 6.2.6(1)), so ist f[Y] eine höchstens abzählbare, dichte Teilmenge von $\underline{X}$.

6.2.13 SATZ

Äquivalent sind:

(a) $\underline{X}$ *ist (uniform) zusammenhängend.*

(b) $\underline{X^{\mathbb{N}}}$ *ist (uniform) zusammenhängend.*

Beweis:

(a) ⇒ (b): Dies folgt für $X = \emptyset$ trivialerweise. Andernfalls sei $x \in X$. Für jedes $n \in \mathbb{N}$ ist der durch $A_n = \{(x_m) \in X^{\mathbb{N}} \mid x_m = x$ für $m > n\}$ bestimmte Teilraum $\underline{A_n}$ von $\underline{X^{\mathbb{N}}}$ nach 6.2.6(2) zu $\underline{X^n}$ uniform isomorph und somit nach 6.1.13 (uniform) zusammenhängend. Wegen $\bigcap_{n=1}^{\infty} A_n = A_1 \neq \emptyset$ ist nach 5.1.8 der durch $A = \bigcup_{n=1}^{\infty} A_n$ bestimmte Teilraum $\underline{A}$ von $\underline{X^{\mathbb{N}}}$ (uniform) zusammenhängend. Da A dicht in $\underline{X^{\mathbb{N}}}$ ist, folgt hieraus nach 5.1.5 der (uniforme) Zusammenhang von $\underline{X^{\mathbb{N}}}$.

(b) ⇒ (a) folgt aus 6.2.6(2) und 5.1.3.

6.2.14 SATZ

Äquivalent sind:

(a) $\underline{X}$ *ist (uniform) total-unzusammenhängend.*

(b) $\underline{X^{\mathbb{N}}}$ *ist (uniform) total-unzusammenhängend.*

Beweis:

(a) ⇒ (b): Für jedes $n \in \mathbb{N}$ ist die durch $(x_m) \mapsto x_n$ definierte Abbildung $p_n\colon \underline{X^{\mathbb{N}}} \to \underline{X}$ gleichmäßig stetig. Für jeden (uniform) zusammenhängenden Teilraum $\underline{Y}$ von $\underline{X^{\mathbb{N}}}$ ist $p_n[Y]$ nach 5.1.3 ein (uniform) zusammenhängender Teilraum von $\underline{X}$ und somit höchstens einelementig. Daher ist

Y höchstens einelementig.
(b) ⇒ (a) folgt aus 6.2.6(2) und 5.2.4.

6.2.15 SATZ
Enthält X wenigstens zwei Elemente, so ist $\underline{X}^{\mathbb{N}}$ *in sich dicht.*

Beweis:
Ist (x_n) ein Element von $X^{\mathbb{N}}$ und ε eine positive reelle Zahl, so gibt es ein m mit $\frac{1}{m} < \varepsilon$. Ist y ein beliebiges Element aus $X \setminus \{x_m\}$ und definiert man $y_n = \begin{cases} x_n & \text{für } n \neq m \\ y & \text{für } n = m \end{cases}$, so gilt $(y_n) \neq (x_n)$ und $d_{\mathbb{N}}((x_n),(y_n)) < \varepsilon$.

6.2.16 THEOREM
Ist $\underline{Y} = \underline{X}^{\mathbb{N}}$, *so gilt:*

(1) $\underline{Y}$ *und* $\underline{Y}^{\mathbb{N}}$ *sind uniform isomorph.*
(2) *Für jedes* $n \in \mathbb{N}$ *sind* $\underline{Y}$ *und* $\underline{Y}^n$ *uniform isomorph.*

Beweis:
(1) Sei $\underline{X} = (X,d)$, $\underline{Y} = (Y,d_{\mathbb{N}})$ und $\underline{Y}^{\mathbb{N}} = (Y^{\mathbb{N}},d^*)$. Sei $h\colon \mathbb{N} \times \mathbb{N} \to \mathbb{N}$ die Bijektion, definiert durch $h(n,m) = \frac{(n+m-1)\cdot(n+m-2)}{2} + n$ (Cantorsches Diagonalverfahren). Man setze $g := h^{-1}$, $g(i) = (g_1(i), g_2(i))$; dann ist $(r_i) = \left(\frac{1}{g_1(i)\cdot g_2(i)}\right)$ eine Folge positiver reeller Zahlen mit $\lim_{i\to\infty} r_i = 0$. Nach 6.2.3 wird durch $d^1((x_i),(y_i)) = \sup\{r_i \cdot d(x_i,y_i) \mid i \in \mathbb{N}\}$ eine zu $d_{\mathbb{N}}$ uniform äquivalente Metrik d^1 auf $X^{\mathbb{N}} = Y$ definiert. Ist $y = (y_n)$ ein Element von $Y^{\mathbb{N}}$ mit $y_n = (x_{(n,m)}) \in X^{\mathbb{N}} = Y$, so wird durch $y \mapsto (x_i) \in X^{\mathbb{N}} = Y$ mit $x_i = x_{g(i)}$ ein metrischer Isomorphismus $f\colon \underline{Y}^{\mathbb{N}} \to (Y,d^1)$ definiert; denn für beliebige Elemente $y = (y_n) = ((x_{(n,m)}))$ und $y' = (y'_n) = ((x'_{(n,m)}))$ von $Y^{\mathbb{N}}$ gilt:

$$\begin{aligned} d^1(f(y),f(y')) &= d^1((x_i),(x'_i)) = \sup\{r_i d(x_i,x'_i) \mid i \in \mathbb{N}\} \\ &= \sup\left\{\frac{1}{g_1(i)\cdot g_2(i)} \cdot d(x_{g(i)},x'_{g(i)}) \mid i \in \mathbb{N}\right\} \\ &= \sup\left\{\frac{1}{n\cdot m} \cdot d(x_{(n,m)},x'_{(n,m)}) \mid (n,m) \in \mathbb{N} \times \mathbb{N}\right\} \\ &= \sup\left\{\frac{1}{n} \cdot \sup\left\{\frac{1}{m} d(x_{(n,m)},x'_{(n,m)}) \mid m \in \mathbb{N}\right\} \mid n \in \mathbb{N}\right\} \\ &= \sup\left\{\frac{1}{n} \cdot d_{\mathbb{N}}(y_n,y'_n) \mid n \in \mathbb{N}\right\} \\ &= d^*(y,y'). \end{aligned}$$

Wegen der uniformen Äquivalenz von d^1 und $d_{\mathbb{N}}$ sind $\underline{Y}^{\mathbb{N}}$ und $\underline{Y}$ uniform isomorph.

(2) Sei $\underline{X} = (X,d)$, $\underline{Y} = (y,d_{\mathbb{N}})$ und $\underline{Y}^n = (Y^n,d_n)$. Aus der Mengenlehre ist bekannt, daß eine bijektive Abbildung $h: \{1,\ldots,n\} \times \mathbb{N} \to \mathbb{N}$ existiert (z.B. $h(i,m) = i + (m-1)n$). Ist $g: \mathbb{N} \to \{1,\ldots,n\} \times \mathbb{N}$ die zu h inverse Abbildung mit $g(k) = (g_1(k),g_2(k))$, so ist $(r_m) = (\frac{1}{g_2(m)})$ eine Folge positiver reeller Zahlen mit $\lim_{m\to\infty} r_m = 0$. Nach 6.2.3 wird durch $d^1((x_n),(y_m)) = \sup\{r_m \cdot d(x_m,y_m) \mid m \in \mathbb{N}\}$ eine zu $d_{\mathbb{N}}$ uniform äquivalente Metrik d^1 auf $X^{\mathbb{N}} = Y$ definiert. Die durch $y = (x_m) \mapsto ((x_m^1),\ldots,(x_m^n)) \in Y^n$ mit $x_m^i = x_{h(i,m)}$ definierte Abbildung $f: (Y,d^1) \to \underline{Y}^n$ ist ein metrischer Isomorphismus; denn für beliebige Elemente $y = (x_m)$ und $y' = (x'_m)$ von Y gilt wegen der Implikation $k = h(i,m) \Rightarrow m = g_2(k)$ stets:

$$\begin{aligned} d_n(f(y),\, f(y')) &= \max\{d_{\mathbb{N}}((x_m^i),(x_m'^i)) \mid i \in \{1,\ldots,n\}\} \\ &= \max\{\sup\{\tfrac{1}{m}\cdot d(x_{h(i,m)},x'_{h(i,m)}) \mid m \in \mathbb{N}\} \mid i \in \{1,\ldots,n\}\} \\ &= \sup\{\tfrac{1}{m} \cdot d(x_{h(i,m)},x'_{h(i,m)}) \mid (i,m) \in \{1,\ldots,n\} \times \mathbb{N}\} \\ &= \sup\{\tfrac{1}{g_2(k)} \cdot d(x_k,x'_k) \mid k \in \mathbb{N}\} \\ &= \sup\{r_k \cdot d(x_k,x'_k) \mid k \in \mathbb{N}\} \\ &= d^1(y,y'). \end{aligned}$$

Wegen der uniformen Äquivalenz von d^1 und $d_{\mathbb{N}}$ sind $\underline{Y}$ und $\underline{Y}^n$ uniform isomorph.

6.2.17 AUFGABEN

Sei (A_n) eine Folge nicht-leerer Teilmengen von $\underline{X}$ und $A = \prod_{n\in\mathbb{N}} A_n = A_1 \times A_2 \times \ldots$ Prüfen Sie die folgenden Behauptungen:

(1) A ist genau dann abgeschlossen in $\underline{X}^{\mathbb{N}}$, wenn jedes A_n abgeschlossen in $\underline{X}$ ist.

(2) A ist genau dann offen in $\underline{X}^{\mathbb{N}}$, wenn jedes A_n offen in $\underline{X}$ ist.

Beschreiben Sie:

(3) clA in $\underline{X}^{\mathbb{N}}$.

(4) intA in $\underline{X}^{\mathbb{N}}$.

6.2.18 AUFGABEN

Zeigen Sie:

(1) Ist $\underline{X}$ ein diskreter metrischer Raum, so gilt $\underline{X}^{\mathbb{N}} = \text{Bair}(X)$.

(2) $(\text{Compl } \underline{X})^{\mathbb{N}}$ ist Vervollständigung von $\underline{X}^{\mathbb{N}}$.

(3) Ist $(f_n: \underline{X} \to \underline{Y})$ eine Folge (gleichmäßig) stetiger Abbildungen, so ist die durch $f((x_n)) = (f_n(x_n))$ definierte Abbildung $f: \underline{X}^{\mathbb{N}} \to \underline{Y}^{\mathbb{N}}$ (gleichmäßig) stetig. (Vergl. mit 6.2.7).

6.3 DER RAUM $\{0,1\}^{\mathbb{N}}$ UND DAS CANTORSCHE DISKONTINUUM $\mathbb{D}$

6.3.1 THEOREM

Ist $\underline{X}$ ein kompakter, total-unzusammenhängender Raum mit wenigstens zwei Punkten, so ist $\underline{X}^{\mathbb{N}}$ zum Cantorschen Diskontinuum $\underline{\mathbb{D}}$ uniform isomorph.

Beweis:

Der Raum $\underline{X}^{\mathbb{N}}$ ist nach 6.2.1o kompakt, nach 6.2.14 total-unzusammenhängend und nach 6.2.15 in sich dicht und somit nach 5.3.4 uniform isomorph zu $\underline{\mathbb{D}}$.

6.3.2 THEOREM

(1) *Die Räume $\underline{\{0,1\}^{\mathbb{N}}}$ und $\underline{\mathbb{D}}$ sind uniform isomorph.*

(2) *Die Räume $\underline{\mathbb{D}}$ und $\underline{\mathbb{D}}^{\mathbb{N}}$ sind uniform isomorph.*

(3) *Für jedes $n \in \mathbb{N}$ sind die Räume $\underline{\mathbb{D}}$ und $\underline{\mathbb{D}}^n$ uniform isomorph.*

Beweis:

(1) folgt aus 6.3.1, (2) und (3) folgen aus (1) und 6.2.16.

6.3.3 THEOREM (*Struktursatz für kompakte, total-unzusammenhängende Räume*)

Äquivalent sind:

(a) *$\underline{X}$ ist kompakt und total-unzusammenhängend.*

(b) *$\underline{X}$ ist zu einem abgeschlossenen Teilraum von $\underline{\mathbb{D}}$ uniform isomorph.*

(c) *$\underline{X}$ ist zu einem abgeschlossenen Teilraum von $\underline{\mathbb{D}}$ topologisch isomorph.*

Beweis:

(a) $\Rightarrow$ (b): Nach 6.2.6(2) ist $\underline{X}$ zu einem abgeschlossenen Teilraum von $\underline{X}^{\mathbb{N}}$ und somit nach 6.3.1 zu einem abgeschlossenen Teilraum von $\underline{\mathbb{D}}$ uniform isomorph.

(b) $\Rightarrow$ (c) $\Rightarrow$ (a): Trivial.

6.3.4 THEOREM

Ist $\underline{A}$ ein abgeschlossener Teilraum eines kompakten, total-unzusammenhängenden Raumes $\underline{X}$, so existiert zu jeder stetigen Abbildung $f: \underline{A} \to \underline{Y}$

von $\underline{A}$ in einen nicht-leeren metrischen Raum $\underline{Y}$ eine stetige Fortsetzung $g: \underline{X} \to \underline{Y}$.

Beweis:

Nach 6.3.3 existiert ein uniformer Isomorphismus $h: \underline{X} \to \underline{B}$ von $\underline{X}$ auf einen abgeschlossenen Teilraum $\underline{B}$ von $\underline{\mathbb{D}}$. Dieser induziert einen uniformen Isomorphismus k von $\underline{A}$ auf einen abgeschlossenen Teilraum $\underline{C}$ von $\underline{\mathbb{D}}$. Nach 5.3.13 hat die stetige Abbildung $f \circ k^{-1}: \underline{C} \to \underline{Y}$ eine stetige Fortsetzung $l: \underline{\mathbb{D}} \to \underline{Y}$. Somit ist $g = l \circ h: \underline{X} \to \underline{Y}$ eine stetige Fortsetzung von f.

<u>6.3.5 SATZ</u>

Jeder nicht-leere, kompakte, total-unzusammenhängende Raum $\underline{X}$ ist ein stetiges Bild von $\underline{\mathbb{D}}$.

Beweis:

Nach 6.3.3 existiert ein abgeschlossener Teilraum $\underline{A}$ von $\underline{\mathbb{D}}$ und ein uniformer Isomorphismus $h: \underline{A} \to \underline{X}$. Nach 5.3.12 existiert eine stetige, surjektive Abbildung $r: \underline{\mathbb{D}} \to \underline{A}$. Somit ist $f = h \circ r$ eine stetige Abbildung von $\underline{\mathbb{D}}$ auf $\underline{X}$.

<u>6.3.6 AUFGABEN</u>

Zeigen Sie:

(1) Für jedes $n \in \mathbb{N}$ läßt sich $\mathbb{D}$ darstellen als disjunkte Vereinigung von n uniformen Zerlegungsmengen von $\underline{\mathbb{D}}$, die alle zu $\underline{\mathbb{D}}$ uniform isomorph sind.

(2) $\mathbb{D}$ läßt sich darstellen als abzählbare disjunkte Vereinigung von abgeschlossenen Teilräumen von $\underline{\mathbb{D}}$, die alle zu $\underline{\mathbb{D}}$ uniform isomorph sind.

(3) $\mathbb{D}$ läßt sich darstellen als disjunkte Vereinigung von c abgeschlossenen Teilräumen von $\underline{\mathbb{D}}$, die alle zu $\underline{\mathbb{D}}$ uniform isomorph sind.

<u>6.3.7 AUFGABEN</u>

Sei $\underline{X}$ der durch $\mathbb{D} \cup \{\frac{1}{2}\}$ bestimmte Teilraum von $\underline{\mathbb{R}}$. Zeigen Sie:

(1) Für jedes n sind $\underline{X}$ und $\underline{X}^n$ uniform isomorph.

(2) $\underline{X}^{\mathbb{N}}$ ist uniform isomorph zu $\underline{\mathbb{D}}$.

(3) $\underline{X}^{\mathbb{N}}$ ist nicht topologisch isomorph zu $\underline{X}$.

(4) Jeder der beiden (topologisch nicht isomorphen) metrischen Räume $\underline{X}$ und $\underline{\mathbb{D}}$ ist zu einem abgeschlossenen Teilraum des anderen uniform isomorph.

6.4 DER HILBERT-QUADER $\mathbb{H} = [0,1]^{\mathbb{N}}$

6.4.1 DEFINITION
Der Raum $[0,1]^{\mathbb{N}}$ heißt *Hilbert-Quader* und wird mit $\mathbb{H}$ bezeichnet.

6.4.2 SATZ
Der Hilbert-Quader $\mathbb{H}$ *ist kompakt, zusammenhängend und in sich dicht.*

Beweis:
6.2.1o, 6.2.13 und 6.2.15.

6.4.3 SATZ
(1) *Die Räume* $\mathbb{H}$ *und* $\mathbb{H}^{\mathbb{N}}$ *sind uniform isomorph.*
(2) *Für jedes* $n \in \mathbb{N}$ *sind die Räume* $\mathbb{H}$ *und* $\mathbb{H}^n$ *uniform isomorph.*

Beweis:
6.2.16.

6.4.4 SATZ
Der Hilbert-Quader $\mathbb{H}$ *ist stetiges Bild des Cantorschen Diskontinuums* $\mathbb{D}$.

Beweis:
Nach 5.3.6 existiert eine stetige Abbildung f von $\mathbb{D}$ auf $[0,1]$. Die durch $x = (x_n) \mapsto (f(x_n))$ definierte Abbildung $g\colon \mathbb{D}^{\mathbb{N}} \to \mathbb{H} = [0,1]^{\mathbb{N}}$ ist surjektiv und stetig, denn ist $(x_m) = ((x_n^m))$ eine gegen $x = (x_n)$ konvergierende Folge in $\mathbb{D}^{\mathbb{N}}$, so konvergiert nach 6.2.4 für jedes $n \in \mathbb{N}$ die Folge (x_n^m) in $\mathbb{D}$ gegen x_n, also wegen der Stetigkeit von f die Folge $(f(x_n^m))$ in $[0,1]$ gegen $f(x_n)$, also nach 6.2.4 die Folge $(g(x_m))$ in $[0,1]^{\mathbb{N}}$ gegen $g(x)$. Nach 6.3.2 existiert ein uniformer Isomorphismus $h\colon \mathbb{D} \to \mathbb{D}^{\mathbb{N}}$. Somit ist $g \circ h\colon \mathbb{D} \to \mathbb{H}$ eine stetige Abbildung von $\mathbb{D}$ auf $\mathbb{H}$.

6.4.5 BEMERKUNG
Obiger Satz hat den Leser hoffentlich verblüfft. Man bedenke: Das Cantorsche Diskontinuum ist ein ganz "dünner" Teilraum von $[0,1]$, der Hilbert-Quader $\mathbb{H} = [0,1]^{\mathbb{N}}$ hingegen ein gewaltig großer Raum, der nicht nur $[0,1]$ und für jedes $n \in \mathbb{N}$ den Raum $[0,1]^n$ als recht kleinen Teilraum enthält, sondern sogar $\mathfrak{c}$ paarweise disjunkte Teilräume, von denen jeder zu $\mathbb{H}$ selbst uniform isomorph ist. Für jedes $x \in [0,1]$ ist nämlich der durch $A_x = \{(x_n) \in [0,1]^{\mathbb{N}} \mid x_1 = x\}$ bestimmte Teilraum A_x von $\mathbb{H}$ zu $\mathbb{H}$ selbst uniform isomorph.

Als nächstes wollen wir zeigen, daß jeder kompakte metrische Raum zu einem abgeschlossenen Teilraum von $\underline{\mathbb{H}}$ uniform isomorph ist. Dazu benötigen wir einige Vorbereitungen.

<u>6.4.6 SATZ</u>

Ist (f_n) *eine Folge gleichmäßig stetiger Abbildungen* $f_n: \underline{X} \to \underline{Y}$ *und gibt es zu je zwei nicht benachbarten Teilmengen* A *und* B *von* $\underline{X}$ *ein* $n \in \mathbb{N}$ *derart, daß* $f_n[A]$ *und* $f_n[B]$ *nicht benachbart in* $\underline{Y}$ *sind, so ist die durch* $x \mapsto (f_n(x))$ *definierte Abbildung* f *von* $\underline{X}$ *auf den durch* $Z = \{(f_n(x)) | x \in X\}$ *bestimmten Teilraum* $\underline{Z}$ *von* $\underline{Y^{\mathbb{N}}}$ *ein uniformer Isomorphismus.*

Beweis:

Nach 6.2.7 ist $f: \underline{X} \to \underline{Z}$ gleichmäßig stetig. Sind x und x' zwei verschiedene Punkte von X, so sind die Mengen $\{x\}$ und $\{x'\}$ nicht benachbart in $\underline{X}$. Somit gibt es ein n mit $f_n(x) \neq f_n(x')$, woraus $f(x) \neq f(x')$ folgt. Folglich ist $f: \underline{X} \to \underline{Z}$ nicht nur surjektiv, sondern auch injektiv und somit bijektiv. Sind A und B nicht-benachbarte Teilmengen von $\underline{X}$, so gibt es ein n derart, daß $f_n[A]$ und $f_n[B]$ nicht benachbart in $\underline{Y}$ sind und somit einen positiven Abstand $r = \text{dist}\,(f_n[A], f_n[B])$ haben. Hieraus folgt $\text{dist}\,(f[A], f[B]) \geq \frac{1}{n} \cdot r > 0$. Also sind f[A] und f[B] nicht benachbart in $\underline{Z}$. Nach 2.1.6 folgt hieraus die gleichmäßige Stetigkeit von $f^{-1}: \underline{Z} \to \underline{X}$. Somit ist $f: \underline{X} \to \underline{Z}$ ein uniformer Isomorphismus.

<u>6.4.7 SATZ</u>

Ist (f_n) *eine Folge stetiger Abbildungen* $f_n: \underline{X} \to \underline{Y}$ *und gibt es zu jeder Teilmenge* A *von* $\underline{X}$ *und jedem Punkt* $x \in \underline{X}$, *der kein Berührpunkt von* A *ist, ein* $n \in \mathbb{N}$ *derart, daß* $f_n(x)$ *in* $\underline{Y}$ *kein Berührpunkt von* $f_n[A]$ *ist, so ist die durch* $x \mapsto (f_n(x))$ *definierte Abbildung von* $\underline{X}$ *auf den durch* $Z = \{(f_n(x)) | x \in X\}$ *bestimmten Teilraum* $\underline{Z}$ *von* $\underline{Y^{\mathbb{N}}}$ *ein topologischer Isomorphismus.*

Beweis:

Analog dem Beweis von 6.4.6.

<u>6.4.8 THEOREM</u> *(Struktursatz für separable metrische Räume)*

Äquivalent sind:

(a) $\underline{X}$ *ist separabel.*

(b) $\underline{X}$ *ist topologisch isomorph zu einem Teilraum von* $\underline{\mathbb{H}}$.

(c) $\underline{X}$ *ist topologisch isomorph zu einem Teilraum eines kompakten Raumes.*

(d) $\underline{X}$ *ist topologisch isomorph zu einem total beschränkten Raum.*

Beweis:

(a) ⇒ (b): Nach 2.2.9(5) können wir ohne Beschränkung der Allgemeinheit diam $\underline{X} \leq 1$ voraussetzen. Für $X = \emptyset$ ist alles trivial. Andernfalls existiert eine Folge (x_n) in X, so daß die Menge $\{x_n | n \in \mathbb{N}\}$ dicht in $\underline{X}$ ist. Für jedes n ist nach 2.3.2 die durch $x \mapsto \text{dist}(x, \{x_n\})$ definierte Abbildung $f_n: \underline{X} \to \underline{[0,1]}$ stetig. Ist A eine Teilmenge von $\underline{X}$ und x ein Punkt von $\underline{X}$, der kein Berührpunkt von A ist, so gilt r = dist (A,x) > 0. Folglich existiert ein $n \in \mathbb{N}$ mit $d(x_n, x) < \frac{r}{3}$. Hieraus folgt einerseits $|f_n(x)| < \frac{r}{3}$, andererseits $|f_n(a)| \geq \frac{2}{3}r$ für jedes $a \in A$. Also ist $f_n(x)$ kein Berührpunkt von $f_n[A]$ in $\underline{[0,1]}$. Nach 6.4.7 wird somit durch $x \mapsto (f_n(x))$ ein topologischer Isomorphismus von $\underline{X}$ auf einen Teilraum von $\underline{[0,1]^{\mathbb{N}}} = \underline{\mathbb{H}}$ definiert.

(b) ⇒ (c) folgt aus der Kompaktheit von $\underline{\mathbb{H}}$.

(c) ⇒ (d) folgt aus 4.2.5.

(d) ⇒ (a) folgt aus 4.1.14.

6.4.9 THEOREM (*Struktursatz für kompakte metrische Räume*)

Für $X \neq \emptyset$ sind äquivalent:

(a) *$\underline{X}$ ist kompakt.*

(b) *$\underline{X}$ ist topologisch isomorph zu einem abgeschlossenen Teilraum von $\underline{\mathbb{H}}$.*

(c) *$\underline{X}$ ist uniform isomorph zu einem abgeschlossenen Teilraum von $\underline{\mathbb{H}}$.*

(d) *$\underline{X}$ ist stetiges Bild von $\underline{\mathbb{D}}$.*

(e) *$\underline{X}$ ist gleichmäßig stetiges Bild von $\underline{\mathbb{D}}$.*

Beweis:

(a) ⇒ (b): Ist $\underline{X}$ kompakt, so ist $\underline{X}$ separabel und somit nach dem Struktursatz 6.4.8 für separable metrische Räume topologisch isomorph zu einem Teilraum $\underline{Y}$ von $\underline{\mathbb{H}}$. Der Raum $\underline{Y}$ ist kompakt und somit nach 4.2.4 ein abgeschlossener Teilraum von $\underline{\mathbb{H}}$.

(b) ⇔ (c) folgt aus 4.2.17.

(b) ⇒ (d): Es sei $h: \underline{X} \to \underline{Y}$ ein topologischer Isomorphismus von $\underline{X}$ auf einen abgeschlossenen Teilraum $\underline{Y}$ von $\underline{\mathbb{H}}$. Nach 6.4.4 existiert eine stetige Abbildung g von $\underline{\mathbb{D}}$ auf $\underline{\mathbb{H}}$. Sei $\underline{A}$ der durch $A = g^{-1}[Y]$ bestimmte abgeschlossene Teilraum von $\underline{\mathbb{D}}$, und sei $g': \underline{A} \to \underline{Y}$ die zugehörige Einschränkung von g. Die surjektive stetige Abbildung $h^{-1} \circ g': \underline{A} \to \underline{X}$ läßt sich nach 5.3.13 zu einer stetigen Abbildung von $\underline{\mathbb{D}}$ auf $\underline{X}$ fortsetzen.

(d) ⇔ (e) folgt aus 4.2.15.

(d) ⇒ (a) folgt aus 4.2.18.

6.4.1o THEOREM (*Struktursatz für total beschränkte metrische Räume*)
Äquivalent sind:
(a) $\underline{X}$ *ist total beschränkt.*
(b) $\underline{X}$ *ist Teilraum eines kompakten Raumes.*
(c) $\underline{X}$ *ist uniform isomorph zu einem Teilraum von* $\underline{\mathbb{H}}$.

Beweis:
(a) $\Longleftrightarrow$ (b) folgt aus 4.2.5.
(b) $\Rightarrow$ (c): Ist $\underline{X}$ Teilraum des kompakten Raumes $\underline{Y}$, so existiert nach 6.4.9 ein uniformer Isomorphismus h von $\underline{Y}$ auf einen Teilraum $\underline{A}$ von $\underline{\mathbb{H}}$. Ist $\underline{B}$ der durch h[X] bestimmte Teilraum von $\underline{\mathbb{H}}$, so ist die Einschränkung h': $\underline{X} \to \underline{B}$ ebenfalls ein uniformer Isomorphismus.
(c) $\Rightarrow$ (a) folgt aus der totalen Beschränktheit von $\underline{\mathbb{H}}$ und 4.1.1o.

6.4.11 THEOREM (*Struktursatz für separable, topologisch vollständige metrische Räume*)
Äquivalent sind:
(a) $\underline{X}$ *ist separabel und topologisch vollständig.*
(b) $\underline{X}$ *ist topologisch isomorph zu einem* G_δ-*Teilraum von* $\underline{\mathbb{H}}$.

Beweis:
(a) $\Rightarrow$ (b): Nach 6.4.8 ist $\underline{X}$ topologisch isomorph zu einem Teilraum $\underline{A}$ von $\underline{\mathbb{H}}$. Der Raum $\underline{A}$ ist topologisch vollständig und somit nach 3.5.6 ein G_δ-Teilraum von $\underline{\mathbb{H}}$.
(b) $\Rightarrow$ (a) folgt aus der topologischen Vollständigkeit von $\underline{\mathbb{H}}$ und 3.5.5 sowie 6.4.8.

6.4.12 BEMERKUNG
Es gibt keinen metrischen Raum $\underline{Y}$ derart, daß jeder metrische Raum $\underline{X}$ zu einem Teilraum von $\underline{Y}$ topologisch isomorph ist. Das folgt bereits aus der Tatsache, daß zu jedem metrischen Raum $\underline{Y}$ ein metrischer Raum $\underline{X}$ mit Card Y < Card X existiert. Schränkt man jedoch die Größe der Räume geeignet ein, so gelangt man zu einem geeigneten "Großraum". Genauer: Ist M eine beliebige unendliche Menge und ist $\underline{Y}$ der M-stachlige Igel, so sind äquivalent:
(a) $\underline{X}$ hat eine dichte Teilmenge D mit Card D $\leq$ Card M.
(b) $\underline{X}$ ist topologisch isomorph zu einem Teilraum von $\underline{Y^{\mathbb{N}}}$.

6.4.13 AUFGABEN
Zeigen Sie:
(1) Jede stetige Abbildung von einem abgeschlossenen Teilraum $\underline{A}$ eines metrischen Raumes $\underline{X}$ in $\underline{\mathbb{H}}$ läßt sich zu einer stetigen Abbildung auf $\underline{X}$

fortsetzen.

(2) Jeder ultrametrische Raum $\underline{X}$ ist uniform isomorph zu einem Teilraum von Bair(X). [Vergl. 6.2.18] .

(3) Ist $\underline{X}$ der durch die Menge $X = \{(x_n) \in l_2 | 0 \leq x_n \leq \frac{1}{n}\}$ bestimmte Teilraum des Hilbert-Raumes l_2, so gilt:

(a) $\underline{X}$ ist nirgends dicht in l_2.

(b) $\underline{X}$ ist uniform isomorph zu $\mathbb{H}$.

6.5 DER RAUM $\underline{\mathbb{N}^{\mathbb{N}}}$ UND DER RAUM $\underline{\mathbb{P}}$ DER IRRATIONALZAHLEN

Auf $\mathbb{N}$ sind die Euklidische Metrik $d_E(x,y) = |x - y|$ und die diskrete Metrik $d(x,y) = \begin{cases} 1, \text{ falls } x \neq y \\ 0, \text{ falls } x = y \end{cases}$ uniform äquivalent. In diesem Paragraphen wollen wir den Raum $(\mathbb{N},d)$ der natürlichen Zahlen, versehen mit der diskreten Metrik d, mit $\underline{\mathbb{N}}$ bezeichnen. Dann können wir nach 6.2.1 den Funktionenraum $\underline{\mathbb{N}^{\mathbb{N}}}$ bilden. Dieser hat viele interessante Eigenschaften.

6.5.1 SATZ

Ist m *eine natürliche Zahl und* r *eine reelle Zahl mit* $\frac{1}{m+1} < r \leq \frac{1}{m}$, *so gilt für jedes Element* $x = (x_n)$ *aus* $\underline{\mathbb{N}^{\mathbb{N}}}$:

(1) *Die offene Kugel mit Zentrum* x *und Radius* r *hat in* $\underline{\mathbb{N}^{\mathbb{N}}}$ *folgende Gestalt:* $S(x,r) = \{(y_n) \in \mathbb{N}^{\mathbb{N}} | (y_1,\ldots,y_m) = (x_1,\ldots,x_m)\}$.

(2) $S(x,r)$ *ist eine uniforme Zerlegungsmenge.*

(3) *Der Teilraum* $\underline{S(x,r)}$ *von* $\underline{\mathbb{N}^{\mathbb{N}}}$ *ist uniform isomorph zu* $\underline{\mathbb{N}^{\mathbb{N}}}$.

Beweis:

(1) Aus $d_{\mathbb{N}}\ ((x_n),(y_n)) = \sup\{\frac{1}{n} \cdot d(x_n,y_n) | n \in \mathbb{N}\} = \sup\{\frac{1}{n} | x_n \neq y_n\}$ folgt unmittelbar die Äquivalenz $d_{\mathbb{N}}\ ((x_n),(y_n)) < r \Leftrightarrow (x_1,\ldots,x_m) = (y_1,\ldots,y_m)$ und somit (1).

(2) Aus (1) folgt $\text{dist}(S(x,r), \mathbb{N}^{\mathbb{N}} \setminus S(x,r)) \geq \frac{1}{m}$. Also sind $S(x,r)$ und $\mathbb{N}^{\mathbb{N}} \setminus S(x,r)$ nicht benachbart.

(3) Durch $(y_n) \mapsto (y_{n+m})$ wird ein uniformer Isomorphismus $h: \underline{S(x,r)} \to \underline{\mathbb{N}^{\mathbb{N}}}$ definiert.

6.5.2 SATZ

Der Raum $\underline{\mathbb{N}^{\mathbb{N}}}$ *hat folgende Eigenschaften:*

(1) $\underline{\mathbb{N}^{\mathbb{N}}}$ *ist topologisch vollständig.*

(2) $\underline{\mathbb{N}^{\mathbb{N}}}$ *ist separabel.*

(3) *Jeder kompakte Teilraum von* $\underline{\mathbb{N}^{\mathbb{N}}}$ *ist nirgends dicht in* $\underline{\mathbb{N}^{\mathbb{N}}}$.

(4) *In* $\underline{\mathbb{N}^{\mathbb{N}}}$ *existiert zu jedem Punkt* x *und jeder Umgebung* U *von* x *eine Zerlegungsmenge* A *mit* $x \in A \subset U$.

Beweis:

(1) folgt aus 6.2.11.

(2) folgt aus 6.2.12.

(3) Sei $\underline{A}$ ein kompakter Teilraum von $\underline{\mathbb{N}^{\mathbb{N}}}$. Wäre A nicht nirgends-dicht in $\underline{\mathbb{N}^{\mathbb{N}}}$, so gäbe es ein $x \in A$ derart, daß A Umgebung von x in $\underline{\mathbb{N}^{\mathbb{N}}}$ wäre. Dann existierte eine offene Kugel $S(x,r)$ in $\underline{\mathbb{N}^{\mathbb{N}}}$ mit $S(x,r) \subset A$. Nach 6.5.1(2) wäre $S(x,r)$ abgeschlossen in $\underline{\mathbb{N}^{\mathbb{N}}}$ und somit erst recht in $\underline{A}$. Nach 4.2.4 wäre $\underline{S(x,r)}$ somit kompakt. Andererseits ist $S(x,r)$ nach 6.5.1(3) topologisch isomorph zu $\underline{\mathbb{N}^{\mathbb{N}}}$ und somit nach 6.2.1o nicht kompakt. Widerspruch. Folglich ist A nirgends dicht in $\underline{\mathbb{N}^{\mathbb{N}}}$.

(4) folgt aus 6.5.1(2).

6.5.3 BEMERKUNG

(1) Obige Eigenschaften von $\underline{\mathbb{N}^{\mathbb{N}}}$ sind nicht zufällig ausgewählt. Es gilt nämlich der folgende bemerkenswerte Satz: Ein metrischer Raum $\underline{X}$ mit $X \neq \emptyset$ ist genau dann zu $\underline{\mathbb{N}^{\mathbb{N}}}$ topologisch isomorph, wenn er folgende Eigenschaften hat: $\underline{X}$ ist topologisch vollständig, separabel, jeder kompakte Teilraum von $\underline{X}$ ist nirgends dicht in $\underline{X}$, und in $\underline{X}$ existiert zu jeder Umgebung U eines Punktes x eine Zerlegungsmenge A mit $x \in A \subset U$.

Diesen Satz werden wir nicht beweisen. Es sei nur angemerkt, daß ein Beweis ganz analog zum Beweis des Charakterisierungssatzes 5.3.4 von $\mathbb{D}$ durchgeführt werden kann, wenn man mit abzählbaren Zerlegungen anstelle von endlichen Zerlegungen arbeitet.

(2) Der Raum $\underline{\mathbb{P}}$ der Irrationalzahlen ist nach 3.5.7 topologisch vollständig und erfüllt, wie leicht einzusehen ist, auch die anderen in (1) genannten Bedingungen. Er ist somit zu $\underline{\mathbb{N}^{\mathbb{N}}}$ topologisch isomorph.

(3) Ist $\underline{X}$ ein beliebiger topologisch vollständiger, nicht-kompakter, separabler Raum mit diam $\underline{X} \leq 1$, so daß in $\underline{X}$ zu jeder Umgebung U eines Punktes x eine Zerlegungsmenge A mit $x \in A \subset U$ existiert, so erfüllt $\underline{X^{\mathbb{N}}}$ die Bedingungen von (1), ist also zu $\underline{\mathbb{N}^{\mathbb{N}}}$ topologisch isomorph. Versieht man insbesondere $\mathbb{Q}$ bzw. $\mathbb{P}$ mit der Metrik $d(x,y) = \min\{1, |x-y|\}$, so sind die metrischen Räume $\underline{\mathbb{N}^{\mathbb{N}}}$, $\underline{\mathbb{Q}^{\mathbb{N}}}$, $\underline{\mathbb{P}^{\mathbb{N}}}$ und $\underline{\mathbb{P}}$ topologisch isomorph.

6.5.4 AUFGABE

Zeigen Sie, daß sich jeder der Räume $\underline{X} = \underline{\mathbb{N}^{\mathbb{N}}}$ bzw. $\underline{X} = \underline{\mathbb{P}}$ als disjunkte Vereinigung von abzählbar vielen, zu $\underline{X}$ topologisch isomorphen Zerlegungsmengen von $\underline{X}$ darstellen läßt.

6.6 GLEICHMÄSSIGE KONVERGENZ IN C($\underline{X}$)

Wie bereits in 6.0 ausgeführt, läßt sich die gleichmäßige Konvergenz stets durch eine Metrik beschreiben. Ist insbesondere $\underline{X} = (X,d)$ ein kompakter metrischer Raum und ist $C(\underline{X})$ die Menge aller stetigen Abbildungen $f: \underline{X} \to \mathbb{R}$, so wird durch

$\|f-g\| = \sup \{|f(x)-g(x)| \mid x \in X\}$

eine Metrik auf $C(\underline{X})$ definiert, welche die gleichmäßige Konvergenz beschreibt. Die mit dieser Metrik versehenen Räume $C(\underline{X})$ spielen eine besondere Rolle in der Funktionalanalysis. Es folgen zwei besonders wichtige Ergebnisse über Teilräume $\underline{F}$ von $C(\underline{X})$, wobei $\underline{X}$ stets ein kompakter metrischer Raum ist.

6.6.1 SATZ (*Arzela, Ascoli*)

F ist genau dann total beschränkt in $C(\underline{X})$, *wenn folgende Bedingungen erfüllt sind:*

(1) *für jedes* $x \in X$ *ist* $F(x) := \{f(x) \mid f \in F\}$ *beschränkt*

(2) *F ist* ***gleichgradig stetig***, *d.h.*

$$\forall x \in X \quad \forall \varepsilon>0 \quad \exists \delta>0 \quad \forall f \in F \quad \forall y \in X \quad d(x,y)<\delta \Rightarrow |f(x)-f(y)|<\varepsilon.$$

Beweis:

Es sei $\underline{F}$ total beschränkt. Dann ist $\underline{F}$ nach 4.1.7 beschränkt und wegen $|f(x)-g(x)| \le \|f-g\|$ für jedes $x \in X$, $f \in F$ und $g \in F$ folgt sofort (1).

Wir zeigen jetzt (2): Sei $x \in X$ und $\varepsilon > 0$. Dann existiert ein $\frac{\varepsilon}{3}$-Netz $N = \{f_1,\dots,f_n\}$ in $\underline{F}$. Wegen der Stetigkeit der f_i gilt:
$\forall i = 1,\dots,n \quad \exists \delta_i > 0 \quad \forall y \in X \quad |x-y| < \delta_i \Rightarrow |f_i(x)-f_i(y)| < \frac{\varepsilon}{3}$. Für $\delta := \min\{\delta_1,\dots,\delta_n\}$ folgt also $\forall y \in X \; |x-y| < \delta \Rightarrow |f_i(x)-f_i(y)| < \frac{\varepsilon}{3}$ für jedes $i = 1,\dots,n$. Da N ein $\frac{\varepsilon}{3}$ - Netz in $\underline{F}$ ist, existiert für beliebiges $f \in F$ ein $j \in \{1,\dots,n\}$ mit $\|f-f_j\| \le \frac{\varepsilon}{3}$. Also folgt für jedes $y \in X$ mit $|x-y| < \delta$

$$|f(x)-f(y)| \le |f(x)-f_j(x)|+|f_j(x)-f_j(y)| + |f_j(y)-f(y)| < \frac{\varepsilon}{3}+\frac{\varepsilon}{3}+\frac{\varepsilon}{3} = \varepsilon.$$

Für die Umkehrung zeigen wir zunächst, daß die Bedingung (2) äquivalent ist zur Bedingung

(2') $\forall \varepsilon>0 \quad \exists \delta>0 \quad \forall f \in F \quad \forall x \in X \quad \forall y \in X \quad d(x,y) < \delta \Rightarrow |f(x)-f(y)| < \varepsilon.$

Klar, daß (2') $\Rightarrow$ (2) gilt. Es gelte (2), aber nicht (2'), d.h.
$\exists \varepsilon_o>0 \; \forall n \in \mathbb{N} \; \exists f_n \in F \; \exists x_n, y_n \in X$ mit $d(x_n,y_n) < \frac{1}{n}$ und $|f_n(x_n)-f_n(y_n)| \ge \varepsilon_o$ (*).
Nach 4.2.1o existiert dann eine gegen ein $x_o \in X$ konvergente Teilfolge (x_{n_i}) von (x_n) derart, daß die entsprechende Teilfolge (y_{n_i}) von (y_n)

gegen ein $y_o \in X$ konvergiert. Wegen $d(x_{n_i}, y_{n_i}) < \frac{1}{n_i}$ und $d(x_o,y_o) \leq d(x_o,x_{n_i}) + d(x_{n_i},y_{n_i}) + d(y_{n_i},y_o)$ für jedes $i \in \mathbb{N}$ folgt $d(x_o,y_o) = 0$, also $x_o = y_o$. Nach (2) folgt

$\exists \delta_o > 0 \quad \forall f \in F \quad \forall y \in X \quad d(x_o,y) < \delta_o \Rightarrow |f(x_o)-f(y)| < \frac{\varepsilon_o}{2}$ (**).

Da (x_{n_i}) und (y_{n_i}) gegen x_o konvergieren, existiert ein $k \in \mathbb{N}$ mit $d(x_o,x_{n_k}) < \frac{1}{n_k} < \delta_o$ und $d(x_o,y_{n_k}) < \frac{1}{n_k} < \delta_o$, insbesondere folgen wegen (**) für $m := n_k$

$|f_m(x_o)-f_m(x_m)| < \frac{\varepsilon_o}{2}$ und $|f_m(x_o)-f_m(y_m)| < \frac{\varepsilon_o}{2}$, also

$|f_m(x_m)-f_m(y_m)| \leq |f_m(x_m)-f_m(x_o)| + |f_m(x_o)-f_m(y_m)| < \frac{\varepsilon_o}{2} + \frac{\varepsilon_o}{2} = \varepsilon_o$,

im Widerspruch dazu, daß nach (*) $|f_m(x_m)-f_m(y_m)| \geq \varepsilon_o$ gilt.

F erfülle nun (1) und (2'). Sei $r > 0$. Wir haben die Existenz eines r-Netzes in $\underline{F}$ zu beweisen. Wegen (2') gilt:

$\exists \delta_o > 0 \quad \forall f \in \underline{F} \quad \forall x,y \in X \quad d(x,y) < \delta \Rightarrow |f(x)-f(y)| < \frac{r}{3}$ (***).

Da $\underline{X}$ kompakt ist, ist $\underline{X}$ nach 4.2.2 total beschränkt. Also existiert ein δ_o-Netz $\{x_1,\ldots,x_n\}$ in $\underline{X}$.Wegen (1) ist $\{f(x_i) | f \in F\}$ für jedes $i = 1,\ldots,n$ beschränkt, nach 4.1.12 sogar total beschränkt. Daher existiert zu jedem $i = 1,\ldots,n$ eine endliche Überdeckung $\mathcal{U}_i$ von $\{f(x_i) | f \in F\}$ derart, daß diam $U < \frac{r}{3}$ für jedes $U \in \mathcal{U}_i$ gilt.

Sei $\prod_{i=1}^{n} \mathcal{U}_i = \{(U_1,\ldots,U_n) | U_i \in \mathcal{U}_i$ für alle $i = 1,\ldots,n\}$; wir definieren nun eine Abbildung $\prod_{i=1}^{n} \mathcal{U}_i \to F$ wie folgt: Hat ein $j := (U_1,\ldots,U_n) \in \prod_{i=1}^{n} \mathcal{U}_i$ die Eigenschaft, daß ein $f \in F$ mit $f(x_i) \in U_i$ für alle $i = 1,\ldots,n$ existiert, so sei f_j ein solches f; hat j diese Eigenschaft nicht, so sei f_j beliebig aus F gewählt. Wir beweisen, daß $\{f_j | j \in \prod_{i=1}^{n} \mathcal{U}_i\}$ ein r-Netz in $\underline{F}$ ist: Sei $f \in \underline{F}$. Für jedes $i = 1,\ldots,n$ existiert ein $U_i \in \mathcal{U}_i$ mit $f(x_i) \in U_i$, es ist also $j_o := (U_1,\ldots,U_n) \in \prod_{i=1}^{n} \mathcal{U}_i$. Sei $x \in X$. Wir zeigen, daß $|f(x)-f_{j_o}(x)| \leq r$ ist: Da N ein δ_o-Netz ist, existiert ein $x_k \in N$ mit $d(x,x_k) < \delta_o$. Nach Definition von f_{j_o} und U_k gelten $f_{j_o}(x_k) \in U_k$, $f(x_k) \in U_k$ und (wegen diam $U_k < \frac{r}{3}$) $|f(x_k)-f_{j_o}(x_k)| < \frac{r}{3}$. Insgesamt ergibt sich also unter Beachtung von (***):

$|f(x)-f_{j_o}(x)| \leq |f(x)-f(x_k)|+|f(x_k)-f_{j_o}(x_k)|+|f_{j_o}(x_k)-f_{j_o}(x)| < \frac{r}{3}+\frac{r}{3}+\frac{r}{3} = r$,

also, da $x \in X$ beliebig war: $\| f-f_{j_o} \| \leq r$.

6.6.2 SATZ (*Weierstraß, M.H. Stone*)

F ist dicht in $C(\underline{X})$, *falls F die folgenden Bedingungen erfüllt:*

(1) *alle konstanten Funktionen* $f: X \to \mathbb{R}$ *gehören zu F*

(2) *mit f und g gehören auch f+g und f·g zu F*

(3) *F trennt Punkte, d.h. zu je zwei verschiedenen Punkten x und y von X existiert ein* $f \in F$ *mit* $f(x) \neq f(y)$.

Beweis:

Sei $f \in C(\underline{X})$ und $\varepsilon > 0$ beliebig. Wir gehen so vor, daß wir die Existenz einer Funktion g aus cl F, der abgeschlossenen Hülle von F in $C(\underline{X})$, mit $\|f-g\| \leq \varepsilon$ beweisen (denn dann existiert ein $h \in F$ mit $\|g-h\| < \varepsilon$, also folgt $\|f-h\| \leq \|f-g\|+\|g-h\|<2\varepsilon$ und damit die Behauptung).

Zu je zwei Punkten x,y von X existiert eine Funktion $g_{xy} \in F$ mit $g_{xy}(x) = f(x)$ und $g_{xy}(y) = f(y)$. Dies ist für $x = y$ wegen (1) klar; für $x \neq y$ existiert wegen (3) eine Funktion u aus F mit $u(x) \neq u(y)$. Dann gehört die Funktion g_{xy}, definiert durch

$$g_{xy}(z) := f(x) + (f(y) - f(x)) \cdot \frac{u(z) - u(x)}{u(y) - u(x)} \quad \text{für jedes } z \in X$$

wegen (1) und (2) zu F und hat die gewünschte Eigenschaft. Da $f-g_{xy}$ für jedes $x,y \in X$ stetig ist, gilt:

$\forall x,y \in X \; \exists$ offene Umgebung U_{xy} von y mit $|g_{xy}(z)-f(z)| < \varepsilon$, also $g_{xy}(z) < f(z) + \varepsilon$ für alle $z \in U_{xy}$.

Daher ist für jedes $x \in X$ die Menge $\mathcal{U}_x := \{U_{xy} \mid y \in X\}$ eine offene Überdeckung von X. Da $\underline{X}$ kompakt ist, existieren nach 4.3.4 endlich viele Punkte $y_1,\ldots,y_n$ von X, so daß $\{U_{xy_1},\ldots,U_{xy_n}\}$ eine Überdeckung von ist. Sei $g_x := \mathrm{Min}\{g_{xy_1},\ldots,g_{xy_n}\}$, definiert durch $g_x(z) = \mathrm{Min}\{g_{xy_1}(z),\ldots,g_{xy_n}(z)\}$ für jedes $z \in X$. Es ist $g_x \in C(\underline{X})$ und es gelten $g_x(z)<f(z) + \varepsilon$ für jedes $z \in X$ sowie $g_x(x) = f(x)$, also $(g_x-f)(x) = 0$ für jedes $x \in X$. Da g_x-f stetig ist, gilt: $\forall x \in X \; \exists$ offene Umgebung V_x von x mit $(g_x-f)(z) > -\varepsilon$, also $f(z) - \varepsilon < g_x$ für alle $z \in V_x$. Wieder nach 4.3.4 existieren dann endlich viele Punkte $x_1,\ldots,x_m$, so daß $\{V_{x_1},\ldots,V_{x_m}\}$ eine offene Überdeckung von X ist. Nun sei $g := \mathrm{Max}\,\{g_{x_1},\ldots,g_{x_m}\}$, definiert durch $g(z)=\mathrm{Max}\{g_{x_1}(z),\ldots,g_{x_m}(z)\}$ für jedes $z \in X$. Es ist $g \in C(\underline{X})$ und es gilt $f(z) - \varepsilon < g(z) < f(z)+\varepsilon$ für jedes $z \in X$, d.h. $\|f-g\| \leq \varepsilon$.

Offensichtlich gehört dieses g nach Definition dann zur abgeschlossenen Hülle cl F von F in $C(\underline{X})$, wenn mit je zwei Funktionen f_1, f_2 aus cl F auch $\mathrm{Min}\,\{f_1,f_2\}$ und $\mathrm{Max}\,\{f_1,f_2\}$ zu cl F gehören. Wegen

$$\mathrm{Min}\,\{f_1,f_2\} = \frac{f_1+f_2}{2} - \frac{|f_1-f_2|}{2} \quad \text{und} \quad \mathrm{Max}\,\{f_1,f_2\} = \frac{f_1+f_2}{2} + \frac{|f_1-f_2|}{2}$$

und weil für beliebige $a \in \mathbb{R}$, $f_1, f_2 \in \mathrm{cl}\, F$ auch $f_1 + af_2 \in \mathrm{cl}\, F$ (wie man leicht zeigt) gilt, genügt es, die Aussage: $h \in \mathrm{cl}\, F \Rightarrow |h| \in \mathrm{cl}\, F$ zu beweisen ($|h|$ ist durch $|h|(z) = |h(z)|$ für jedes $z \in X$ definiert). Diese Aussage braucht nur in der Version: $h \in F \Rightarrow |h| \in \mathrm{cl}\, F$ bewiesen zu werden (bitte begründen Sie dies). Sei also $h \in F$. Da h nach 4.3.2 beschränkt ist, existiert ein $b \in \mathbb{R}^+$ mit $h[X] \subset [-b,b]$. Nach der folgenden Aufgabe 6.6.5 existiert zu jedem $\varepsilon < 0$ ein reelles Polynom $p(t) = a_o + a_1 t + \ldots + a_n t^n$ mit $||p(t)|-|t|| < \varepsilon$ für alle $t \in [-b,b]$, also gilt insbesondere $|p(h(x)) - |h(x)|| < \varepsilon$ für alle $x \in X$, wobei wegen (1) und (2) $p \circ h = a_o + a_1 h + \ldots + a_n h^n$ zu F gehört.

<u>6.6.3 BEISPIEL</u>

Ist in 6.6.2 speziell $X = [a,b]$ ein kompaktes Intervall in $\underline{\mathbb{R}}$, so erfüllt die Menge aller reellen Polynome, aufgefaßt als reelle Funktionen auf $[a,b]$, die Bedingungen (1), (2) und (3). Jede stetige Funktion auf $[a,b]$ ist also Limes einer gleichmäßig konvergenten Folge von Polynomen. Dies ist der klassische Satz von Weierstraß.

<u>6.6.4 AUFGABEN</u>

Zeigen Sie:

(1) Sei $[a,b]$ ein kompaktes Intervall in $\underline{\mathbb{R}}$ mit $a < b$, $C \in \mathbb{R}^+$ und F die Menge aller differenzierbaren Funktionen $f: [a,b] \to \mathbb{R}$ mit $|f'(x)| \leq C$ für alle $x \in X$. Dann ist F gleichgradig stetig.

(2) Sei $\underline{X}$ ein kompakter metrischer Raum und (f_n) eine Folge (gleichmäßig) stetiger Funktionen $f_n: \underline{X} \to \underline{\mathbb{R}}$, welche einfach gegen eine Funktion $f: X \to \mathbb{R}$ konvergiert. Dann sind äquivalent:

(a) $\{f_n | n \in \mathbb{N}\}$ ist gleichgradig stetig

(b) (f_n) konvergiert gleichmäßig gegen f.

(Hinweis: Benutzen Sie, daß die gleichgradige Stetigkeit äquivalent ist zur Bedingung (2') im Beweis zu 6.6.1 und daß (a) und (b) jeweils die gleichmäßige Stetigkeit von f implizieren (Begründung!))

<u>6.6.5 AUFGABE</u>

Sei (p_n) die Folge von reellen Polynomen p_n, die induktiv durch $p_o(t) = 0$ und $p_{n+1}(t) = p_n(t) + \frac{1}{2}(t - p_n(t)^2)$ für alle $t \in [-1,1]$ und $n \in \mathbb{N}$ definiert ist. Zeigen Sie durch vollständige Induktion:

(a) $0 \leq \sqrt{t} - p_n(t) \leq \frac{2\sqrt{t}}{2+n\sqrt{t}}$ für alle $t \in [0,1]$ und $n \in \mathbb{N}$

und folgern Sie daraus:

(b) (p_n) konvergiert gleichmäßig auf $[0,1]$ gegen die Funktion $t \mapsto \sqrt{t}$

(c) für jedes $b \in \mathbb{R}$ mit $b > 0$ konvergiert die Folge (q_n) mit

$$q_n(t) := bp_n\left(\frac{t^2}{b^2}\right) \text{ für alle } t \in [-b,b] \text{ und } n \in \mathbb{N}$$

gleichmäßig auf $[-b,b]$ gegen die Funktion $t \mapsto \sqrt{t^2} = |t|$.

6.7 EINFACHE KONVERGENZ IN *Abb*$(\mathbb{R},\mathbb{R})$

6.7.1 THEOREM (*Inadäquatheit von Metriken*)

Auf der Menge $X = \text{Abb}(\mathbb{R},\mathbb{R})$ *gibt es keine Metrik* d, *welche die einfache Konvergenz beschreibt, d.h. so, daß für jedes* $f \in X$ *und jede Folge* (f_n) *in* X *folgende Aussagen äquivalent sind:*

(a) (f_n) *konvergiert einfach gegen* f.

(b) *In* (X,d) *konvergiert* (f_n) *gegen* f.

Beweis:

Sei $A = \{f \in X \mid f: \underline{\mathbb{R}} \to \underline{\mathbb{R}} \text{ ist stetig}\}$, sei (r_n) eine Darstellung aller rationalen Zahlen als Folge, sei $f_n: \mathbb{R} \to \mathbb{R}$ für jedes $n \in \mathbb{N}$ die

durch $f_n(x) = \begin{cases} 1, & \text{falls } x \in \{r_1,\ldots,r_n\} \\ 0, & \text{sonst} \end{cases}$ definierte Abbildung, und

sei $f: \mathbb{R} \to \mathbb{R}$ die durch

$f(x) = \begin{cases} 1, & \text{falls } x \in \mathbb{Q} \\ 0, & \text{sonst} \end{cases}$ definierte Abbildung. Dann konvergiert (f_n) einfach gegen f. Gäbe es eine Metrik d auf X, welche die einfache Konvergenz beschreibt, so gälte in $\underline{X} = (X,d)$:

(i) $f_n \in \text{cl } A$ für jedes $n \in \mathbb{N}$ wegen 3.4.7(2) und 1.3.11.

(ii) $f \in \text{cl cl } A = \text{cl } A$ wegen 1.2.11(5).

(iii) $f \notin \text{cl } A$ wegen 3.4.6(3) und 1.3.11.

6.7.2 AUFGABE

Zeigen Sie:

(1) Jede in l_2 konvergierende Folge konvergiert einfach (d.h. koordinatenweise).

(2) Nicht jede einfach-konvergierende Folge in l_2 konvergiert in l_2.

§ 7 Topologische Räume und Nachbarschaftsräume

STUDIERHINWEISE ZU § 7

In den Paragraphen 1 bis 6 des vorliegenden Buches ist die Theorie metrischer Räume entwickelt worden. Der 7. Paragraph stellt einen Ausblick und eine Einführung in die Theorie von topologischen und Nachbarschafts-Räumen dar.

Die bisher vagen Begriffe der topologischen und der uniformen Struktur eines metrischen Raumes erhalten hier eine präzise Fassung.

Die Abschnitte 7.1. und 7.2. dienen der Definition von topologischen Räumen und von Nachbarschaftsräumen. Es wird gezeigt, daß sie geeignete Hilfsmittel zur Präzisierung der Begriffe "topologische Struktur" bzw. "uniforme Struktur" eines metrischen Raumes sind. Andererseits entstehen neue Schwierigkeiten dadurch, daß die beim Studium metrischen Räume so nützlichen Begriffe wie "Konvergenz einer Folge" und "benachbarte Folgen" im allgemeineren Rahmen sich als wenig geeignete Werkzeuge erweisen und durch kompliziertere ersetzt werden müssen. Diese Abschnitte sollten sorgfältig studiert werden.

In Abschnitt 7.3. wird kurz der Zusammenhang zwischen Topologien und Nachbarschaftsstrukturen behandelt. Der Leser soll hier ein Gefühl für die in der mengentheoretischen Topologie üblichen Methoden und Techniken bekommen; sie sicher zu beherrschen wird z.B. durch die Erarbeitung eines weiterführenden Topologie-Buches ermöglicht.

7.0 EINFÜHRUNG

Die Paragraphen 1 bis 6 dieses Buches galten dem Studium metrischer Räume. Eine Fülle interessanter und wichtiger Sätze wurde hergleitet. Viele Ergebnisse der Analysis erwiesen sich als Spezialfälle erheblich allgemeinerer Resultate über metrische Räume, was besonders diejenigen schätzen werden, die sich später z.B. im Rahmen der Funktionalanalysis noch eingehend mit speziellen metrischen Räumen, z.B. normierten Vektorräumen, Banachräumen und Hilberträumen, beschäftigen werden.

Andererseits hat insbesondere der Paragraph 6 die Grenzen der Brauchbarkeit des Metrik-Begriffs aufgezeigt. Das sehr natürliche und für die Analysis wichtige Konzept der einfachen Konvergenz von Funktionenfolgen läßt sich, wie wir in 6.6.1 sahen, (im Gegensatz zum Konzept der gleichmäßigen Konvergenz von Funktionenfolgen) nicht mit einer Metrik beschreiben. Die in den §§ 1 - 6 entwickelten Methoden und Ergebnisse sind somit zum Studium der einfachen Konvergenz nicht geeignet. Bereits vorher (insbesondere beim Studium der Funktionenräume $\underline{X}^n$ und $\underline{X}^{\mathbb{N}}$) wurde deutlich, daß Metriken i.allg. nur Hilfsmittel sind, um topologische oder uniforme Begriffe zu definieren. Die Tatsache, daß i.allg. sehr viele verschiedene Metriken dieselben topologischen bzw. uniformen Begriffe erzeugen (d.h. topologisch bzw. uniform äquivalent sind) wird der Leser insbesondere in 6.1.2 und 6.2.3 wohl eher als verwirrend denn als erhellend betrachtet haben. Es wäre in diesen Fällen viel natürlicher gewesen, direkt (d.h. ohne Zuhilfenahme einer weitgehend willkürlich gewählten Metrik) in geeigneter Form eine allgemeinere Struktur auf den Mengen X^n und $X^{\mathbb{N}}$ einzuführen, die aber ausreicht, alle topologischen bzw. uniformen Begriffe zu definieren. Dazu wäre es natürlich nötig gewesen, vorher zu definieren, was eine solche Struktur ist. Das soll in diesem Paragraphen kurz nachgeholt werden. Eine sorgfältige Darstellung dieser Strukturen muß allerdings einem weiterführenden Topologie-Buch vorbehalten bleiben.

Topologische Strukturen, sog. Topologien, werden wir in 7.1. mit Hilfe des Operators cl einführen und kurz andeuten, wie die topologischen Begriffe aus §1 sich in dem verallgemeinerten Konzept der (symmetrischen) topologischen Räume wiederfinden. Uniforme Begriffe wie gleichmäßige Stetigkeit werden wir in 7.2. mit Hilfe von sogenannten Nachbarschaftsräumen einführen, deren Struktur sich durch Axiomatisierung der Relation "A ist benachbart zu B" ergibt. Schließlich zeigen wir in 7.3., daß das Konzept der Nachbarschaftsräume komplexer ist als dasjenige der symmetrischen topologischen Räume: Jede Nachbarschaftsstruktur induziert eine symmetrische Topologie und jede symmetrische Topologie kommt so zustande, aber verschiedene Nachbarschaftsstrukturen können dieselbe Topologie induzieren.

Eine Durchsicht der Hauptergebnisse dieses Kurses wird zeigen, daß in keinem (mit der einzigen Ausnahme des Banachschen Fixpunktsatzes) die Metrik explizit vorkommt. Jedes dieser Ergebnisse läßt sich somit in der Theorie der topologischen Räume oder der Nachbarschaftsräume formulieren. Bei den Beweisen haben wir jedoch z.T. sehr kräftig von der Metrik Gebrauch gemacht (analysieren Sie z.B. den Beweis des Fortsetzbarkeitstheorems 2.3.5). Viele dieser Ergebnisse sind somit in allgemeinerem Rahnen zwar formulierbar, aber nicht oder nur unter zusätzlichen einschränkenden Voraussetzungen gültig und im Gültigkeitsfall oft nur unter Heranziehung erheblich komplizierter Techniken beweisbar.

7.1 TOPOLOGISCHE RÄUME

7.1.1 DEFINITIONEN

(1) Eine *Topologie* auf einer Menge X ist eine Abbildung cl, die jeder Teilmenge A von X eine Teilmenge cl A von X so zuordnet, daß folgende Axiome erfüllt sind:

(T1) $\text{cl}\,\emptyset = \emptyset$,

(T2) $A \subset \text{cl } A$,

(T3) $\text{cl}(A \cup B) = \text{cl } A \cup \text{cl } B$,

(T4) $\text{cl}(\text{cl } A) = \text{cl } A$.

Für jedes $A \subset X$ heißt cl A die *abgeschlossene Hülle* von A in (X,cl).

(2) Eine Topologie cl auf X heißt *symmetrisch*, falls für $x \in X$, $y \in X$ aus $x \in \text{cl}\{y\}$ stets $y \in \text{cl}\{x\}$ folgt.

(3) Ist cl eine (symmetrische) Topologie auf X, so heißt (X,cl) ein *(symmetrischer) topologischer Raum.*

(4) Eine Abbildung $f: (X,\text{cl}) \to (X',\text{cl}')$ zwischen topologischen Räumen heißt *stetig*, falls aus $A \subset X$ stets $f[\text{cl } A] \subset \text{cl}'(f[A])$ folgt.

7.1.2 SATZ UND DEFINITION

(1) *Ist* (X,d) *ein metrischer Raum, so ist die Abbildung* cl_d, *die jeder Teilmenge* A *von* X *ihre abgeschlossene Hülle in* (X,d) *zuordnet, eine symmetrische Topologie auf* X. Sie heißt die *durch die Metrik* d *induzierte Topologie auf* X.

(2) *Sind* (X,d) *und* (X',d') *metrische Räume und ist* $f: X \to X'$ *eine Abbildung, so sind äquivalent:*

(a) $f: (X,d) \to (X',d')$ *ist stetig im Sinne von* 2.1.3.

(b) $f: (X,\text{cl}_d) \to (X',\text{cl}_{d'})$ *ist stetig im Sinne von* 7.1.1(4)

(3) *Sind* d *und* d' *Metriken auf* X, *so sind äquivalent:*

(a) d *und* d' *sind topologisch äquivalent.*

(b) d *und* d' *induzieren dieselbe Topologie auf* X, *d.h.* $\text{cl}_d = \text{cl}_{d'}$.

Beweis:

(1) 1.2.11.

(2) 2.1.15(1).

(3) 2.2.6.

7.1.3 BEISPIELE

(1) Auf der Menge $X = \{0,1\}$ gibt es genau 4 verschiedene Topologien:

(i) die durch $\text{cl } A = A$ definierte Topologie;

(ii) die durch $\text{cl } A = \begin{cases} X, & \text{falls } 0 \in A \\ A & \text{sonst} \end{cases}$ definierte Topologie;

(iii) die durch $\text{cl } A = \begin{cases} X, & \text{falls } 1 \in A \\ A & \text{sonst} \end{cases}$ definierte Topologie;

(iv) die durch $\text{cl } A = \begin{cases} \emptyset, & \text{falls } A = \emptyset \\ X & \text{sonst} \end{cases}$ definierte Topologie;

für letztere gilt insbesondere $1 \in \text{cl}\{0\}$ und $0 \in \text{cl}\{1\}$.

Die in (i) definierte Topologie cl wird durch die diskrete Metrik d_D auf X induziert, also $cl = cl_{d_D}$. Keine der anderen 3 Topologien auf X wird durch eine Metrik induziert: Die Topologien in (ii) und (iii) sind nicht symmetrisch (für $x \neq y$ gilt $x \in cl\{y\} \Leftrightarrow y \notin cl\{x\}$); die Topologie cl aus (iv) ist zwar symmetrisch, aber weil für jede Metrik d auf $X = \{0,1\}$ und $x \in X$ stets $cl_d\{x\} = \{x\}$ gilt, ist $cl_d \neq cl$.

(2) Wie obiges Beispiel zeigt, gibt es Topologien, die nicht durch eine Metrik induziert werden. Die folgende Tabelle* macht das noch deutlicher:

	Anzahl aller Topologien auf $X = \{1,\ldots,n\}$	Anzahl aller symmetrischen Topologien auf $X = \{1,\ldots,n\}$	Anzahl aller metrikinduzierten Topologien auf $X = \{1,\ldots,n\}$
0	1	1	1
1	1	1	1
2	4	2	1
3	29	5	1
4	355	15	1
5	6 942	52	1
6	2o9 527	2o3	1
7	9 535 341	877	1
8	642 779 354	4 14o	1
9	63 26o 289 423	21 147	1

7.1.4 DEFINITIONEN

Sei (X,cl) ein topologischer Raum, seien $A \subset X$, $x \in X$ und (x_n) eine Folge von X.

(1) x heißt *Berührpunkt* von A in (X,cl), falls $x \in cl\,A$ gilt.

(2) A heißt *abgeschlossen* in (X,cl), falls $A = cl\,A$ gilt.

(3) A heißt *offen* in (X,cl), falls $X \setminus A$ abgeschlossen in (X,cl) ist.

(4) Die Menge $int\,A = X \setminus cl(X \setminus A)$ heißt *offener Kern* von A in (X,cl).

---

*Aus: Marcel Erné, Struktur- und Anzahlformeln für Topologien auf endlichen Mengen, Manuscripta Math. 11 (1974), S. 221 - 259.

(5) A heißt *Umgebung* von x in (X,cl), falls x ∈ int A gilt.

(6) x heißt *Grenzwert* oder *Limes* von (x_n) in (X,cl), falls jede Umgebung von x fast alle Glieder von (x_n) enthält. In diesem Fall sagt man auch, (x_n) *konvergiert* in (X,cl) gegen x und schreibt $(x_n) \to x$.

(7) x heißt *Verdichtungspunkt* von (x_n) in (X,cl), falls jede Umgebung von x unendlich viele Glieder von (x_n) enthält.

7.1.5 SATZ

Ist (X,d) ein metrischer Raum und ist cl_d *die durch d induzierte Topologie auf X, so decken sich die in 7.1.4 bzgl.* (X,cl_d) *definierten Begriffe jeweils mit den in §1 bzgl. (X,d) definierten gleichlautenden Begriffen.*

Beweis:

(1) 1.2.9.

(2) 1.2.12.

(3) 1.2.22.

(4) 1.2.18.

(5) 1.2.25(1).

(6) 1.3.1 und 1.3.6.

(7) 1.3.1.

7.1.6 SATZ

In topologischen Räumen (X,cl) gelten zwischen den in 7.1.4 definierten Begriffen folgende Beziehungen:

(Die Ziffern in den Pfeilen beziehen sich auf die nachfolgende Liste.)

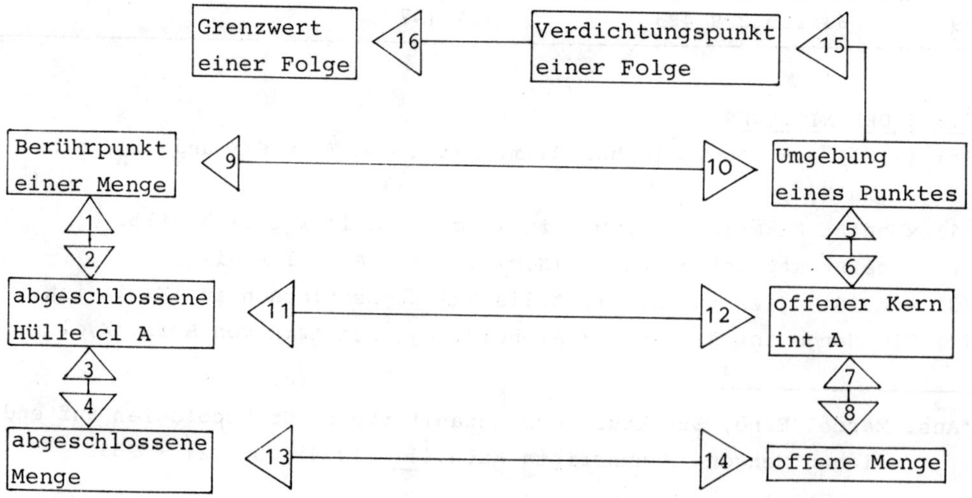

(1) x *Berührpunkt von* A $\Longleftrightarrow$ $x \in \mathrm{cl}\, A$.

(2) $\mathrm{cl}\, A = \{x \in X \mid x$ ist Berührpunkt von $A\}$.

(3) $\mathrm{cl}\, A = \bigcap\{B \subset X \mid A \subset B$ und B ist abgeschlossen$\}$.

(4) A *abgeschlossen* $\Longleftrightarrow$ $A = \mathrm{cl}\, A$.

(5) A *ist Umgebung von* x $\Longleftrightarrow$ $x \in \mathrm{int}\, A$.

(6) $\mathrm{int}\, A = \{x \in X \mid A$ ist Umgebung von $x\}$.

(7) $\mathrm{int}\, A = \bigcup\{B \subset X \mid B \subset A$ und B ist offen$\}$.

(8) A *offen* $\Longleftrightarrow$ $A = \mathrm{int}\, A$.

(9) x *Berührpunkt von* A $\Longleftrightarrow$ *jede Umgebung von* x *hat nichtleeren Durchschnitt mit* A.

(1o) A *Umgebung von* x $\Longleftrightarrow$ x *kein Berührpunkt von* $X\backslash A$.

(11) $\mathrm{cl}\, A = X\backslash \mathrm{int}(X\backslash A)$.

(12) $\mathrm{int}\, A = X\backslash \mathrm{cl}(X\backslash A)$.

(13) A *abgeschlossen* $\Longleftrightarrow$ $X\backslash A$ *offen*.

(14) A *offen* $\Longleftrightarrow$ $X\backslash A$ *abgeschlossen*.

(15) x *Verdichtungspunkt von* (x_n) $\Longleftrightarrow$ *jede Umgebung von* x *enthält unendlich viele Glieder von* (x_n).

(16) x *Grenzwert von* (x_n) $\Longleftrightarrow$ x *Verdichtungspunkt jeder Teilfolge von* (x_n).

Beweis:
(1),(2),(4),(5),(6),(12),(13),(14) und (15) folgen unmittelbar aus 7.1.4. Die Beweise der restlichen Aussagen verlaufen analog wie die Beweise der entsprechenden Ergebnisse über metrische Räume. Exemplarisch führen wir den Beweis zu (16) vor:
"$\Rightarrow$": Jede Umgebung von x enthält fast alle Glieder von (x_n), somit erst recht fast alle Glieder einer beliebigen Teilfolge (x_{n_i}), insbesondere also unendlich viele Glieder (vgl. 1.3.1o(1)).
"$\Leftarrow$": Angenommen, es existiert eine Umgebung U von x, die nicht fast alle Glieder von (x_n) enthält, also für die zu jedem i ein $n_i \geq i$ mit $x_{n_i} \notin U$ existiert. Dann ist x sicher nicht Verdichtungspunkt der Teilfolge (x_{n_i}) von (x_n).

7.1.7 BEMERKUNGEN

(1) Wie der Satz 7.1.6 zeigt, bestehen in einem topologischen Raum zwischen den Begriffen Berührpunkt, abgeschlossene Hülle, abgeschlossene Menge, Umgebung, offener Kern und offene Menge enge Beziehungen. Insbesondere ist die Topologie eines topologischen Raumes vollständig durch die Kenntnis eines dieser 6 Begriffe bestimmt. Demgemäß hätten wir bei der Definition der Topologie in 7.1.1 anstelle von cl irgend-

einen anderen dieser 6 Begriffe an den Anfang stellen können, ohne daß die Beziehungen zwischen diesen 6 Begriffen zerstört würden. An die Stelle von (T1) bis (T4) müssen dann natürlich andere, den entsprechenden Begriff vollständig charakterisierende Axiome treten.

Es kann somit nicht überraschen, daß einige Autoren einen anderen dieser Begriffe als Grundbegriff wählen. Meistens wird der Begriff der offenen Menge gewählt, der zwar etwas weniger anschaulich ist, aber gewisse formale Vorteile besitzt. Einige unserer Definitionen in 7.1.4 werden in einem derartigen Aufbau zu Sätzen, einige unserer Ergebnisse in 7.1.6 dafür zu Definitionen. Das in 7.1.6 zum Ausdruck kommende Beziehungsgefüge bleibt jedoch erhalten. (Vgl. unten 7.1.9(2), (3).)

(2) Dem Leser wird aufgefallen sein, daß wir in obigen Erörterungen die beiden Begriffe Grenzwert und Verdichtungspunkt von Folgen ausgespart haben. Ihm wird ferner aufgefallen sein, daß in 7.1.6 keine Pfeile von einem dieser Begriffe zu einem der restlichen 6 Begriffe führen. Der Grund hierfür ist die bedauerliche Tatsache, daß Folgen in der Theorie metrischer Räume zwar ein sehr nützliches Werkzeug sind, in der Theorie topologischer Räume hingegen ein recht unbrauchbares Instrument darstellen. So gilt - wie wir mit folgendem Beispiel belegen werden - u.a. der Satz 1.3.11, welcher besagt, daß x genau dann Berührpunkt von A ist, wenn es eine Folge (a_n) in A gibt, die gegen x konvergiert, für topologische Räume i.a. nicht. So ist es notwendig, für das Studium topologischer Räume ein komplizierteres Werkzeug zu schmieden: den Begriff des Filters bzw. die Begriffe Grenzwert und Verdichtungspunkt von Filtern. Der Filterbegriff spielt in der Theorie der topologischen Räume dieselbe Rolle wie der einfachere und anschaulichere Folgenbegriff in der Theorie metrischer Räume. Bezüglich Definition und Details verweisen wir auf weiterführende Topologie-Lehrbücher.

7.1.8 BEISPIELE

(1) Sei X eine beliebige überabzählbare Menge (z.B. $X = \mathbb{R}$).

Durch $\text{cl}\, A = A$ bzw. $\text{cl}'A = \begin{cases} A, & \text{falls A höchstens abzählbar ist,} \\ X & \text{sonst} \end{cases}$

werden zwei verschiedene Topologien cl bzw. cl' auf X definiert. Dennoch lassen sich sowohl Verdichtungspunkte als auch Grenzwerte von Folgen bzgl. dieser beiden Topologien nicht unterscheiden, denn es gilt:

(i) Äquivalent sind:

(a) x ist Grenzwert von (x_n) in (X,cl).

(b) x ist Grenzwert von (x_n) in (X,cl').

(c) $\exists m \quad \forall n \geq m \quad x_n = x$.

(ii) Äquivalent sind:

(a) x ist Verdichtungspunkt von (x_n) in (X,cl).

(b) x ist Verdichtungspunkt von (x_n) in (X,cl').

(c) $\forall n \quad \exists m \geq n \quad x_m = x$.

Demnach reicht die Kenntnis aller Grenzwerte und Verdichtungspunkte von Folgen nicht aus, um die Topologie zu erkennen. Ferner hat (X,cl') die unangenehme Eigenschaft, daß für beliebiges $x \in X$ der Punkt x zwar ein Berührpunkt von $A = X\setminus\{x\}$ ist, es aber keine Folge (a_n) in A gibt, die in (X,cl') gegen x konvergiert.

(2) Die Kenntnis aller Grenzwerte von Folgen impliziert i.allg. nicht einmal die Kenntnis aller Verdichtungspunkte von Folgen, wie folgendes Beispiel zeigt. Auf $X = (\mathbb{N} \times \mathbb{N}) \cup \{\infty\}$ werden durch $cl\, A = A$ bzw.

$$cl'A = \begin{cases} A & \text{, falls } \{n \in \mathbb{N} \mid A \cap (\{n\} \times \mathbb{N}) \text{ unendlich}\} \text{ endlich,} \\ A \cup \{\infty\} & \text{sonst} \end{cases}$$

zwei verschiedene Topologien cl bzw. cl' definiert. Ist $f: \mathbb{N} \to \mathbb{N} \times \mathbb{N}$ eine bijektive Abbildung, so hat die Folge $(f(n))$ keinen Verdichtungspunkt in (X,cl), aber den Verdichtungspunkt ∞ in (X,cl'). Hingegen gilt:

Äquivalent sind:

(a) x ist Grenzwert von (x_n) in (X,cl).

(b) x ist Grenzwert von (x_n) in (X,cl').

(c) $\exists n \quad \forall m \geq n \quad x_m = x$.

Insbesondere gibt es also keine Teilfolge von $(f(n))$, die in (X,cl') gegen ∞ konvergiert. Der Satz 1.3.2o(3) gilt somit für beliebige topologische Räume ebenfalls nicht.

7.1.9 AUFGABEN

(1) Sei (X,cl) ein topologischer Raum. Zeigen Sie die Gültigkeit der folgenden Implikation für Teilmengen A,B von X:

$$A \subset B \Rightarrow cl\, A \subset cl\, B.$$

(2) Beweisen Sie Satz 1.2.14 (Eigenschaften abgeschlossener Mengen) für einen beliebigen topologischen Raum (X,cl). Entsprechend Satz 1.2.23 (Eigenschaften offener Mengen).

(3) $\mathcal{U}$ sei eine Menge von Teilmengen von X mit folgenden Eigenschaften:

1. $\emptyset \in \mathcal{U}$ und $X \in \mathcal{U}$,
2. $U \in \mathcal{U}$ und $V \in \mathcal{U}$ implizieren $U \cap V \in \mathcal{U}$,
3. $\mathcal{B} \subset \mathcal{U}$ impliziert $\cup\mathcal{B} \in \mathcal{U}$.

Zeigen Sie, daß genau eine Topologie cl auf X existiert mit

$\mathcal{U} = \{U | U \subset X$ offen in $(X,cl)\}$.

(4) Zeigen Sie, daß sich die einfache Konvergenz in Funktionenräumen stets mit Hilfe einer geeigneten Topologie beschreiben läßt, d.h.:

Ist (X,cl) ein topologischer Raum und ist Y eine beliebige Menge, so gibt es eine Topologie cl' auf der Menge X^Y aller Abbildungen von X nach Y mit folgender Eigenschaft:

(*) Eine Folge (f_n) in X^Y konvergiert einfach gegen ein $f \in X^Y$ genau dann, wenn (f_n) in (X^Y, cl') gegen f konvergiert.

(Hinweis: Sei $\mathcal{A}$ die Menge aller Teilmengen A von X^Y mit folgender Eigenschaft: Konvergiert eine Folge (f_n), die in A liegt, einfach gegen $f \in X^Y$, so ist $f \in A$.

Beweisen Sie, daß

$\mathcal{U} = \{U \subset X^Y | X^Y \setminus U \in \mathcal{A}\}$

die Eigenschaft 1.-3. aus (3) erfüllt und die so gemäß (3) erzeugte Topologie cl' die Eigenschaft (*) besitzt.)

(5) Zeigen Sie, daß auf $\mathbb{N}$ durch $cl\,A = \begin{cases} A & \text{, falls A endlich} \\ A \cup \{1,2\} & \text{sonst} \end{cases}$

eine Topologie cl definiert wird. Prüfen Sie, ob es eine Metrik d mit $cl_d = cl$ gibt.

7.2 NACHBARSCHAFTSRÄUME

7.2.1 DEFINITION

(1) Eine *Nachbarschaftsstruktur* auf X ist eine Relation δ auf der Menge aller Teilmengen von X, die folgenden Bedingungen genügt:

(N1) $A\delta B \Rightarrow B\delta A$,

(N2) $A\delta B \Rightarrow A \neq \emptyset$,

(N3) $A \cap B \neq \emptyset \Rightarrow A\delta B$,

(N4) $A\delta(B \cup C) \iff (A\delta B$ oder $A\delta C)$,

(N5) $A\delta(cl_\delta B) \Rightarrow A\delta B$, wobei $cl_\delta B = \{x \in X \mid \{x\}\delta B\}$.

(2) Ist δ eine Nachbarschaftsstruktur auf X, so heißt (X,δ) ein *Nachbarschaftsraum*. Teilmengen A und B von X heißen *benachbart* in (X,δ), wenn AδB gilt.

(3) Eine Abbildung f: (X,δ) → (X',δ') zwischen Nachbarschaftsräumen heißt *gleichmäßig stetig*, wenn aus AδB stets f[A]δ'f[B] folgt.

7.2.2 SATZ UND DEFINITION

(1) *Ist* (X,d) *ein metrischer Raum, so wird durch*

$A\delta(d)B \iff A$ *und* B *sind benachbart in* (X,d)

eine Nachbarschaftsstruktur $\delta(d)$ *auf* X *definiert.* Sie heißt die *durch* d *induzierte Nachbarschaftsstruktur* auf X.

(2) *Sind* (X,d) *und* (X',d') *metrische Räume und ist* $f: X \to X'$ *eine Abbildung, so sind äquivalent:*

(a) $f: (X,d) \to (X',d')$ *ist gleichmäßig stetig im Sinne von* 2.1.5.

(b) $f: (X,\delta(d)) \to (X',\delta(d'))$ *ist gleichmäßig stetig im Sinne von* 7.2.1(3)

(3) *Sind* d *und* d' *Metriken auf* X, *so sind äquivalent:*

(a) d *und* d' *sind uniform äquivalent.*

(b) d *und* d' *induzieren dieselbe Nachbarschaftsstruktur auf* X, *d.h.* $\delta(d) = \delta(d')$.

Beweis:

(1) 1.2.7 und 1.2.1o.

(2) 2.1.6.

(3) 2.2.5.

7.2.3 DEFINITION

Ist (X,δ) ein Nachbarschaftsraum und sind A und B Teilmengen von X, so heißt B *gleichmäßige Umgebung* von A in (X,δ), wenn $A\delta(X\backslash B)$ nicht gilt.

7.2.4 BEMERKUNGEN

(1) Da A δ B genau dann gilt, wenn X\B keine gleichmäßige Umgebung von A in (X,δ) ist, hätte man den Begriff gleichmäßige Umgebung (bei entsprechendem Axiomensystem) ebenfalls als Grundbegriff zur Definition von Nachbarschaftsräumen wählen können.

(2) Ist (X,d) ein metrischer Raum, so ist A gleichmäßige Umgebung von B in (X,d) genau dann, wenn A gleichmäßige Umgebung von B in $(X,\delta(d))$ ist: vgl. 1.2.28(2).

(3) Ebensowenig wie sich das Konzept der Konvergenz von Folgen zur Beschreibung topologischer Räume eignet, eignet sich als Konzept der benachbarten Folgen zur Beschreibung von Nachbarschaftsräumen. Definiert man (z.B. 1.3.18 folgend) zwei Folgen (x_n) und (y_n) eines Nachbarschaftsraumes (X,δ) als benachbart, falls $\{x_n | n \in M\}\ \delta\ \{y_n | n \in M\}$ für jede unendliche Teilmenge M von $\mathbb{N}$ gilt, so gilt i.allg. der Satz 1.3.17 nicht mehr, wie folgendes Beispiel zeigt:

7.2.5 BEISPIEL

Ist X eine überabzählbare Menge, so wird durch $A \,\delta\, B \Longleftrightarrow [(A \cap B \neq \emptyset)$ oder $(A \neq \emptyset$ und $B \neq \emptyset$ und $A \cup B$ überabzählbar$)]$ eine Nachbarschaftsstruktur δ auf X definiert. Sind A und B nichtleere, disjunkte Teilmengen von X, von denen wenigstens eine überabzählbar ist, so gilt:

(1) $A \,\delta\, B$.

(2) Es gibt keine Folgen (a_n) in A und (b_n) in B, die im Sinne von 7.2.4(3) benachbart in (X,δ) sind.

Ferner gilt: Die durch $A \,\delta' B \Longleftrightarrow A \cap B \neq \emptyset$ definierte Nachbarschaftsstruktur auf X ist von δ verschieden, aber die folgenden Aussagen sind äquivalent:

(a) (x_n) und (y_n) sind in (X,δ) benachbart im Sinne von 7.2.4.

(b) (x_n) und (y_n) sind in (X,δ') benachbart im Sinne von 7.2.4.

(c) $\exists m \quad \forall n \geq m \quad x_n = y_n$.

Somit sind benachbarte Folgen zur Beschreibung und Untersuchung von Nachbarschaftsräumen ungeeignet.

Wir weisen anschließend auf eine spezielle Eigenschaft von Metrik-induzierten Nachbarschaftsstrukturen hin:

7.2.6 DEFINITION

Ein Nachbarschaftsraum (X,δ) heißt *regulär* oder ein *Proximitätsraum*, falls gilt:

Ist B gleichmäßige Umgebung von A in (X,δ), so existiert stets eine Menge C derart, daß B gleichmäßige Umgebung von C und C gleichmäßige Umgebung von A in (X,δ) ist.

7.2.7 SATZ

Ist (X,d) *ein metrischer Raum, so ist* $(X,\delta(d))$ *ein Proximitätsraum.*

Beweis:

Ist B gleichmäßige Umgebung von A in $(X,\delta(d))$, so gilt $r = \operatorname{dist}(A,X\backslash B) > 0$. Somit hat $C = \{x \in X \mid \operatorname{dist}(x,A) < \frac{r}{2}\}$ die geforderten Eigenschaften.

7.2.8 AUFGABEN

(1) Zeigen Sie für einen Nachbarschaftsraum (X,δ):
$A \,\delta\, B$ und $A \subset C,\ B \subset D \Rightarrow C \,\delta\, D$.

(2) Zeigen Sie, daß auf jeder Menge X durch $A \,\delta_D B \Longleftrightarrow A \cap B \neq \emptyset$ eine Nachbarschaftsstruktur δ_D definiert ist. Wird δ_D durch eine Metrik induziert?

(3) Zeigen Sie, daß auf jeder Menge X durch $A\,\delta_I B \iff (A \neq \emptyset$ und $B \neq \emptyset)$ eine Nachbarschaftsstruktur δ_I definiert ist. Wird δ_I durch eine Metrik induziert?

(4) (X,δ), (X',δ') seinen Nachbarschaftsräume und $f: X \to X'$ sei eine Abbildung. Zeigen Sie: Gilt $\delta = \delta_D$ (siehe (2)) oder $\delta' = \delta_I$ (siehe (3)), so ist $f: (X,\delta) \to (X',\delta')$ gleichmäßig stetig.

7.3 NACHBARSCHAFTEN UND TOPOLOGIEN

Die Formulierung des Nachbarschaftsaxioms (N5) legt bereits die Gültigkeit des folgenden Satzes nahe:

7.3.1 SATZ UND DEFINITION

(1) *Ist* (X,δ) *ein Nachbarschaftsraum, so wird durch*

$$cl_\delta B = \{x \in X \mid \{x\}\ \delta\ B\}$$

eine symmetrische Topologie auf X *definiert.* Sie heißt die *durch* δ *induzierte Topologie auf* X.

(2) *Wird* δ *durch eine Metrik* d *induziert, so ist* cl_δ *die durch* d *induzierte Topologie* cl_d*, also* $cl_{\delta(d)} = cl_d$.

(3) *Für jede gleichmäßig stetige Abbildung* $f: (X,\delta) \to (X,\delta')$ *ist* $f: (X,cl_\delta) \to (X',cl_{\delta'})$ *stetig.*

Beweis:

(1) (T1) Gäbe es $x \in cl_\delta\emptyset$, so wäre $\{x\}\delta\emptyset$, also $\emptyset\delta\{x\}$ nach (N1), und das widerspricht (N2).

(T2) $x \in A \Rightarrow \{x\} \cap A \neq \emptyset \Rightarrow \{x\}\,\delta\,A$ (nach (N3)) $\Rightarrow x \in cl_\delta A$.

(T3) $x \in cl_\delta(A \cup B) \iff \{x\}\,\delta\,(A \cup B) \iff \{x\}\,\delta\,A$ oder $\{x\}\delta B$ (nach N4) $\iff x \in cl_\delta A \cup cl_\delta B$.

(T4) $x \in cl_\delta(cl_\delta A) \Rightarrow \{x\}\delta cl_\delta A \Rightarrow \{x\}\delta A \Rightarrow x \in cl_\delta A$.

Symmetrie: $x \in cl_\delta\{y\} \Rightarrow \{x\}\delta\{y\} \Rightarrow \{y\}\delta\{x\} \Rightarrow y \in cl_\delta\{x\}$.

(2) $x \in cl_{\delta(d)}A \iff \{x\}\delta(d)A \iff \text{dist}(x,A) = 0 \iff x \in cl_d A$.

(3) $x \in cl_\delta A \Rightarrow \{x\}\delta A \Rightarrow \{f(x)\}\delta' f[A] \Rightarrow f(x) \in cl_{\delta'} f[A]$.

Wir zeigen jetzt, daß jede symmetrische Topologie durch eine Nachbarschaftsstruktur induziert wird.

7.3.2 SATZ UND DEFINITION

(1) *Ist* (X,cl) *ein symmetrischer topologischer Raum, so wird durch*

$A\delta(cl)B \Longleftrightarrow clA \cap clB \neq \emptyset$

eine Nachbarschaftsstruktur $\delta(cl)$ *auf* X *definiert.* Sie heißt die *durch* cl *induzierte Nachbarschaftsstruktur auf* X. *Die durch* $\delta(cl)$ *induzierte Topologie ist* cl, *also* $cl_{\delta(cl)} = cl$.

(2) *Für jeden Nachbarschaftsraum* (X,δ) *ist die Identität*

$id_X\colon (X,\delta(cl_\delta)) \to (X,\delta)$

gleichmäßig stetig.

(3) *Für einen symmetrischen topologischen Raum* (X,cl), *einen Nachbarschaftsraum* (X',δ') *und eine Abbildung* $f\colon X \to X'$ *sind äquivalent:*

(i) $f\colon (X,cl) \to (X',cl_{\delta'})$ *ist stetig.*

(ii) $f\colon (X,\delta(cl)) \to (X',\delta')$ *ist gleichmäßig stetig.*

Beweis:

(1) Sei $\delta = \delta(cl)$. Dann folgt mit (T1) - (T4):

(N1) $A\ \delta\ B \Longleftrightarrow B\ \delta\ A$, da $cl\ A \cap cl\ B = cl\ B \cap cl\ A$.

(N2) $A\ \delta\ B \Rightarrow A \neq \emptyset$, da $cl\ \emptyset \cap cl\ B = \emptyset$ für jedes $B \subset X$.

(N3) $A \cap B \neq \emptyset \Rightarrow A\ \delta\ B$, da $A \cap B \subset cl\ A \cap cl\ B$.

(N4) $A\ \delta\ (B \cup C) \Longleftrightarrow (A\ \delta\ B$ oder $A\ \delta\ C)$, da

$$cl\ A \cap cl\ (B \cup C) = cl\ A \cap (cl\ B \cup cl\ C) = (cl\ A \cap cl\ B) \cup (cl\ A \cap cl\ C).$$

(N5) Zunächst gilt: $x \in cl_\delta B \Longleftrightarrow \{x\}\ \delta\ B \Longleftrightarrow cl\{x\} \cap cl\ B \neq \emptyset \Longleftrightarrow x \in cl\ B$ wegen der Symmetrie von cl (denn aus $y \in cl\{x\} \cap cl\ B$ folgt $x \in cl\{y\} \subset cl(cl\ B) = cl\ B$). Somit gilt $cl_\delta = cl$. Jetzt folgt $A\delta(cl_\delta B) \Rightarrow A\ \delta\ B$, da $cl(cl_\delta B) = cl(cl\ B) = cl\ B$.

(2) $A\delta(cl_\delta)B \Rightarrow cl_\delta A \cap cl_\delta B \neq \emptyset \Rightarrow (cl_\delta A)\ \delta\ (cl_\delta B)$ (nach (N3))
$\Rightarrow A\ \delta\ B$ (nach zweimaliger Anwendung von (N5)).

(3) (i) $\Rightarrow$ (ii): $A\delta(cl)B \Rightarrow cl\ A \cap cl\ B \neq \emptyset \Rightarrow$
$\emptyset \neq f[cl\ A \cap cl\ B] \subset f[cl\ A] \cap f[cl\ B] \subset cl_{\delta'}f[A] \cap cl_{\delta'}f[B]$
$\Rightarrow f[A]\delta' f[B]$ (wie in (2)).
(ii) $\Rightarrow$ (i): $f\colon (X,\delta(cl)) \to (X',\delta')$ gleichmäßig stetig
$\Rightarrow f\colon (X,cl) = (X,cl_{\delta(cl)}) \to (X', cl_{\delta'})$ stetig nach 7.3.1(3).

7.3.3 BEMERKUNGEN

(1) Für eine Nachbarschaftsstruktur δ auf X ist i.allg. $\delta(cl_\delta) \neq \delta$, selbst wenn δ durch eine Metrik d auf X induziert wird, also $\delta(cl_d) \neq \delta(d)$: In 1.2.6 haben wir zwei Teilmengen A,B des metrischen Raumes $\underline{\mathbb{R}^2}$ angegeben mit $A\delta(d)B$, aber $cl_d A \cap cl_d B = \emptyset$, d.h. nicht $A\delta(cl_d)B$.

(2) Nach 7.3.2(1) können wir jeden symmetrischen topologischen Raum

als Nachbarschaftsraum auffassen, ohne dabei an topologischer Information zu verlieren. Faßt man hingegen einen Nachbarschaftsraum als topologischen Raum auf, so verliert man - wie soeben gesehen - an Information.

7.3.4 AUFGABEN

(1) Geben Sie ein Beispiel einer Nachbarschaftsstruktur auf einer Menge an, die nicht durch eine symmetrische Topologie induziert werden kann.

(2) Konstruieren Sie zwei verschiedene Nachbarschaftsstrukturen δ und δ' auf $\mathbb{N}$, die dieselbe Topologie induzieren.

(3) Zeigen Sie, daß die beiden folgenden Aussagen äquivalent sind für jeden Nachbarschaftsraum (X,δ) und $x \in A \subset X$:

(i) A ist gleichmäßige Umgebung von $\{x\}$ in (X,δ).

(ii) A ist Umgebung von x in (X,cl_δ).

(4) Zeigen Sie, daß die durch die Nachbarschaftsstruktur δ aus 7.2.5 induzierte Topologie mit der in 7.1.8(1) definierten Topologie cl' übereinstimmt.

(5) Für jede stetige Abbildung $f: (X,cl) \to (X',cl')$ symmetrischer topologischer Räume ist $f: (X,\delta(cl)) \to (X',\delta(cl'))$ gleichmäßig stetig.

ZEITTAFEL

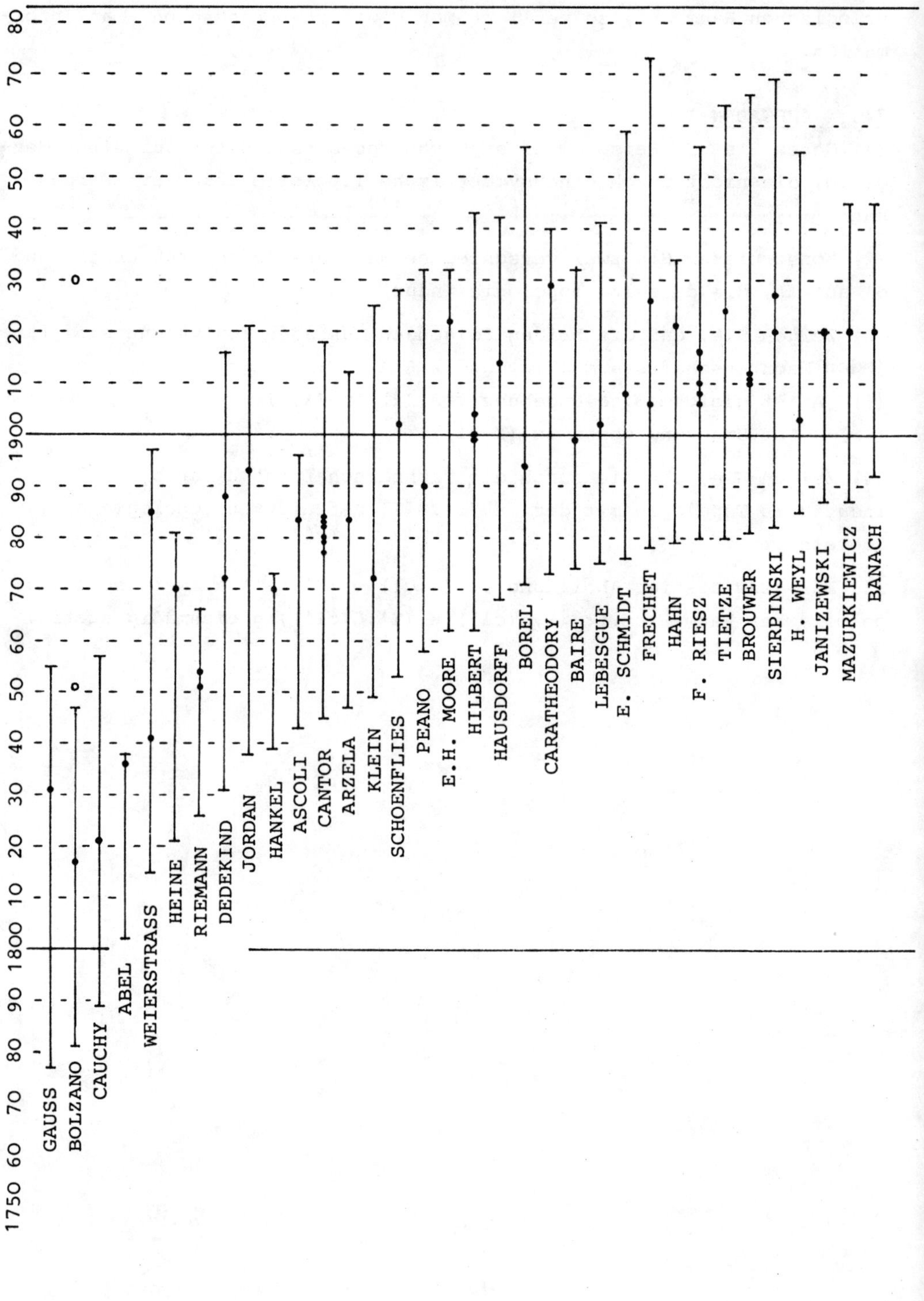

1750
60
70
80
90
1800
10
20
30
40
50
60
70
80
90
1900
10
20
30
40
50
60
70
80
GAUSS
BOLZANO
CAUCHY
ABEL
WEIERSTRASS
HEINE
RIEMANN
DEDEKIND
JORDAN
HANKEL
ASCOLI
CANTOR
ARZELA
KLEIN
SCHOENFLIES
PEANO
E.H. MOORE
HILBERT
HAUSDORFF
BOREL
CARATHEODORY
BAIRE
LEBESGUE
E. SCHMIDT
FRECHET
HAHN
F. RIESZ
TIETZE
BROUWER
SIERPINSKI
H. WEYL
JANIZEWSKI
MAZURKIEWICZ
BANACH

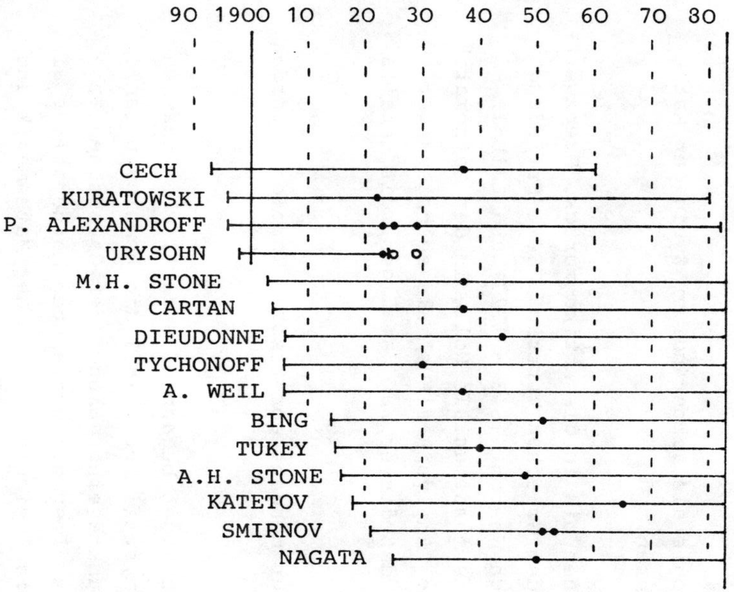

Die Punkte —•— o beziehen sich auf in den Historischen Anmerkungen erwähnte (Publikations-)Daten.

HISTORISCHE ANMERKUNGEN

Die mengentheoretische Topologie als selbständiger Zweig der Mathematik entstand vor ca. 70 Jahren.

Topologische Ideen jedoch gehen bis in die Antike zurück. Grenzwert-Betrachtungen waren bereits den Griechen vertraut. Seit Erfindung des Infinitesimalkalküls durch Newton (1643 - 1727) und Leibniz (1646 - 1716) spielen sie eine fundemantale Rolle in der Mathematik. Bereits Leibniz schwebte eine "Analysis situs" als selbständiger Wissenschaftszweig vor, ohne daß dieser zur damaligen Zeit bereits entwickelt werden konnte.

Die notwendigen Grundlagen der mengentheoretischen Topologie wurden im 19. Jahrhundert gelegt:

(1) Geometrische Betrachtungsweisen begannen, analytische Zusammenhänge zu erhellen. Gauss entmystifizierte 1831 die komplexen Zahlen durch ihre Darstellung als Punkte einer Ebene (der Gaussschen Zahlenebene). Riemann, wie Gauss einer der genialsten Mathematiker aller Zeiten, dessen Ideen in zahlreichen Zweigen der Mathematik und Physik wegweisend wirkten, stellte 1851 in seiner Dissertation "Grundlagen für eine allgemeine Theorie der Funktionen einer veränderlichen komplexen Größe" holomorphe Funktionen nicht mehr als gewisse analytische Ausdrücke sondern als Abbildungen zwischen geeigneten Flächen (den Riemannschen Flächen) dar, und entwickelte 1854 in seinem berühmten Habilitationsvortrag "Über die Hypothesen, welche der Geometrie zu Grunde liegen" die Idee einer Analysis situs als Lehre von den mehrfach ausgedehnten stetigen Größen. Kleins "Erlanger Programm" von 1872 gab geometrischen Ideen weiteren Aufschwung. Hilberts berühmte Untersuchungen über Integralgleichungen führten ihn 19o4 zur Definition des unendlich-dimensionalen Hilbert-Raumes l_2, dessen Punkte gewisse Folgen sind, und dessen Eigenschaften Hilberts Schüler E. Schmidt 19o8 in rein geometrischer Sprache darstellte.

(2) Die wissenschaftliche Strenge des Altertums, die den Mathematikern des 18. und beginnenden 19. Jahrhunderts bei der stürmischen Entwicklung und Anwendung des Infinitesimalkalküls teilweise abhan-

den gekommen war*, wurde wiederentdeckt. Vage intuitive Vorstellungen wurden durch präzise Begriffsbildungen und Hinweise auf die Anschauung durch lückenlose Beweisketten ersetzt. Das war besonders notwendig "in einem Gebiet, wo schlechthin nichts selbstverständlich und das Richtige häufig paradox, das Plausible falsch ist" und wo man "scheinbaren Evidenzen nur nach vorsichtiger Prüfung trauen darf" (Hausdorff 1914). Die Begriffe Konvergenz und Stetigkeit erhielten durch Bolzano in Prag, Cauchy in Paris und Weierstraß in Berlin präzise Bedeutungen. Bolzano, kein eigentlicher Fachmathematiker sondern in erster Linie Theologe und Philosoph, der wegen seiner aufklärerischen Ideen am 24. Dezember 1819 auf Dringen der Curie seine Position als Theologe an der Prager Universität verlor und nur knapp dem Kerker entging, veröffentlichte 1817 eine bedeutende Schrift "Rein analytischer Beweis des Lehrsatzes, daß zwischen je zwey Werthen, die ein entgegengesetztes Resultat gewähren, wenigstens eine reelle Wurzel der Gleichung liege". Sie blieb leider lange fast unbekannt. Seine "Funktionenlehre", die Resultate von Cauchy und Weierstraß vorwegnahm, wurde gar erst 1930 veröffentlicht, mehr als 80 Jahre nach seinem Tod. Ganz im Gegensatz zu Bolzano war Cauchy nicht nur einer der produktivsten, sondern auch einer der anerkanntesten und einflußreichsten Mathematiker der ersten Hälfte des 19. Jahrhunderts. Ganz im Gegensatz zu Bolzano erzkonservativ, mußte er als treuer Anhänger König Karls X - nicht bereit, einen Eid auf dessen Nachfolger zu leisten - Frankreich zwischen 1830 und 1838 verlassen.

Weierstraß war 1842 bis 1855 Lehrer und erzielte während dieser Zeit bahnbrechende Resultate, die ihm 1864, fast 50-jährig, zu einer ordentlichen Professur in Berlin verhalfen. Wegen seiner außerordentlichen wissenschaftlichen Leistungen und seiner blendenden Vorlesungen wurde er im reifen Alter berühmt und vielfach geehrt. Die heutige "Epsilontik" geht auf ihn zurück und die "Weierstraßsche Strenge" wurde durch Felix Klein zu einem geflügelten Wort. 1841 entdeckte Weierstraß das Konzept der gleichmäßigen Konvergenz; 1885 bewies er, daß jede stetige Funktion $f\colon [a,b] \to \mathbb{R}$ gleichmäßig durch Polynome approximierbar ist (ein Ergebnis, das 1937 durch

---

*z.B. fand Euler an der Formel $\sum_{-\infty}^{\infty} x^n = \sum_{0}^{\infty} \frac{1}{x^n} + \sum_{1}^{\infty} x^n = \frac{x}{x-1} + \frac{x}{1-x} = 0$ anscheinend nichts Beunruhigendes, obwohl die Reihe für kein x konvergiert.

M.H. Stone einen erheblich weiteren Rahmen erhalten sollte), womit Riemanns Idee von Funktionenräumen durch ein erstes wesentliches Resultat konkreter zu werden begann. Weierstraß entwickelte auch bereits die lokalisierte Form der gleichmäßigen Konvergenz unter dem Namen "gleichmäßige Konvergenz in jedem Punkt", deren große Bedeutung unter dem Namen "stetige Konvergenz" 1921 von Hahn in der reellen Analysis und 1929 von Carathéodory in der komplexen Analysis demonstriert werden sollte. Heine entdeckte 187o das Konzept der gleichmäßigen Stetigkeit und zeigte, daß jede stetige Abbildung $f: [a,b] \to \mathbb{R}$ bereits gleichmäßig stetig ist. Der Begriff der reellen Funktion erhielt 187o durch Hankel in seinem Vortrag "Untersuchungen über die unendlich oft oszillierenden und unstetigen Funktionen" seine heutige präzise und allgemeine Form. Das System der reellen Zahlen erhielt 1872 durch Dedekinds Schrift "Stetigkeit und Irrationale Zahlen" eine solide Grundlage.

(3) Die axiomatische Methode, die uns schon in Euklids Elementen begegnet und die im Laufe der Jahrhunderte stark in den Hintergrund getreten war, wurde wiederbelebt - insbesondere durch das erfolgreiche, 1899 erstmals erschienene Werk "Grundlagen der Geometrie" von Hilbert, einem der einflußreichsten Mathematiker aller Zeiten, dessen 19oo auf dem Internationalen Mathematiker-Kongreß in Paris vorgestellten 23 Probleme die Mathematiker so faszinierten, daß sich seit nunmehr fast 1oo Jahren führende Mathematiker um deren Lösung bemühen, der in den Jahren 1895 bis 193o den kleinen Ort Göttingen zu einem Mekka für Mathematiker und Physiker machte und der 69-facher Doktor-Vater wurde. Ohne die axiomatische Methode wären die Entstehung und die explosionsartige Entfaltung neuer mathematischer Wissenschaftszweige wie Topologie, Maßtheorie, Funktionalanalysis und Algebra in der ersten Hälfte des 2o. Jahrhunderts unvorstellbar.

(4) Die bedeutendste Grundlage für die Topologie - und nicht nur für sie, sondern für große Teile der Mathematik des 2o. Jahrhunderts - wurde von Cantor in den Jahren 1879 bis 1884 mit der Erschaffung der Mengenlehre gelegt. Erste Ansätze der Cantorschen Ideen sind bereits in Bolzanos 1851 (posthum) erschienenen "Paradoxien des Unendlichen" erkennbar, doch blieb es dem Genie Cantor vorbehalten, die Mengenlehre als mathematische Disziplin zu entwickeln. Es ist heute nur noch schwer vorstellbar, daß Cantors epochemachende Leistungen damals nicht allgemein anerkennt wurden.

Während Hilbert später von dem von Cantor geschaffenen Paradies sprach, aus dem die Mathematiker sich nicht wieder würden vertreiben lassen, wurden Cantors Begriffsbildungen von anderen z.T. erbittert bekämpft, wobei sich besonders unrühmlich der hervorragende Algebraiker Kronecker hervortat, der (glücklicherweise nur mit verzögerndem Erfolg) die Veröffentlichung Cantorscher Ergebnisse zu verhindern suchte und (leider erfolgreich) eine Berufung Cantors nach Berlin verhinderte. Es ist nicht auszuschließen, daß die Ablehnung seiner Ideen wesentlich dazu beitrug, daß Cantor 1884 geistig schwer erkrankte, später wiederholt Nervenzusammenbrüche erlitt und schließlich in einer Nervenklinik starb. Cantors Bedeutung für die Topologie liegt aber nicht allein in der Erschaffung der Mengenlehre, sondern auch darin, daß er wesentliche Einsichten in die topologische Struktur zunächst der reellen Zahlengeraden und später der endlich-dimensionalen Euklidischen Räume gewann. Nach Bourbaki ist es "bewundernswert zu sehen, mit welcher Sauberkeit sich unter seinen Händen nach und nach diese Begriffe entwirren, die so unentwirrbar in dem klassischen Begriff des 'Kontinuums' verwickelt schienen". Insbesondere definierte und analysierte er für Teilmengen des $\mathbb{R}^n$ als erster die Begriffe Häufungspunkt, offene, abgeschlossene, in sich dichte und total-unzusammenhängende Menge. Zusammenhängende Mengen wurden zwar erst später von Jordan (1893) und Schoenflies (19o2) eingeführt, doch hatte Cantor bereits 1883 den uniformen Zusammenhang in Form des Ketten-Zusammenhangs definiert. Von Cantor stammen ferner die Konstruktion und die Untersuchung der denkwürdigen Eigenschaften des nach ihm benannten Cantorschen Diskontinuums sowie die Entdeckung der Cantorschen Durchschnittseigenschaft: jede monoton fallende Folge nichtleerer, abgeschlossener Teilmengen eines beschränkten reellen Intervalls hat einen nicht-leeren Schnitt. Erstaunen, nicht nur bei den Zeitgenossen sondern auch bei ihm selbst, rief Cantors Entdeckung (1877) hervor, daß für je zwei natürliche Zahlen n und m eine Bijektion zwischen dem n-dimensionalen Euklidischen Raum $\mathbb{R}^n$ und dem m-dimensionalen Euklidischen Raum $\mathbb{R}^m$ existiert. Dieses Paradoxon schien das Dimensions-Konzept zu erschüttern, zumal Peano 189o zeigen konnte, daß eine stetige Surjektion $f\colon [0,1] \to [0,1]^2$ existiert. Jedoch vermutete bereits Dedekind, der neben Galois als Begründer der modernen Algebra gilt, in einem Brief an Cantor, daß für $n \neq m$ keine in beiden Richtungen stetige Bijektion $f\colon \mathbb{R}^n \to \mathbb{R}^m$ existieren könne, eine Vermutung, die erst 1911 durch Brouwer bewiesen werden sollte. Schließlich gelangen Cantor, Weierstraß und Dedekind mit Hilfe der von Cantor geschaffenen Begriffe axiomatische und konstruktive Beschreibungen reeller Zahlen. Das 1888 veröffentlichte Werk "Was sind und was sollen die Zahlen" von Dedekind gilt auch heute noch als Grundlage zum Aufbau der Analysis.

Um die Jahrhundertwende gab es, teils angeregt durch Cantors Untersuchungen, teils motiviert durch spezielle analytische Fragen, zahlreiche weitere Untersuchungen über die topologische Struktur von Mengen in endlich-dimensionalen Euklidischen Räumen und von Mengen reellwertiger Funktionen. Nachdem Bolzano und Weierstraß bereits gezeigt hatten, daß jede beschränkte Folge reeller Zahlen eine konvergente Teilfolge besitzt, charakterisierten Arzelà und Ascoli 1883/84 Mengen F stetiger Funktionen $f: [a,b] \to \mathbb{R}$ mit der Eigenschaft, daß jede Folge (f_n) in F eine gleichmäßig konvergente Teilfolge besitzt. (Analoge Ergebnisse für komplexwertige holomorphe Funktionen wurden später durch Vitali, Carathéodory und Montel erzielt). Borel bewies 1894 in seiner Dissertation, daß jede Überdeckung eines abgeschlossenen Intervalls reeller Zahlen durch eine Folge offener Intervalle bereits eine endliche Überdeckung besitzt. Eine präzise Fassung des wichtigen topologischen Begriffs der Kompaktheit, schien greifbar nahe, gelang jedoch erst ca. 3o Jahre später den Russen Alexandroff und Urysohn (siehe unten). Borel wurde durch maßtheoretische Fragen zu seinem Ergebnis geführt. Er benötigte den Satz nämlich, um zeigen zu können, daß für jede Überdeckung des abgeschlossenen Intervalls I durch eine Folge offener Intervalle I_n die Länge $|I|$ von I höchstens gleich der Summe $\Sigma|I_n|$ der Längen $|I_n|$ der Intervalle I_n ist. Erst diese Tatsache macht eine sinnvolle Maßtheorie möglich. Borels Ideen wurden von Lebegue in seiner Dissertation (19o2) weiterentwickelt und die im Entstehen begriffenen Wissenschaftszweige Maßtheorie und Topologie begannen sich in mannigfacher Weise wechselseitig zu befruchten. Hatte Cauchy 1821 noch irrtümlich behauptet, daß der einfache Limes einer Folge stetiger Funktionen wieder stetig sei, was von Abel 1826 widerlegt wurde, so startete Baire 1899 in seiner Dissertation "Sur les fonctions de variables réelles" tiefgründige Untersuchungen über reelle Funktionen, welche sich sukzessive aus stetigen Funktionen mittels einfacher Limesbildungen gewinnen lassen. Im Rahmen dieser Untersuchungen führte er Mengen von 1. und 2. Kategorie ein und zeigte zunächst, daß $\mathbb{R}$, später daß $\mathbb{R}^n$ von 2. Kategorie ist. Die Baireschen Ergebnisse wurden Ausgangspunkt für zahlreiche Erkenntnisse nicht nur in der Topologie (besonders durch die Polnische Schule, siehe unten) sondern auch in der Funktionalanalysis, die sich in enger Verzahnung mit der Topologie zu entwickeln begann. Zu den faszinierendsten Ergebnissen der im Entstehen begriffenen Topologie gehören die in den Jahren 191o bis 1912 erschienenen Resultate Brouwers, dem es gelang, eine Reihe fundamentaler, scheinbar evidenter Eigenschaften der endlich-dimensionalen Euklidischen Räume mittels äußerst tiefsinniger Überlegungen zu beweisen, insbesondere den nach ihm benannten Fixpunktsatz, die Sätze von der Invarianz der Dimension und des Gebiets und die Verallgemeinerung des 1893 von Jordan bewiesenen Kurvensatzes auf den $\mathbb{R}^n$. Es ist besonders bemerkenswert, daß diese Ergebnisse von einem Wissenschaftler erzielt wurden, der an völlig anderen Fragen interessiert war, nämlich an einer soliden Grundlegung der Mathematik. Brouwer lehnte nicht-konstruktive Beweisverfahren z.B. mittels des sog. Auswahlaxioms oder mittels indirekter Beweise vermöge des "Satzes vom ausgeschlossenen Dritten" als logisch unbegründete, auf unzulässigen Verallgemeinerungen basierende, Denkgewohnheiten strikt ab. Um bei den Mathematiker-Kollegen für seine revolutionären Ideen Gehör zu finden, sah er sich gezwungen, ihnen zunächst zu beweisen, daß er ein fähiger Mathematiker ist. So bewies dieser geniale Holländer innerhalb weniger Jahre die fundamentalsten Ergebnisse über die Topologie endlich-dimensionaler Euklidischer Räume - unter Zuhilfenahme von Begriffen und Methoden, die er selbst für unzulässig erachtete. Brouwers Untersuchungen wirkten auf viele jüngere Mathematiker stimulierend. So schrieb H. Weyl in seinem 1913 erschienenen vielbewunderten Werk "Die Idee der Riemannschen Fläche", dessen Ziel eine streng begründete Entwicklung der Grundideen der Riemannschen Funktionentheorie war, "... bin ich dabei durch die in den letzten Jahren erschienenen grundlegenden topologischen Untersuchungen Brouwers, deren gedankliche Schärfe und Konzentration man bewundern muß, gefördert worden".

Zu Beginn des 2o. Jahrhunderts gab es erste Versuche, zur Vereinheitlichung der Untersuchung topologischer Phänomene einen abstrakten Raumbegriff axiomatisch zu fassen. Die Versuche von Fréchet in seiner Dissertation "Sur quelques points du calcul fonctionel" (19o6), Räume durch Axiomatisierung des Begriffs der Konvergenz von Folgen, und von F. Riesz in seinen Arbeiten "Die Genesis des Raumbegriffs" (19o6) und "Stetigkeitsbegriff und abstrakte Mengenlehre" (19o8), Räume durch Axiomatisierung des Begriffs Häufungspunkt bzw. durch

Axiomatisierung des Begriffs der benachbarten Mengen zu definieren, erwiesen sich jedoch als unbefriedigend, da die jeweiligen Axiome ungeeignet gewählt waren. Jedoch gelang Fréchet in seiner Dissertation ein großer Wurf: er definierte metrische Räume in ihrer heutigen Form (der Name "metrischer Raum" stammt von Hausdorff 1914) und schuf damit einen Raumbegriff, der

(a) einen geeigneten Rahmen für die Untersuchung der topologischen Eigenschaften endlich-dimensionaler Euklidischer Räume und des Hilbert-Raumes l_2 schuf,

(b) eine Grundlage bildete, auf der F. Riesz, bis 1912 Lehrer an einer Kleinstadtschule, 191o die Theorie der L_p-Räume, 1913 die der l_p-Räume und 1916 die der mit der Supremum-Norm versehenen Räume $C([a,b])$ stetiger Abbildungen $f: [a,b] \to \mathbb{R}$ entwickeln konnte,

(c) eine Grundlage für die Theorie der Banach-Räume und somit der Funktionalanalysis legte, die insbesondere durch die Arbeiten Banachs, des brilliantesten polnischen Mathematikers (von Steinhaus während eines Parkspaziergangs "entdeckt", Kaffeehaus-Mathematiker, während der deutschen Besetzung Polens gezwungen, als Läuse-Ernährer in einem Institut zur Gewinnung von Anti-Typhus-Impfstoff zu fungieren, durch Lungenkrebs bei Kriegsende dahingerafft) seit 192o zu einem eigenständigen Zweig der Mathematik entwickelt wurde,

(d) eine Grundlage der von Fréchet selbst 1926 entworfenen Theorie der heute nach ihm benannten Fréchet-Räume (= vollständig metrisierbare topologische Vektorräume) bildete.

Fréchets Dissertation, in der für metrische Räume bereits die Begriffe vollständig, separabel und kompakt definiert werden, hatte - wie obige Bemerkungen erkennen lassen - einen enormen Einfluß nicht nur auf die Entwicklung der Topologie sondern auch auf die der Funktionalanalysis. Der entscheidende Wurf jedoch gelang Hausdorff. In seinem 1914 erschienenen, Cantor gewidmeten Buch "Grundzüge der Mengenlehre" definierte er topologische Räume durch Axiomatisierung des Umgebungsbegriffs (Präziser: von offenen Umgebungsbasen) in einer Form, die nur um weniges enger ist als die heute gebräuchliche (die von ihm definierten Räume heißen heute Hausdorff-Räume). In seinem Buch entwickelte er mit großer Klarheit sowohl die Theorie topologischer Räume als auch die Theorie metrischer Räume. Es ist wohl einzigartig in der Geschichte der Mathematik, daß ein neues mathematisches Gebiet schlagartig durch das Erscheinen eines einzigen Buches entstand. Hausdorffs Theorie, nach Bourbaki "ein Vorbild für eine axiomatische Theorie, die abstrakt, doch von vornherein auf Anwendungen eingestellt ist", war der Ausgangspunkt für zahlreiche Untersuchungen auf dem Gebiet der Topologie (sowie auch der Maßtheorie), insbesondere der weiter unten erwähnten Moskauer Schule und der Polnischen Schule. Die mengentheoretische Topologie als gesonderter Wissenschaftszweig war entstanden und gelangte schnell zu voller Blüte. Auf Hausdorff selbst gehen eine Fülle von Ergebnissen zurück. Besonders erwähnt sei sein Satz über die Möglichkeit der Fortsetzung topologisch äquivalenter Metriken von abgeschlossenen Teilräumen und seine Konstruktion der Vervollständigung metrischer Räume, die dem Cantorschen Verfahren der Vervollständigung von $\mathbb{Q}$ zu $\mathbb{R}$ nachgebildet ist. Hausdorff war ein vielseitiger Mann. Neben fundamentalen Arbeiten in Mengentheorie, Topologie, Maßtheorie und anderen mathematischen Disziplinen veröffentlichte er Arbeiten in Astronomie und Optik sowie unter dem Künstlernamen Paul Mongré zwei Bücher mit Gedichten und Aphorismen, philosophischen und literarischen Essays, ein philosophisches Buch und eine mit beachtlichem Erfolg aufgeführte Posse "Der Arzt seiner Ehre". Hausdorffs Ende erfüllt mit Schmerz und Bitterkeit. Als er sich unter dem Nationalsozialismus als Jude der Internierung in einem Konzentrationslager nicht mehr entziehen konnte, schied er gemeinsam mit seiner Frau und deren Schwester aus dem Leben.

Hausdorffs Buch inspirierte zahlreiche junge Mathematiker, sich dem neu geschaffenen Zweig der Mathematik zu widmen. In Moskau waren insbesondere Alexandroff und Urysohn von Hausdorffs Werk fasziniert. Alexandroff hatte nach anfänglichen Erfolgen zwischenzeitlich das Vertrauen in seine mathematische Begabung verloren, da es ihm nicht gelang, - was uns im Nachhinein nicht verwundern kann -, Cantors Kontinuumhypothese zu beweisen oder zu widerlegen. Er verließ Moskau vorübergehend, wurde Theaterproduzent, hielt Vorträge über Theater und Literatur, kehrte aber nach einigen Jahren nach Moskau zurück, wo er, von Urysohn angeregt und gemeinsam mit diesem eine Reihe wichtiger topologischer Arbeiten produzierte und den Moskauer Topologen-Kreis gründete. Später schrieb er (in freier Übersetzung): "... sahen wir in den neu entdeckten topologischen Räumen ein faszinierendes Feld für mathematische Untersuchungen und wir entschieden uns, diese Untersuchungen mit der größtmöglichen Gründlichkeit durchzuführen, an dem Ende beginnend, das uns am aussichtsreichsten schien - dem Konzept der Kompaktheit". Die berühmte Arbeit "Mémoire sur les espaces topologiques compacts" von Alexandroff und Urysohn, in welcher der Kompaktheits-Begriff seine endgültige Form erhielt, war 1923 vollendet, wurde aber erst 1929 veröffentlicht. Daß die Begriffs-Bildung gelungen war, wurde später besonders durch den Satz von Tychonoff (193o) und die Ergebnisse von Čech (1937) und M.H. Stone (1937) deutlich. Ein anderes Problem, dem sich Alexandroff und Urysohn zuwandten, und das für viele Jahre herausragende Topologen beschäftigen sollte, war die Frage nach den Beziehungen zwischen metrischen und topologischen Räumen, insbesondere das sog. Metrisations-Problem, d.h. die Frage nach hinreichenden und notwendigen Bedingungen dafür, daß eine Topologie durch eine Metrik induzierbar ist. 1923 charakterisierten sie (in heutiger Terminologie; der Begriff der uniformen Strukturen wurde erst später geschaffen) diejenigen uniformen Strukturen, die durch eine Metrik induzierbar sind, 1929 charakterisierten sie die kompakten Topologien, die durch eine Metrik induzierbar sind, und 1925 charakterisierte Urysohn diejenigen separablen Topologien, die durch eine Metrik induzierbar sind. Eine endgültige Lösung des Metrisationsproblems war ihnen nicht vergönnt. 1924 verunglückte Urysohn, der genialere der beiden, tödlich. Nach einem Besuch Hausdorffs in Hamburg, Hilberts in Göttingen und Brouwers in Holland, hatten die beiden Russen den kleinen Ort Batz an der Südküste der Normandie aufgesucht, um dort ihre Forschungen in Ruhe fortzusetzen. Beim gemeinsamen Baden im Meer wurde Urysohn, der ein hervorragender Sportler und ausgezeichneter Schwimmer war, von einer gewaltigen Welle erfaßt und gegen die Felsen geschleudert. Alexandroff, der von derselben Welle auf den Strand geworfen wurde und nur vorübergehend betäubt war, gelang es nur noch, den Körper seines toten Freundes unter Einsatz des eigenen Lebens zu bergen. Die Lösung des Metrisationsproblems gelang, unabhängig voneinander, 195o dem Japaner Nagata, 1951 dem Russen Smirnov und 1951 dem Amerikaner Bing, nachdem wesentliche Vorarbeiten 194o von dem Amerikaner Tukey durch Schaffung des Begriffs "vollnormal" und Beweis der Implikation metrisierbar $\Rightarrow$ vollnormal, 1944 von dem Franzosen Dieudonné durch Schaffung des Begriffs "parakompakt" und 1948 von dem Briten A.H. Stone durch den Beweis der Äquivalenz vollnormal $\Longleftrightarrow$ parakompakt geleistet worden waren. Die Wichtigkeit des Begriffs parakompakt für die Lösung des Metrisationsproblems wird besonders deutlich durch das Ergebnis von Nagata (195o) und Smirnov (1953), daß ein lokal metrisierbarer topologischer Raum genau dann metrisierbar ist, wenn er parakompakt ist.

Auch in Warschau entstand eine bedeutende Topologen-Schule. Die Gründung der der Mengenlehre und den Grundlagen der Mathematik gewidmeten Zeitschrift Fundamenta Mathematica 192o durch Janiszewski, Mazurkiewicz und Sierpiński bedeutete nicht nur die Inauguration der Polnischen Schule der Mathematik, sondern schuf darüber hinaus ein international bedeutsames Forum, mittels dessen neue Ergebnisse der Mengenlehre, Topologie, Maßtheorie und Funktionalanalysis schnelle Verbreitung fanden, und machte Warschau für lange Zeit zum wichtigsten Zentrum der mengentheoretischen Topologie. Aus der Fülle der Resultate sei nur die Kuratowskische Definition (1922) topologischer Räume in ihrer heutigen Allgemeinheit durch Axiomatisierung des Begriffs "abgeschlossene Hülle" erwähnt. Die Beschreibung topologischer Räume mittels offener Mengen, wie sie in den meisten modernen Lehrbüchern der Topologie zu finden ist, geht auf Tietze (1924) und in ihrer heutigen Form auf Alexandroff (1925) zurück. Andere Definitionsmöglichkeiten, z.B. mittels abgeleiteter Mengen oder mittels abgeschlossener Mengen wurden von Sierpiński (1927) angegeben, einem der produktivsten Mathematiker, der über 7oo Arbeiten in den verschiedensten mathematischen Gebieten veröffentlichte, nach dem eine Straße in Warschau und ein Krater auf dem Mond benannt sind und auf dessen Grabstein die schönen Worte "Erforscher des Unendlichen" stehen.

Es kann und soll hier nicht der Versuch gemacht werden, die rasante Entwicklung der mengentheoretischen Topologie auch nur skizzenhaft darzustellen. Erwähnt seien nur noch die beiden folgenden Entwicklungslinien:

(1) Während im metrischen Räumen die Konvergenz von Folgen zur Beschreibung der topologischen Struktur hinreicht, werden für topologische Räume allgemeinere Konvergenzbegriffe benötigt. Noch heute bei Analytikern beliebt ist die 1922 von E.H. Moore und H.L. Smith entwickelte Konvergenz sog. Moore-Smith-Folgen. Ein erheblich eleganteres und (wegen der Existenz von Ultrafiltern) weitaus brauchbareres Instrumentarium wurde 1937 von Cartan mit den Begriffen "Filter" und "Konvergenz von Filtern" geschaffen.

(2) Während in metrischen Räumen topologische und uniforme Begriffe analysiert werden können, sind für topologische Räume wichtige aus der Analysis stammende uniforme Begriffe wie "vollständig",

"total-beschränkt", "gleichmäßig stetig", "gleichmäßig konvergent" usw. nicht formulier- und somit nicht analysierbar. Unabhängig voneinander schufen A. Weil (1937) und Tukey (194o) den Begriff des uniformen Raumes durch Axiomatisierung der Begriffe "entourage" bzw. "uniforme Überdeckung".
Efremovic schuf 1952 den Begriff des Proximitäts-Raumes durch eine (im Gegensatz zu Riesz's früherem Versuch) erfolgreiche Axiomatisierung des Begriffs der "benachbarten Mengen". Jede Metrik induziert sowohl eine uniforme als eine Proximitäts-Struktur, die beide äquivalent sind (weshalb wir im vorliegenden Buch die Begriffe "entourage" und "uniforme Überdeckung" vermeiden und uns statt dessen auf die Entwicklung der anschaulicheren Begriffe der "benachbarten Mengen und Folgen" beschränken konnten). Neben metrischen topologischen, uniformen und Proximitäts-Räumen entstanden im Laufe der Zeit eine Reihe weiterer abstrakter Raumtypen, mit deren Hilfe jeweils bestimmte topologische Phänomene besonders deutlich in den Griff zu bekommen sind. Diese Zerfaserung topologischer Raumbegriffe erwies sich naturgemäß als unbequem und führte innerhalb der letzten 2o Jahre zu neuen Synthesen. Als besonders erfolgreich erwies sich einersetis der auf Katětovs Arbeit "On continuity structures and spaces of mappings" (1965) basierende Begriff des Nachbarschaftsraumes, der es in einfacher und natürlicher Weise gestattet, topologische, uniforme und Proximitäts-Begriffe simultan zu entwickeln, ohne die am Ende dieses Buches herausgearbeiteten Mängel des Begriffs "metrischer Raum" aufzuweisen (und der in dem geplanten Buch Topologie dargestellt werden soll), andererseits eine in der Sprache der Kategorientheorie entwickelte Theorie topologischer Strukturen, in der die erstaunliche Fülle der bei der Untersuchung der verschiedenartigsten topologischen Raumtypen auftretenden formalen Gemeinsamkeiten systematisch untersucht und "erklärt" wird.

LITERATURHINWEISE

A) Bücher, die insbesondere dem Studium metrischer Räume gewidmet sind:

E. Čech, Point Sets, Academia Publ. House Czechosl. Acad. Sci., Prag 1969.

E.T. Copson, Metric spaces, Cambridge University Press 1968.

K. Kuratowski, Topology I, II, Academic Press, New York 1966.

Die Bücher von Čech und Copson eignen sich zum Selbststudium. Das Buch von Kuratowski ist wegen seiner Vollständigkeit berühmt und eignet sich insbesondere als Nachschlagewerk.

B) Deutschsprachige Lehrbücher der Topologie:

P. Alexandroff, H. Hopf, Topologie, Springer, Berlin 1974.

J. Cigler, H.-Chr. Reichel, Topologie, Bibliograph. Inst., Mannheim 1978.

W. Franz, Topologie I, Walter de Gruyter, Berlin 1973.

K.P. Grotemeyer, Topologie, Bibliograph. Inst., Mannheim 1969.

E. Harzheim, H. Ratschek, Einführung in die allgemeine Topologie, Wiss. Buchges., Darmstadt 1975.

H.-J. Kowalsky, Topologische Räume, Birkhäuser, Basel 1961.

S. Lipschutz, Allgemeine Topologie, McGraw-Hill Book Company, 1977.

G. Preuss, Allgemeine Topologie, 2. Aufl., Springer, Berlin 1975.

B. v. Querenburg, Mengentheoretische Topologie, Springer, 2. Aufl., Berlin 1979.

W. Rinow, Topologie, VEB Deutscher Verlag der Wissenschaften, Berlin 1975.

H. Schubert, Topologie, Teubner, Stuttgart 1971.

In diesen Büchern werden metrische Räume nur am Rande behandelt. Sie eignen sich jedoch alle als Vorbereitung oder zur Begleitung einer Topologie-Vorlesung. In den Büchern von v. Querenburg und von Preuss werden moderne Gesichtspunkte und Techniken besonders betont.

C) Wichtige fremdsprachige Lehrbücher der Topologie:

N. Bourbaki, General Topology I, II, Addison-Wesley, Reading 1966.

A. Császár, General Topology, Adam Hilger Ltd., Bristol 1978.

E. Čech, Topological spaces; revised edition by Z. Frolik and M. Katětov, Wiley, London 1966.

J. Dugundji, Topology, Allyn and Bacon, Boston 1966.

R. Engelking, General Topology, Heldermann Verlag, Berlin 1986.

R. Engelking, K. Sieklucki, Topology. A geometric approach, Heldermann Verlag, Berlin 1986.

L. Gillman, M. Jerison, Rings of Continuous Functions, Springer, Berlin 1976.

J.L. Kelley, General Topology, van Nostrand (neuerdings Springer), Princeton 1955.

J. Nagata, Modern Dimension Theory, Heldermann Verlag, Berlin 1983.

S. Willard, General Topology, Addison-Wesley, Reading 197o.

GLOSSAR ZU § 1

Definition

Axiome für eine *Metrik* $d : X \times X \longrightarrow \mathbb{R}^+ = \{x \in \mathbb{R} \mid x \geq 0\}$:

(M1) $d(x,y) = 0 \iff x = y$ für $x \in X,\ y \in X$

(M2) $d(x,y) = d(y,x)$ für $x \in X,\ y \in X$

(M3) $d(x,y) \leq d(x,z) + d(z,y)$ für $x \in X,\ y \in X,\ z \in X$

$\underline{X} := (X,d)$ *metrischer Raum* (1.1.1)

Spezielle Metriken

(1) X beliebige Menge

Diskrete Metrik

$$d_D(x,y) = \begin{cases} 0 & \text{für } x = y \\ 1 & \text{für } x \neq y \end{cases} \qquad (1.1.2)$$

(2) $X = \mathbb{R}^n$; $x = (x_1,\ldots,x_n)$, $y = (y_1,\ldots,y_n) \in \mathbb{R}^n$

(a) *Euklidische Metrik*

$$d_E(x,y) = \left(\sum_{i=1}^{n} |x_i - y_i|^2\right)^{1/2} \qquad (1.1.2)$$

(b) *Maximum-Metrik*

$$d_M(x,y) = \max\{|x_i - y_i| \mid i = 1,\ldots,n\} \qquad (1.1.3)$$

(c) *Summen-Metrik*

$$d_S(x,y) = \sum_{i=1}^{n} |x_i - y_i| \qquad (1.1.3)$$

(3) $X \neq \emptyset$ beliebige Menge

$B(X) = \{f : X \to \mathbb{R} \mid f \text{ beschränkt}\}$

$f,g \in B(X)$

Supremum-Metrik auf $B(X)$

$$d(f,g) = \sup_{x \in X} |f(x) - g(x)| \qquad (1.1.4)$$

$\underline{X} = (X,d)$ metrischer Raum; $A,A',B,B',U \subset X$, $x,y \in X$,

(x_n), (y_n) Folgen in X, $0 < r \in \mathbb{R}$.

Offene Kugel mit Zentrum $x \in X$ *und Radius* $r > 0$:

$S(x,r) = \{y \in X \mid d(x,y) < r\}$ (1.1.10)

Teilraum $\underline{A} = (A, d \mid A \times A)$ (1.1.9)

Abstand von Mengen

$$\operatorname{dist}(A,B) = \begin{cases} \infty, & \text{falls } A=\emptyset \text{ oder } B=\emptyset \\ \inf\{d(a,b) \mid a\in A, b\in B\}, & \text{falls } A\neq\emptyset\neq B. \end{cases}$$

$$\operatorname{dist}(x,B) = \operatorname{dist}(\{x\},B) \qquad (1.2.1)$$

x *Berührpunkt von* A $\Leftrightarrow \operatorname{dist}(x,A) = 0$ (1.2.3) $\Leftrightarrow \forall r>0 : S(x,r) \cap A \neq \emptyset$ (1.2.4) $\Leftrightarrow$ x nicht innerer Punkt von $X\setminus A$	x *innerer Punkt von* B $\Leftrightarrow \operatorname{dist}(x,X\setminus B) > 0$ $\Leftrightarrow \exists r>0 : S(x,r) \subset B$ (1.2.15) $\Leftrightarrow$ x nicht Berührpunkt von $X\setminus B$ (1.2.16)
abgeschlossene Hülle (Abschluß) von A $\operatorname{cl} A = \{x \in X \mid x \text{ Berührpunkt von } A\}$ (1.2.9)	*offener Kern (Inneres) von* B $\operatorname{int} B = \{x \in X \mid x \text{ innerer Punkt von } B\}$ (1.2.17)
$\operatorname{cl} X = X$ $\operatorname{cl} \emptyset = \emptyset$ } (1.2.14(1)) $A \subset \operatorname{cl} A$ $A \subset A' \Rightarrow \operatorname{cl} A \subset \operatorname{cl} A'$ $\operatorname{cl}(A \cup A') = \operatorname{cl} A \cup \operatorname{cl} A'$ (1.2.11) $\operatorname{cl}(\operatorname{cl} A) = \operatorname{cl} A$	$\operatorname{int} X = X$ $\operatorname{int} \emptyset = \emptyset$ } (1.2.23(1)) $\operatorname{int} B \subset B$ $B \subset B' \Rightarrow \operatorname{int} B \subset \operatorname{int} B'$ $\operatorname{int}(B \cap B') = \operatorname{int} B \cap \operatorname{int} B'$ (1.2.19) $\operatorname{int}(\operatorname{int} B) = \operatorname{int} B$
$\operatorname{cl} A = X\setminus\operatorname{int}(X\setminus A)$ (1.2.32(1))	$\operatorname{int} B = X\setminus\operatorname{cl}(X\setminus B)$ (1.2.18)
A *abgeschlossen* $\Leftrightarrow A = \operatorname{cl} A$ (1.2.12) $\Leftrightarrow \forall r>0 : (S(x,r) \cap A) \neq \emptyset \Rightarrow x \in A$ (1.2.4)	B *offen* $\Leftrightarrow B = \operatorname{int} B$ $\Leftrightarrow \forall x \in B \;\; \exists r>0 : S(x,r) \subset B$ (1.2.2o)
Abgeschlossenheit bleibt erhalten bei Bildung - beliebiger Durchschnitte - endlicher Vereinigungen (1.2.14(2),(3))	Offenheit bleibt erhalten bei Bildung - endlicher Durchschnitte - beliebiger Vereinigungen (1.2.23(2),(3))
$\operatorname{cl} A$ kleinste abgeschlossene Menge, die A umfaßt (1.2.13)	$\operatorname{int} B$ größte offene Menge, die in B liegt (1.2.24)

A abgeschlossen $\Longleftrightarrow$ X\A offen (1.2.22)	B offen $\Longleftrightarrow$ X\B abgeschlossen (1.2.22)
A , B *benachbart*	$\Longleftrightarrow$ dist(A,B) = 0
U *Umgebung von* x	$\Longleftrightarrow$ x innerer Punkt von U (1.2.25(1)) $\Longleftrightarrow$ x kein Berührpunkt von X\U (1.2.28(1)) $\Longleftrightarrow$ dist(x, X\U) > 0
U *Umgebung von* A	$\Longleftrightarrow$ U Umgebung von a für alle a $\in$ A (1.2.25(2)) $\Longleftrightarrow$ $\forall$a $\in$ A : dist(a, X\U) > 0
U *gleichmäßige Umgebung von* A	$\Longleftrightarrow$ $\exists$r > 0 : S(a,r) $\subset$ U für alle a $\in$ A (1.2.25(3)) $\Longleftrightarrow$ $\exists$r > 0 : d(a, X\U) $\geq$ r für alle a $\in$ A $\Longleftrightarrow$ dist(A,X\U) > 0 $\Longleftrightarrow$ A und X\U nicht benachbart (1.2.28(2))
(x_n) *konvergiert gegen* x $(x_n) \to x$	$\Longleftrightarrow$ jede Umgebung von x enthält fast alle x_n (1.3.1(1)) $\Longleftrightarrow$ $(d(x,x_n)) \to 0$ (1.3.2)
x *Grenzwert von* (x_n)	$\Longleftrightarrow$ $(x_n) \to x$ (1.3.6)
x *Verdichtungspunkt von* (x_n)	$\Longleftrightarrow$ jede Umgebung von x enthält unendlich viele x_n (1.3.1(2)) $\Longleftrightarrow$ 0 Verdichtungspunkt von $(d(x,x_n))$ (1.3.3) $\Longleftrightarrow$ $\exists$ Teilfolge (x_{n_i}) von (x_n) mit $(x_{n_i}) \to x$ (1.3.2o(3))
$(x_n) \to x$	$\Rightarrow$ x Verdichtungspunkt von (x_n) (1.3.4)

x Berührpunkt von A	$\Leftrightarrow \exists x_n$ in A : $(x_n) \to x$ (1.3.11) $\Leftrightarrow \exists x_n$ in A : x Verdichtungspunkt von (x_n) (1.3.2o(1))
(x_n), (y_n) *benachbart*	$\Leftrightarrow (d(x_n,y_n)) \to 0$ (1.3.12)
A, B benachbart	$\Leftrightarrow \exists x_n \in A,\ y_n \in B$: (x_n), (y_n) benachbart (1.3.17)
(x_n), (y_n) benachbart	$\Leftrightarrow$ für alle unendlichen $M \subset \mathbb{N}$ sind $\{x_m \mid m \in M\}$ und $\{y_m \mid m \in M\}$ benachbart (1.3.18)

Die in diesem Paragraphen für einen metrischen Raum eingeführten Begriffe und ihre Beziehungen zueinander werden durch das im folgenden dargestellte Schema festgehalten. (Dabei bedeutet " [A] ——n▷ [B] " , daß man aus der Definition A mittels der im Anschluß aufgeführten Aussage (n) die Definition B folgert.)

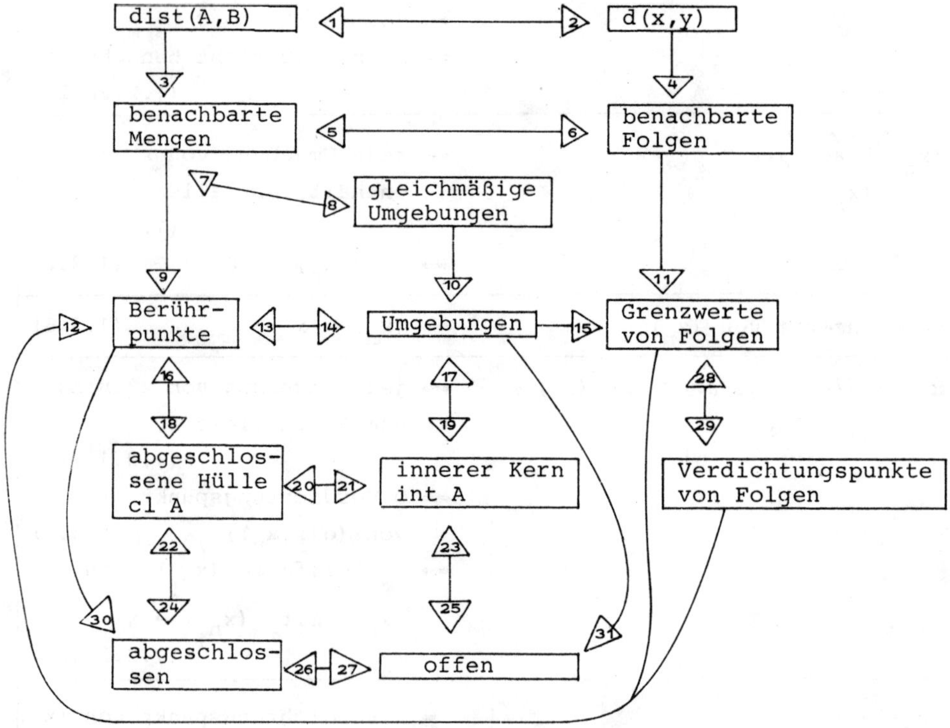

(1) $\mathrm{dist}(A,B) = \inf\{d(a,b) \mid a \in A, b \in B\}$ $(A \neq \emptyset \neq B)$ (1.2.1)

(2) $d(x,y) = \mathrm{dist}(\{x\},\{y\})$

(3) A und B sind benachbart $\Longleftrightarrow$ $\mathrm{dist}(A,B) = 0$ (1.2.3)

(4) (x_n) und (y_n) sind benachbart
$\Longleftrightarrow \forall \varepsilon > 0 \quad \exists n \quad \forall m \geq n \ d(x_m,y_m) < \varepsilon$ (1.3.12)

(5) A und B sind benachbart
$\Longleftrightarrow$ es gibt Folgen (a_n) in A und (b_n) in B,
die benachbart sind (1.3.17)

(6) (x_n) und (y_n) sind benachbart
$\Longleftrightarrow$ für jede unendliche Teilmenge M von $\mathbb{N}$ sind
die Mengen $\{x_m \mid m \in M\}$ und $\{y_m \mid m \in M\}$ benachbart (1.3.18)

(7) A und B sind benachbart
$\Longleftrightarrow$ $(X\setminus B)$ ist keine gleichmäßige Umgebung von A (1.2.32(1))

(8) B ist gleichmäßige Umgebung von A
$\Longleftrightarrow$ A und $X\setminus B$ sind nicht benachbart (1.2.28(2))

(9) x ist Berührpunkt von A
$\Longleftrightarrow$ $\{x\}$ und A sind benachbart (1.2.3)

(1o) A ist Umgebung von x
$\Longleftrightarrow$ A ist gleichmäßige Umgebung von $\{x\}$ (1.2.26(3))

(11) $(x_n) \to x \Longleftrightarrow (x_n)$ und (x) sind benachbart (1.3.13)

(12) x ist Berührpunkt von A
$\Longleftrightarrow$ es gibt eine Folge (a_n) in A, die x als
Grenzwert (Verdichtungspunkt) hat (1.3.11 und 1.3.2o(1))

(13) x ist Berührpunkt von A
$\Longleftrightarrow$ $(X\setminus A)$ ist keine Umgebung von x (1.2.28(1))

(14) A ist Umgebung von x $\Longleftrightarrow$ x ist nicht Berührpunkt von $X\setminus A$ (1.2.28(1))

(15) $(x_n) \to x \Longleftrightarrow$ jede Umgebung von x enthält fast
alle Glieder von (x_n) (1.3.1)

(16) x ist Berührpunkt von A $\Longleftrightarrow x \in \mathrm{cl}\,A$ (1.2.9)

(17) A ist Umgebung von x $\Longleftrightarrow x \in \mathrm{int}\,A$ (1.2.25(1))

(18) siehe (16)

(19) siehe (17)

(2o) $\mathrm{cl}\,A = X\setminus \mathrm{int}(X\setminus A)$ (1.2.32(1))

(21) int A = $X \setminus cl(X \setminus A)$ (1.2.18)

(22) cl A = $\bigcap \{B \subset X \mid A \subset B$, B abgeschlossen$\}$ (1.2.13)

(23) int A = $\bigcup \{B \subset X \mid B \subset A$, B offen$\}$ (1.2.24)

(24) A abgeschlossen $\Longleftrightarrow$ A = cl A (1.2.12)

(25) A offen $\Longleftrightarrow$ A = int A (1.2.2o)

(26) A abgeschlossen $\Longleftrightarrow$ $(X \setminus A)$ offen (1.2.22)

(27) A offen $\Longleftrightarrow$ $(X \setminus A)$ abgeschlossen (1.2.22)

(28) $(x_n) \to x \Longleftrightarrow x$ ist Verdichtungspunkt jeder Teilfolge von (x_n) (1.3.2o(2))

(29) x ist Verdichtungspunkt von (x_n)
$\Longleftrightarrow$ es gibt eine Teilfolge von (x_n), die x als Grenzwert hat (1.3.2o(3))

(3o) A abgeschlossen $\Longleftrightarrow$ A enthält alle Berührpunkte von A (1.2.12)

(31) A offen $\Longleftrightarrow$ A ist Umgebung jedes ihrer Punkte (1.2.2o und 1.2.25(1))

GLOSSAR ZU § 2

f: $\underline{X} \to \underline{X'}$ sei eine Abbildung zwischen metrischen Räumen $\underline{X} = (X,d)$ und $\underline{X'} = (X',d')$.

f ist <u>stetig in x</u> $\in X \Longleftrightarrow \forall \varepsilon > 0\ \exists \delta > 0\ \forall y \in X$
$(d(x,y) < \delta \Rightarrow d'(f(x),f(y)) < \varepsilon)$

$\Longleftrightarrow$ für jede Umgebung U von f(x) in $\underline{X'}$ ist $f^{-1}[U]$ Umgebung von x in $\underline{X}$

$\Longleftrightarrow$ für jede Folge (x_n), die in $\underline{X}$ gegen x konvergiert, konvergiert die Folge $(f(x_n))$ in $\underline{X'}$ gegen f(x)

$\Longleftrightarrow$ für jede Teilmenge A von $\underline{X}$, die x als Berührpunkt hat, ist f(x) Berührpunkt von f[A] in $\underline{X'}$ (2.1.1/2.1.2)

f ist <u>stetig</u> $\Longleftrightarrow$ f ist stetig in jedem $x \in X$

$\Longleftrightarrow$ für jede offene Teilmenge A von $\underline{X'}$ ist $f^{-1}[A]$ offen in $\underline{X}$

⟺ für jede abgeschlossene Teilmenge A von $\underline{X'}$ ist $f^{-1}[A]$ abgeschlossen in $\underline{X}$ (2.1.3/2.1.4)

f ist <u>gleichmäßig stetig</u> ⟺ $\forall \varepsilon > 0\ \exists \delta > 0\ \forall x \in X\ \forall y \in X$ $(d(x,y) < \delta \Rightarrow d'(f(x),f(y)) < \varepsilon)$

⟺ für jede gleichmäßige Umgebung U einer Menge A in $\underline{X'}$ ist $f^{-1}[U]$ eine gleichmäßige Umgebung von $f^{-1}[A]$ in $\underline{X}$

⟺ für je zwei benachbarte Mengen A und B in $\underline{X}$ sind f[A] und f[B] benachbart in $\underline{X'}$

⟺ für je zwei benachbarte Folgen (x_n) und (y_n) in $\underline{X}$ sind $(f(x_n))$ und $(f(y_n))$ benachbart in $\underline{X'}$ (2.1.5/2.1.6)

<u>Spezielle (gleichmäßig) stetige Abbildungen</u>:

inv:	$\underline{\mathbb{R}\setminus\{0\}} \to \underline{\mathbb{R}}$ $x \mapsto x^{-1}$	stetig, nicht gleichmäßig stetig	(2.1.9/2.1.10)
add:	$\underline{\mathbb{R}^2} \to \underline{\mathbb{R}}$ $(x,y) \mapsto x+y$	gleichmäßig stetig	(2.1.9/2.1.10)
mult:	$\underline{\mathbb{R}^2} \to \underline{\mathbb{R}}$ $(x,y) \mapsto x \cdot y$	stetig, nicht gleichmäßig stetig	(2.1.9/2.1.10)
p_i:	$\underline{\mathbb{R}^n} \to \underline{\mathbb{R}}$ $(x_1,\dots,x_n) \mapsto x_i$	gleichmäßig stetig	(2.1.11/2.1.12)
dist(-,A):	$\underline{X} \to \underline{\mathbb{R}}$ $x \mapsto \mathrm{dist}(x,A)$ (für $A \neq \emptyset$)	gleichmäßig stetig	(2.3.2)
u_{AB}:	$\underline{X} \to \underline{\mathbb{R}}$ $x \mapsto \mathrm{dist}(x,A)\cdot(\mathrm{dist}(x,A)+\mathrm{dist}(x,B))^{-1}$		

u_{AB} stetig für $\mathrm{cl}\,A \cap \mathrm{cl}\,B = \emptyset$

u_{AB} gleichmäßig stetig, genau dann wenn A und B nicht benachbart sind (2.3.3)

<u>Satz</u>: Sind $f\colon \underline{X} \to \underline{X'}$ und $g\colon \underline{X'} \to \underline{X''}$ (gleichmäßig) stetig, so ist auch $g \circ f\colon \underline{X} \to \underline{X''}$ (gleichmäßig) stetig. (2.1.7)

Fortsetzbarkeitssätze: Die folgende Tabelle zeigt, für welche der untersuchten metrischen Räume $\underline{Y}$ es stets möglich ist, jede (gleichmäßig) stetige Abbildung von einem abgeschlossenen Teilraum eines metrischen Raumes $\underline{X}$ nach $\underline{Y}$ (gleichmäßig) stetig auf $\underline{X}$ fortzusetzen:

	$\underline{Y}$ =		
	[0,1]	]0,1[	$\mathbb{R}$
stetige Fortsetzbarkeit	+ (2.3.5)	+ (2.3.6)	+ (2.3.7)
gleichmäßig stetige Fortsetzbarkeit	+ (2.3.5)	+ (2.3.6)	- (2.3.1(4))

Isomorphien und Äquivalenzen:

Eine bijektive Abbildung f: $\underline{X} \to \underline{X'}$ zwischen metrischen Räumen heißt

[metrischer / uniformer / topologischer] Isomorphismus, falls sowohl die Abbildung

f: $\underline{X} \to \underline{X'}$ als auch die Abbildung f^{-1}: $\underline{X'} \to \underline{X}$

[abstandserhaltend / gleichmäßig stetig / stetig] ist. (2.2.1)

Metriken d und d' auf X heißen [uniform / topologisch] äquivalent, wenn die Identität id_X: (X,d) → (X,d') ein

[uniformer / topologischer] Isomorphismus ist. (2.2.1)

d uniform äquivalent zu d' ⟺ (A benachbart zu B bzgl. d ⟺ A benachbart zu B bzgl. d')

⟺ ((x_n) benachbart zu (y_n) bzgl. d ⟺ (x_n) benachbart zu (y_n) bzgl. d')

⟺ (A gleichmäßige Umgebung von B bzgl. d ⟺ A gleichmäßige Umgebung von B bzgl. d') (2.2.5) d topologisch äquivalent zu d' $\Leftrightarrow$ (A abgeschlossen bzgl. d $\Leftrightarrow$ A abgeschlossen bzgl. d')

$\Leftrightarrow$ (A offen bzgl. d $\Leftrightarrow$ A offen bzgl. d')

$\Leftrightarrow$ (x Berührpunkt von A bzgl. d $\Leftrightarrow$ x Berührpunkt von A bzgl. d')

$\Leftrightarrow$ (A Umgebung von x bzgl. d $\Leftrightarrow$ A Umgebung von x bzgl. d')

$\Leftrightarrow$ (x Grenzwert von (x_n) bzgl. d $\Leftrightarrow$ x Grenzwert von (x_n) bzgl. d') (2.2.6)

GLOSSAR ZU § 3

$\underline{X}$ = (X,d) metrischer Raum, $A \subset X$, (x_n) Folge in X

Teilmengen von X:

A G_δ - *Menge in* X $\Leftrightarrow$ A ist Durchschnitt einer Folge offener Teilmengen von $\underline{X}$ (3.2.7)

A *dicht* in $\underline{X}$ $\Leftrightarrow$ cl A = X (3.2.1)

A *nirgends dicht* in $\underline{X}$ $\Leftrightarrow$ int cl A = $\emptyset$ (3.4.1)

A *mager* in $\underline{X}$ $\Leftrightarrow$ A von 1. Kategorie in $\underline{X}$

$\Leftrightarrow$ A ist Vereinigung einer Folge nirgends dichter Teilmengen von $\underline{X}$ (3.4.1)

A *fett* in $\underline{X}$ $\Leftrightarrow$ A von 2. Kategorie in $\underline{X}$

$\Leftrightarrow$ A nicht mager in $\underline{X}$ (3.4.1)

$$\operatorname{diam} A = \begin{cases} 0 & \text{, falls } A = \emptyset \\ \sup\{d(a,b) \mid a \in A \text{ und } b \in A\} & \text{, falls } A \neq \emptyset \end{cases}$$

Beispiele:

	[0,1]	$\mathbb{Q}$	$\mathbb{P}$	$\mathbb{N}$
G_δ-Menge in $\mathbb{R}$	+	− (3.5.8)	+	+
dicht in $\mathbb{R}$	−	+	+	−

	[0,1]	$\mathbb{Q}$	$\mathbb{P}$	$\mathbb{N}$
nirgends dicht in $\mathbb{R}$	-	-	-	+
mager in $\mathbb{R}$	-	+	-	+
fett in $\mathbb{R}$	+	-	+	-

Folgen in $\underline{X}$:

(x_n) *Cauchy-Folge* in $\underline{X}$ $\Longleftrightarrow$ $\forall \varepsilon > 0 \quad \exists n \quad \forall m \geq n \; d(x_n, x_m) < \varepsilon$

$\Longleftrightarrow$ $\lim_{n\to\infty} (\operatorname{diam}\{x_m \mid m \geq n\}) = 0$ 3.1.1

3.1.3

$\Longleftrightarrow$ je zwei Teilfolgen von (x_n) sind benachbart 3.1.14

$(x_n) \to x$ $\Longleftrightarrow$ (x_n) Cauchy-Folge und x Verdichtungspunkt von (x_n) (3.1.8)

Vollständigkeit:

$\underline{X}$ *vollständig* $\Longleftrightarrow$ jede Cauchy-Folge in $\underline{X}$ konvergiert

$\Longleftrightarrow$ für jede monoton fallende Folge $A_1, A_2, \ldots$ nicht-leerer Teilmengen von X mit $\lim_{n\to\infty} (\operatorname{diam} A_n) = 0$ gilt $\bigcap_{n=1}^{\infty} \operatorname{cl} A_n \neq \emptyset$ (3.1.9/3.1.13)

$\underline{X}$ *topologisch vollständig* $\Longleftrightarrow$ $\underline{X}$ ist zu einem vollständigen metrischen Raum topologisch isomorph (3.5.1)

Vollständigkeit von Teilräumen:

Ein Teilraum $\underline{A}$ eines $\begin{bmatrix}\text{vollständigen}\\ \text{topologisch vollständigen}\end{bmatrix}$ metrischen Raumes $\underline{X}$ ist genau dann $\begin{bmatrix}\text{vollständig}\\ \text{topologisch vollständig}\end{bmatrix}$, wenn A eine $\begin{bmatrix}\text{abgeschlossene}\\ G_\delta\text{ -}\end{bmatrix}$ Menge in $\underline{X}$ ist. (3.1.1o/3.5.6)

Fortsetzbarkeit von Abbildungen in vollständige Räume:

Zu jeder gleichmäßig stetigen Abbildung f: $\underline{A} \to \underline{Y}$ eines dichten Teilraumes $\underline{A}$ eines Raumes $\underline{X}$ in einen vollständigen Raum $\underline{Y}$ existiert eine eindeutig bestimmte gleichmäßig stetige Fortsetzung g: $\underline{X} \to \underline{Y}$ von f. (3.2.3)

Zu jeder stetigen Abbildung f: $\underline{A} \to \underline{Y}$ eines Teilraumes $\underline{A}$ eines Raumes $\underline{X}$ in einen topologisch vollständigen Raum $\underline{Y}$ existiert eine A umfassende G_δ-Menge B in $\underline{X}$ und eine stetige Fortsetzung g: $\underline{B} \to \underline{Y}$ von f. (3.2.13/3.5.1o(1))

Beispiele vollständiger Räume:

	$\mathbb{R}$	[0,1]	]0,1[	$\mathbb{P}$	$\mathbb{Q}$	
vollständig	+	+	-	-	-	3.1.11
						3.5.4
topologisch vollständig	+	+	+	+	-	3.5.7

x *Fixpunkt* von f: X → X ⟺ f(x) = x (3.3.1)

f: $\underline{X} \to \underline{X}$ *kontrahierend* ⟺ $\exists q < 1\ \forall x \in X\ \forall y \in X$
$d(f(x), f(y)) \leq q \cdot d(x,y)$ (3.3.3)

Banachscher Fixpunktsatz: Jede kontrahierende Abbildung f: $\underline{X} \to \underline{X}$ eines nicht-leeren, vollständigen metrischen Raumes in sich hat genau einen Fixpunkt. Für jedes $x \in X$ konvergiert die Folge $(f^n(x))$ gegen diesen Fixpunkt. (3.3.4)

$\underline{X}$ *von 2. Kategorie* ⟺ X von 2. Kategorie in $\underline{X}$ (3.4.1)

Bairescher Kategoriensatz: Jeder nicht-leere, topologisch vollständige metrische Raum ist von 2. Kategorie. (3.4.3/3.5.2)

DEFINITION

Ein metrischer Raum $\underline{Y}$ heißt Vervollständigung des metrischen Raumes $\underline{X}$, wenn gilt:
(1) $\underline{Y}$ ist ein vollständiger metrischer Raum.
(2) $\underline{X}$ ist ein dichter Teilraum von $\underline{Y}$. (3.6.1)

VERVOLLSTÄNDIGUNGSSATZ

Jeder metrische Raum $\underline{X}$ hat eine bis auf metrische Isomorphie eindeutig bestimmte Vervollständigung Compl $\underline{X}$. (3.6.5/3.6.2)

GLOSSAR ZU § 4

TOTALE BESCHRÄNKTHEIT

Totale Beschränktheit ist eine uniforme, aber keine topologische Eigenschaft. (4.1.6)

Definition und Charakterisierung:

Äquivalent sind:

(1) $\underline{X}$ ist total beschränkt.

(2) $X = \emptyset$, oder für jedes $r > 0$ existiert ein r-Netz in $\underline{X}$, d.h. eine endliche Teilmenge A von X mit $\operatorname{dist}(x,A) \leq r$ für jedes $x \in X$. (4.1.1)

(3) Jede Folge in $\underline{X}$ besitzt eine Cauchy-Teilfolge. (4.1.4)

(4) Jede Folge in $\underline{X}$ besitzt einen Verdichtungspunkt in Compl $\underline{X}$. (4.1.4)

(5) Compl $\underline{X}$ ist total beschränkt. (4.1.11)

(6) Compl $\underline{X}$ ist kompakt. (4.2.5)

(7) $\underline{X}$ ist Teilraum eines kompakten Raumes. (4.2.5)

(8) $\underline{X}$ ist uniform isomorph zu einem Teilraum eines kompakten Raumes. (4.2.5)

Verhalten gegen Konstruktionen:

Teilräume und gleichmäßig stetige Bilder total beschränkter Räume sind total beschränkt. (4.1.5/4.1.1o)

Eigenschaften:

$\underline{X}$ total beschränkt ⇒

(1) $\underline{X}$ separabel, d.h. $\underline{X}$ hat eine höchstens abzählbare, dichte Teilmenge (4.1.14)

(2) $\underline{X}$ beschränkt (4.1.7)

(3) Card $X \leq c$ (4.1.18)

KOMPAKTHEIT

Kompaktheit ist eine topologische Eigenschaft. (4.2.1)

Definition und Charakterisierung:

Äquivalent sind:

(1) $\underline{X}$ ist kompakt.

(2) Jede Folge in $\underline{X}$ besitzt einen Verdichtungspunkt. (4.2.1)

(3) $\underline{X}$ ist vollständig und total beschränkt. (4.2.2)

(4) Jede stetige Abbildung f: $\underline{X} \to \underline{\mathbb{R}}$ ist beschränkt. (4.3.2)

(5) Für jede stetige Abbildung f: $\underline{X} \to \underline{\mathbb{R}}$ hat die Menge f[X] ein größtes und ein kleinstes Element, oder sie ist leer. (4.3.2)

(6) Für jede stetige Abbildung f: $\underline{X} \to \underline{Y}$ ist die Menge f[X] in $\underline{Y}$ abgeschlossen. (4.3.6)

(7) Jede unendliche Teilmenge von $\underline{X}$ hat einen Häufungspunkt. (4.3.2)

(8) $\underline{X}$ besitzt keinen zu $\underline{\mathbb{N}}$ topologisch isomorphen abgeschlossenen Teilraum. (4.3.6)

(9) Jede monton fallende Folge $A_1 \supset A_2 \supset A_3 \supset \ldots$ nicht-leerer, abgeschlossener Teilmengen von $\underline{X}$ hat einen nicht-leeren Durchschnitt. (4.3.2)

(1o) Jede abzählbare offene Überdeckung $\mathcal{U}$ von $\underline{X}$ enthält eine endliche Überdeckung $\mathcal{V} \subset \mathcal{U}$ von $\underline{X}$. (4.3.4)

(11) Jede offene Überdeckung $\mathcal{U}$ von $\underline{X}$ enthält eine endliche Überdeckung $\mathcal{V} \subset \mathcal{U}$ von X. (4.3.4)

(12) Für jede Menge $\mathcal{A}$ von abgeschlossenen Teilmengen von $\underline{X}$ folgt aus $\cap\mathcal{A} = \emptyset$ die Existenz einer endlichen Menge $\mathcal{B} \subset \mathcal{A}$ mit $\cap\mathcal{B} = \emptyset$. (4.3.6)

(13) Jeder topologische Isomorphismus f: $\underline{X} \to \underline{Y}$ ist ein uniformer Isomorphismus. (4.2.21)

(14) Jeder zu $\underline{X}$ topologisch isomorphe Raum ist vollständig. (4.2.21)

(15) Jeder zu $\underline{X}$ topologisch isomorphe Raum ist totalbeschränkt. (4.2.21)

(16) Jeder zu $\underline{X}$ topologisch isomorphe Raum ist beschränkt. (4.2.21)

<u>Verhalten gegen Konstruktionen</u>:

(1) Jedes stetige Bild eines kompakten Raumes ist kompakt. (4.2.18)

(2) Ein Teilraum $\underline{A}$ eines kompakten Raumes $\underline{X}$ ist genau dann kompakt, wenn A abgeschlossen in $\underline{X}$ ist. (4.2.4)

<u>Eigenschaften</u>:

$\underline{X}$ kompakt ⇒
- (1) $\underline{X}$ total beschränkt. (4.2.2)
- (2) $\underline{X}$ vollständig. (4.2.2)
- (3) Jedes stetige f: $\underline{X} \to \underline{Y}$ ist gleichmäßig stetig. (4.2.15)

$\underline{X}$ kompakt ⇒

(4) Jeder topologische Isomorphismus $f: \underline{X} \to \underline{Y}$ ist ein uniformer Isomorphismus. (4.2.17)

(5) Die uniforme Struktur von $\underline{X}$ ist bereits durch die topologische Struktur von $\underline{X}$ bestimmt. Insbesondere gilt für $A,B \subset X$:
A,B benachbart $\Longleftrightarrow$ $\mathrm{cl}\, A \cap \mathrm{cl}\, B \neq \emptyset$; (4.2.12)
B gleichmäßige Umgebung von A
$\Longleftrightarrow$ B Umgebung von $\mathrm{cl}\, A$. (4.2.13)

(6) Card $X \leq \mathfrak{c}$. (4.3.5)

GLOSSAR ZU § 5

Zerlegungsmengen:

A uniforme Zerlegungsmenge von $\underline{X}$ $\Longleftrightarrow$ $\mathrm{dist}(A, X\setminus A) > 0$. (5.1.9)
A Zerlegungsmenge von $\underline{X}$ $\Longleftrightarrow$ A offen und abgeschlossen in $\underline{X}$. (5.1.11)

Zusammenhang:
Zusammenhang ist eine topologische Eigenschaft, uniformer Zusammenhang eine uniforme. (5.1.4)

In folgendem Schema sind die Aussagen in jeder Spalte äquivalent:

$\underline{X}$ zusammenhängend	$\underline{X}$ uniform zusammenhängend	
Jede stetige Abbildung von $\underline{X}$ in einen zweielementigen Raum ist konstant	jede gleichmäßig stetige Abbildung von $\underline{X}$ in einen zweielementigen Raum ist konstant	(5.1.1)
für jede stetige Abbildung $f: \underline{X} \to \underline{\mathbb{R}}$ ist $f[X]$ ein Intervall	für jede gleichmäßig stetige Abbildung $f: \underline{X} \to \underline{\mathbb{R}}$ ist $\mathrm{cl}\, f[X]$ ein Intervall	(5.1.17) (5.1.20)
$\emptyset$ und X sind die einzigen Zerlegungsmengen von $\underline{X}$	$\emptyset$ und X sind die einzigen uniformen Zerlegungsmengen von $\underline{X}$	(5.1.10)

X zusammenhängend	X uniform zusammenhängend	
jeder zu X topologisch isomorphe Raum ist uniform zusammenhängend	X ist verkettet, d.h. für jedes $\varepsilon > 0$ und je 2 Punkte x und y von X existiert eine Folge $(x_1,\dots,x_n)$ mit $x_1 = x$, $x_n = y$ und $d(x_1,x_{i+1}) < \varepsilon$ für $i = 1,\dots,n-1$	(5.1.31(4)) (5.1.14)
zu je zwei nicht-leeren Teilmengen A und B von X existiert ein $x \in X$ mit $\mathrm{dist}(x,A) = \mathrm{dist}(x,B)$		(5.1.31(5))

Verhalten gegen Konstruktionen:

(Gleichmäßig) stetige Bilder (uniform) zusammenhängender Räume sind (uniform) zusammenhängend. (5.1.3)
Dichte Teilräume uniform zusammenhängender Räume sind uniform zusammenhängend. (5.1.6)
Ist ein dichter Teilraum von X (uniform) zusammenhängend, so ist auch X (uniform) zusammenhängend. (5.1.5)

Kompakte, zusammenhängende Räume: Ein kompakter Raum ist genau dann zusammenhängend, wenn er uniform zusammenhängend ist. (5.1.27)

Schnittpunkte in zusammenhängenden Räumen: Ein Punkt x eines zusammenhängenden Raumes X heißt Schnittpunkt von x, wenn $X\setminus\{x\}$ nicht zusammenhängend ist. (5.1.23)

Zusammenhangskomponenten: Zu jedem Punkt x eines metrischen Raumes X gibt es unter allen x enthaltenden, (uniform) zusammenhängenden Teilräumen von X einen größten $K(x)$ ($K_u(x)$), genannt (uniforme) Zusammenhangskomponente von x in X. (5.1.29)

Totaler Unzusammenhang: Totaler Unzusammenhang ist eine topologische Eigenschaft, uniformer totaler Unzusammenhang eine uniforme Eigenschaft. (5.2.5)

In folgendem Schema sind die Aussagen in jeder Spalte äquivalent:

X total-unzusammenhängend	X uniform total-unzusammenhängend	
jeder zusammenhängende Teilraum von X enthält höchstens einen Punkt	jeder uniform zusammenhängende Teilraum von X enthält höchstens einen Punkt	(5.2.1)
jede stetige Abbildung von einem zusammenhängenden Raum nach X ist konstant	jede gleichmäßig stetige Abbildung von einem uniform zusammenhängenden Raum nach X ist konstant	(5.2.10)

Verhalten gegen Konstruktionen: Jeder Teilraum eines (uniform) total-unzusammenhängenden Raumes ist (uniform) total-unzusammenhängend. (5.2.4)

Kompakte, total-diskontinuierliche Räume: Ist X kompakt, so sind äquivalent:

(a) X ist total-unzusammenhängend.

(b) X ist uniform total-unzusammenhängend.

(c) Zu jeder Umgebung U eines Punktes $x \in X$ gibt es eine Zerlegungsmenge B von X mit $x \in B \subset U$.

(d) Zu jeder gleichmäßigen Umgebung U einer Teilmenge A von X gibt es eine uniforme Zerlegungsmenge B von X mit $A \subset B \subset U$. (5.2.12/5.2.13)

Cantorsches Diskontinuum $\mathbb{D}$: $\mathbb{D}$ ist durch folgende Eigenschaften (bis auf uniforme Isomorphie) charakterisiert:

(0) $\mathbb{D} \neq \emptyset$.

(1) $\mathbb{D}$ ist kompakt.

(2) $\mathbb{D}$ ist total-unzusammenhängend.

(3) $\mathbb{D}$ ist in sich dicht. (5.3.4)

Fortsetzbarkeitssätze für das Cantorsche Diskontinuum:

(1) Jede stetige Abbildung von einem abgeschlossenen Teilraum von $\mathbb{D}$ in einen nicht-leeren metrischen Raum hat eine stetige Fortsetzung auf $\mathbb{D}$. (5.3.13)

(2) Jede gleichmäßig stetige Abbildung von einem Teilraum von $\mathbb{D}$ in einen nicht-leeren, vollständigen metrischen Raum hat eine gleichmäßig stetige Fortsetzung auf $\mathbb{D}$. (5.3.14(4))

Mächtigkeit kompakter Räume: Jeder nicht-leere, in sich dichte, kompakte metrische Raum hat die Mächtigkeit $\mathfrak{c}$. (5.3.9)

Zerbrechlicher Kegel $\mathbb{K}$: $\mathbb{K}$ hat u.a. folgende Eigenschaften:
(0) Card $\mathbb{K} = \mathfrak{c}$.
(1) $\mathbb{K}$ ist zusammenhängend.
(2) Es existiert ein $x \in \mathbb{K}$, so daß $\mathbb{K} \setminus \{x\}$ total-unzusammenhängend ist. [5.4.2, 5.4.3, 5.4.4]

GLOSSAR ZU § 6

Konvergenz in Funktionenräumen:

Y Menge, $\underline{X}$ metrischer Raum, $f, f_n: Y \to \underline{X}$ Abbildungen.
(f_n) konvergiert einfach gegen f
$\iff \forall y \in Y \ (f_n(y)) \to f(y)$ in $\underline{X}$. (6.0.1)
(f_n) konvergiert gleichmäßig gegen f
$\iff \forall \varepsilon > 0 \quad \exists n \quad \forall m \geq n \quad \forall y \in Y \quad d(f_m(y), f(y)) < \varepsilon$. (6.0.2)

Metriken in Funktionenräumen: Sei diam $X \leq 1$.
(1) Die Metrik $d_{gl}(f,g) = \sup\{d(f(y),g(y)) \mid y \in Y\}$ beschreibt die gleichmäßige Konvergenz auf $Abb(Y,X)$. (6.0)
(2) $Y = \{1,\ldots,n\}$. Die Metrik $d_n((x_1,\ldots,x_n),(y_1,\ldots,y_n)) = \max\{d(x_1,y_1),\ldots,d(x_n,y_n)\}$ beschreibt die einfache Konvergenz auf X^n. $\underline{X^n} = (X^n, d_n)$. (6.1.6)
(3) $Y = \mathbb{N}$. Die Metrik $d_{\mathbb{N}}((x_n),(y_n)) = \sup\{\frac{1}{n} d(x_n,y_n) \mid n \in \mathbb{N}\}$ beschreibt die einfache Konvergenz auf $X^{\mathbb{N}}$. $\underline{X^{\mathbb{N}}} = (X^{\mathbb{N}}, d_{\mathbb{N}})$. (6.2.5)
(4) $Y = \mathbb{R}$. Es gibt keine Metrik, welche die einfache Konvergenz auf $Abb(\mathbb{R},\mathbb{R}) = \mathbb{R}^{\mathbb{R}}$ beschreibt. (6.6.1)

Eigenschaften von Funktionenräumen:

Für jede der folgenden Eigenschaften E metrischer Räume sind folgende Aussagen äquivalent:

(a) $\underline{X}$ hat die Eigenschaft E.

(b) Es gibt ein $n \in \mathbb{N}$, so daß $\underline{X}^n$ die Eigenschaft E hat.

(c) Für jedes $n \in \mathbb{N}$ hat $\underline{X}^n$ die Eigenschaft E.

(d) $\underline{X}^{\mathbb{N}}$ hat die Eigenschaft E:

Vollständigkeit	(6.1.8 /6.2.8)
Totale Beschränktheit	(6.1.9 /6.2.9)
Kompaktheit	(6.1.1o/6.2.1o)
Topologische Vollständigkeit	(6.1.11/6.2.11)
Separabilität	(6.1.12/6.2.12)
(Uniformer) Zusammenhang	(6.1.13/6.2.13)
(Uniformer) totaler Unzusammenhang	(6.1.14/6.2.14)

Eigenschaften von $\underline{Y} = \underline{X}^{\mathbb{N}}$:

(1) Für jedes $n \in \mathbb{N}$ sind $\underline{Y}$ und $\underline{Y}^n$ uniform isomorph. (6.2.16(2))

(2) $\underline{Y}$ und $\underline{Y}^{\mathbb{N}}$ sind uniform isomorph. (6.2.16(1))

(3) Gilt Card $X \geq 2$, so ist $\underline{Y}$ in sich dicht. (6.2.15)

Spezielle Räume:

$\underline{\{0,1\}^{\mathbb{N}}}$ ist zum Cantorschen Diskontinuum $\mathbb{D}$ uniform isomorph. (6.3.2)

$\underline{\mathbb{N}^{\mathbb{N}}}$ ist zu $\underline{\mathbb{P}}$ topologisch (jedoch nicht uniform) isomorph. (vgl. 6.2.14)) (6.5.3)

$\underline{\mathbb{H}} = \underline{[0,1]^{\mathbb{N}}}$ heißt Hilbert-Quader. (6.4.1)

Struktursätze:

(1) Äquivalent sind:
(a) $\underline{X}$ ist kompakt.
(b) $\underline{X}$ ist zu einem abgeschlossenen Teilraum von $\underline{\mathbb{H}}$ topologisch (bzw. uniform) isomorph.
(c) $\underline{X}$ ist (gleichmäßig) stetiges Bild von $\underline{\mathbb{D}}$ oder leer. (6.4.9)

(2) Äquivalent sind:
(a) $\underline{X}$ ist kompakt und total-unzusammenhängend.
(b) $\underline{X}$ ist zu einem abgeschlossenen Teilraum von $\underline{\mathbb{D}}$ topologisch (bzw. uniform) isomorph. (6.3.3)

(3) Äquivalent sind: (a) $\underline{X}$ ist total beschränkt.
(b) $\underline{X}$ ist Teilraum eines kompakten Raumes.
(c) $\underline{X}$ ist zu einem Teilraum von $\underline{\mathbb{H}}$ uniform isomorph. (6.4.1o)

(4) Äquivalent sind: (a) $\underline{X}$ ist separabel.
(b) $\underline{X}$ ist zu einem total beschränkten Raum topologisch isomorph.
(c) $\underline{X}$ ist zu einem Teilraum von $\underline{\mathbb{H}}$ topologisch isomorph. (6.4.8)

(5) Äquivalent sind: (a) $\underline{X}$ ist separabel und topologisch vollständig.
(b) $\underline{X}$ ist zu einem G_δ-Teilraum von $\underline{\mathbb{H}}$ topologisch isomorph. (6.4.11)

Fortsetzbarkeitssatz für stetige Abbildungen aus kompakten, total-unzusammenhängenden Räumen: Jede stetige Abbildung von einem abgeschlossenen Teilraum eines kompakten, total-unzusammenhängenden Raumes $\underline{X}$ in einen nicht-leeren metrischen Raum hat eine stetige Fortsetzung auf $\underline{X}$. (6.3.4)

GLOSSAR ZU § 7

Topologie-Axiome (7.1.1)

(T1) $\mathrm{cl}\,\emptyset = \emptyset$
(T2) $A \subset \mathrm{cl}\,A$
(T3) $\mathrm{cl}(A \cup B) = \mathrm{cl}\,A \cup \mathrm{cl}\,B$
(T4) $\mathrm{cl}(\mathrm{cl}\,A) = \mathrm{cl}\,A$

Symmetrie: $x \in \mathrm{cl}\{y\} \iff y \in \mathrm{cl}\{x\}$

$f\colon (X,\mathrm{cl}) \to (X',\mathrm{cl}')$ stetig $\iff \forall A \in X\colon f[\mathrm{cl}\,A] \subset \mathrm{cl}'f[A]$ (7.1.1)

Für jede Metrik d ist cl_d eine symmetrische Topologie auf X. Stetigkeit im metrischen Sinne bedeutet Stetigkeit im topologischen Sinne. Topologische Äquivalenz von Metriken bedeutet Gleichheit der induzierten Topologien. (7.1.2)

Nachbarschafts-Axiome

(N1) $A\,\delta\,B \Rightarrow B\,\delta\,A$
(N2) $A\,\delta\,B \Rightarrow A \neq \emptyset$

(N3) $A \cap B \neq \emptyset \Rightarrow A \,\delta\, B$

(N4) $A \,\delta\, (B \cup C) \Longleftrightarrow (A \,\delta\, B$ oder $A \,\delta\, C)$

(N5) $A \,\delta\, (cl_\delta B) \Rightarrow A \,\delta\, B$ mit $cl_\delta B = \{x \in X \mid \{x\} \,\delta\, B\}$ (7.2.1)

Regularität: B gleichmäßige Umgebung von A $\Rightarrow \exists$ C : B gleichmäßige Umgebung von C und C gleichmäßige Umgebung von A (7.2.6)

$f : (X,\delta) \to (X',\delta')$ gleichmäßig stetig
$\Longleftrightarrow \forall A,B \subset X: (A \,\delta\, B \Rightarrow f[A] \,\delta'\, f[B])$ (7.2.1)

Für jede Metrik d ist durch $A \,\delta(d)\, B \Longleftrightarrow dist_d(A,B) = 0$ eine reguläre Nachbarschaftsstruktur auf X definiert. Gleichmäßige Stetigkeit im metrischen Sinne bedeutet gleichmäßige Stetigkeit im Sinne der induzierten Nachbarschaftsstrukturen. Uniforme Äquivalenz von Metriken bedeutet Gleichheit der induzierten Nachbarschaftsstrukturen. (7.2.2/7.2.7)

Für jede Nachbarschaftsstruktur δ ist cl_δ eine symmetrische Topologie. Gleichmäßig stetige Abbildungen im Sinne der Nachbarschaftsstrukturen sind stetig im Sinne der induzierten Topologien. (7.3.1)

Für jede symmetrische Topologie cl ist durch $A \,\delta(d)\, B \Longleftrightarrow cl\, A \cap cl\, B \neq \emptyset$ eine Nachbarschaftsstruktur $\delta(cl)$ definiert. Stetige Abbildungen im Sinne der Topologien sind gleichmäßig stetig im Sinne der induzierten Nachbarschaftsstrukturen. (7.3.2/7.3.4(5)

<u>Induzierte Strukturen</u>:

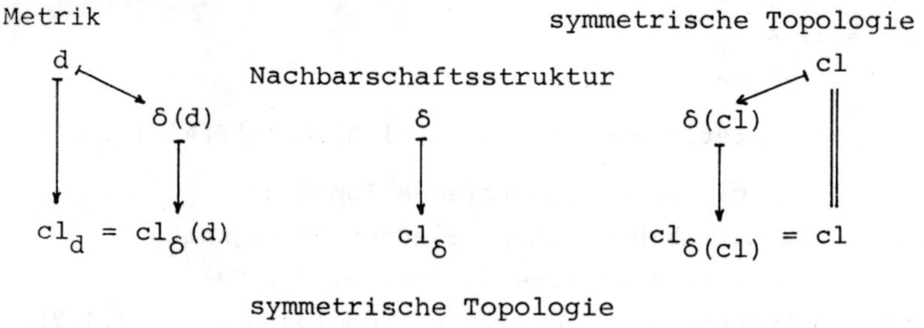

<u>Begriffsgefüge</u> (zum folgenden Diagramm)
Die ausgezogenen Pfeile, soweit sie sich nur auf die Nachbarschaftsstruktur bzw. die Topologie beziehen, gelten in allen Nachbarschafts- bzw. topologischen Räumen.

Sämtliche gestrichelten Pfeile gelten in allen metrischen Räumen, jedoch nicht in allen Nachbarschafts- bzw. topologischen Räumen.

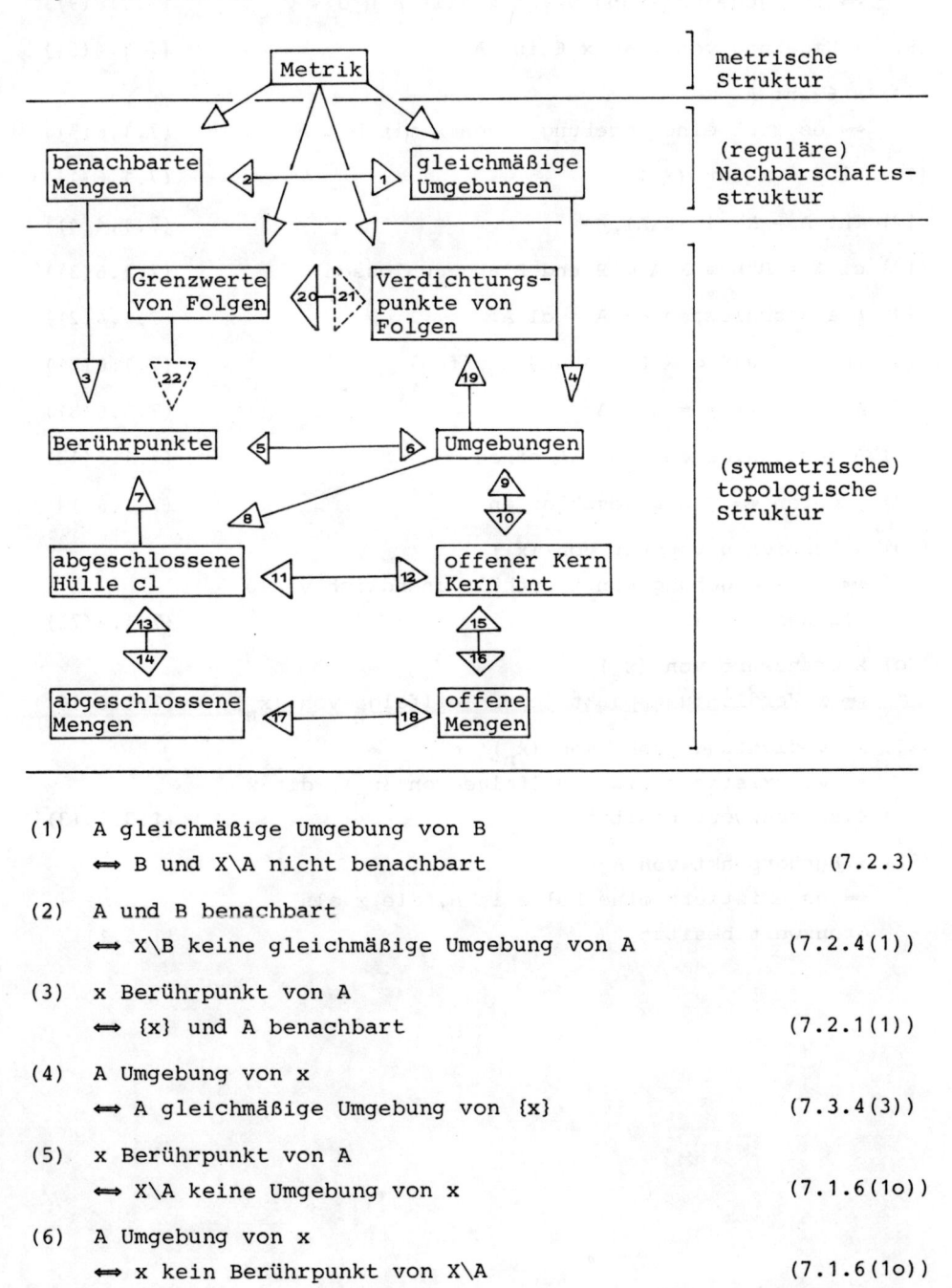

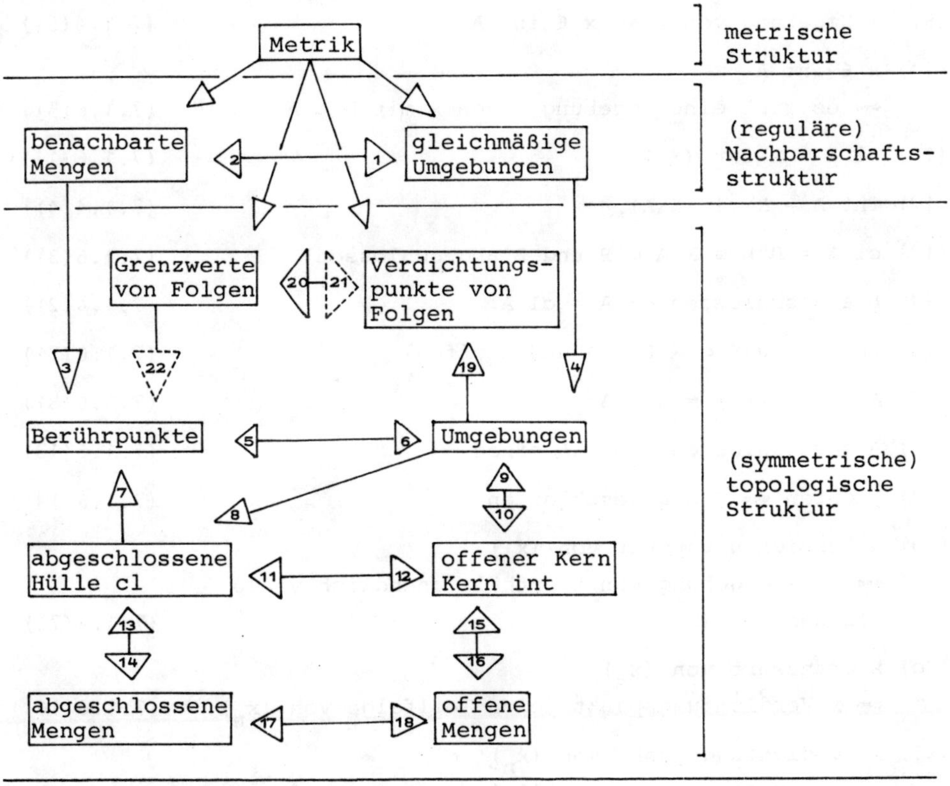

(1) A gleichmäßige Umgebung von B
$\Longleftrightarrow$ B und X\A nicht benachbart (7.2.3)

(2) A und B benachbart
$\Longleftrightarrow$ X\B keine gleichmäßige Umgebung von A (7.2.4(1))

(3) x Berührpunkt von A
$\Longleftrightarrow$ {x} und A benachbart (7.2.1(1))

(4) A Umgebung von x
$\Longleftrightarrow$ A gleichmäßige Umgebung von {x} (7.3.4(3))

(5) x Berührpunkt von A
$\Longleftrightarrow$ X\A keine Umgebung von x (7.1.6(1o))

(6) A Umgebung von x
$\Longleftrightarrow$ x kein Berührpunkt von X\A (7.1.6(1o))

(7) x Berührpunkt von A $\Longleftrightarrow$ $x \in \text{cl } A$ (7.1.4(1))

(8) $x \in \text{cl } A$
$\Longleftrightarrow$ für jede Umgebung U von x gilt $A \cap U \neq \emptyset$ (7.1.6(9))

(9) A Umgebung von x $\Longleftrightarrow$ $x \in \text{int } A$ (7.1.4(5))

(1o) $x \in \text{int } A$
$\Longleftrightarrow$ es gibt eine Umgebung U von x mit $U \subset A$ (7.1.6(5))

(11) $\text{cl } A = X \setminus \text{int } (X \setminus A)$ (7.1.6(11))

(12) $\text{int } A = X \setminus \text{cl } (X \setminus A)$ (7.1.4(4))

(13) $\text{cl } A = \bigcap \{B \subset X \mid A \subset B$ und B abgeschlossen$\}$ (7.1.6(3))

(14) A abgeschlossen $\Longleftrightarrow$ $A = \text{cl } A$ (7.1.4(2))

(15) $\text{int } A = \bigcup \{B \subset X \mid B \subset A$ und B offen$\}$ (7.1.6(7))

(16) A offen $\Longleftrightarrow$ $A = \text{int } A$ (7.1.6(8))

(17) A abgeschlossen $\Longleftrightarrow$ $X \setminus A$ offen (7.1.6(13))

(18) A offen $\Longleftrightarrow$ $X \setminus A$ abgeschlossen (7.1.6(14))

(19) x Verdichtungspunkt von (x_n)
$\Longleftrightarrow$ jede Umgebung von x enthält unendlich viele Glieder von (x_n) (7.1.4(7))

(2o) x Grenzwert von (x_n)
$\Longleftrightarrow$ x Verdichtungspunkt jeder Teilfolge von (x_n) (7.1.6(16))

(21) x Verdichtungspunkt von (x_n)
$\Longleftrightarrow$ es existiert eine Teilfolge von (x_n), die x als Grenzwert besitzt (1.3.2o(3))

(22) x Berührpunkt von A
$\Longleftrightarrow$ es existiert eine Folge in A, die x als Grenzwert besitzt (1.3.11)

SYMBOLLISTE

Grundbegriffe

$\underline{X} = (X,d)$	metrischer Raum	1.1.1
X	Trägermenge von $\underline{X}$	1.1.1
d	Metrik von $\underline{X}$	1.1.1
$d(x,y)$	Abstand der Punkte x und y	1.1.1
$\mathrm{dist}(x,A)$	Abstand zwischen dem Punkt x und der Menge A	1.2.1
$\mathrm{dist}(A,B)$	Abstand zwischen den Mengen A und B	1.2.1
$S(x,r)$	offene Kugel mit Zentrum x und Radius r	1.1.1o
$K(x,r)$	abgeschlossene Kugel mit Zentrum x und Radius r	1.2.32(6)
$\mathrm{diam}\, A$	Durchmesser von A	3.1.2

Spezielle Mengen

I	Menge der reellen Zahlen x mit $0 \le x \le 1$
$\mathbb{N}$	Menge aller natürlichen Zahlen $= \{1,2,3,\ldots\}$
$\mathbb{N}_n$	$= \{i \in \mathbb{N} \mid 1 \le i \le n\}$
$\mathbb{P}$	Menge aller irrationalen Zahlen
$\mathbb{Q}$	Menge aller rationalen Zahlen
$\mathbb{R}$	Menge aller reellen Zahlen
$\mathbb{R}^n$	Menge aller n-tupel reeller Zahlen
$[0,1]$	Menge aller reellen Zahlen x mit $0 \le x \le 1$
$[0,1[$	Menge aller reellen Zahlen x mit $0 \le x < 1$
$]0,1[$	Menge aller reellen Zahlen x mit $0 < x < 1$
$\mathbb{R}^+$	Menge aller reellen Zahlen x mit $0 \le x$

Spezielle metrische Räume

$\underline{\mathbb{R}^n}$	n-dimensionaler Euklidischer Raum $(n \ge 1)$	1.1.2(3)
$\underline{\mathbb{R}}$	1-dimensionaler Euklidischer Raum	1.1.2(3)
$\underline{X}$ für $(X \subset \mathbb{R})$	der durch X bestimmte Teilraum von $\underline{\mathbb{R}}$, Speziell: $\underline{\mathbb{N}}$, $\underline{\mathbb{P}}$, $\underline{\mathbb{Q}}$, $\underline{[0,1]}$, $\underline{\{0,1\}}$, etc.	1.1.9
l_2, l_1, l_∞	Hilbert-Raum ,-,-	1.1.12(2)
$\underline{\mathbb{D}}$	Cantorsches Diskontinuum	5.3.1
$\underline{\mathbb{K}}$	Zerbrechlicher Kegel	5.4.2

$\underline{\mathbb{H} = [0,1]^{\mathbb{N}}}$	Hilbert-Quader	6.4.1
$\underline{\{0,1\}^{\mathbb{N}}}$		6.3
$\underline{\mathbb{N}^{\mathbb{N}}}$		6.5

Spezielle Metriken

d_D	diskrete Metrik auf X	1.1.2(1)
d_E	Euklidische Metrik auf $\mathbb{R}^n$	1.1.2(3)
d_M	Maximum-Metrik auf $\mathbb{R}^n$	1.1.3
d_S	Summen-Metrik auf $\mathbb{R}^n$	1.1.3
d_n	Maximum-Metrik auf X^n	6.1.1
$d_{\mathbb{N}}$	Metrik auf $X^{\mathbb{N}}$	6.2.1

Spezielle Konstruktionen

$\underline{B(X)}$	der metrische Raum aller beschränkten Abbildungen f: X → $\mathbb{R}$ mit der Supremum-Metrik	1.1.4
Hyp $\underline{X}$	der Hyperraum von $\underline{X}$	3.1.14(9)
$\underline{Y}$ (für Y ⊂ X)	der durch Y bestimmte Teilraum des metrischen Raumes (X,d)	1.1.9
Bair(X)		1.2.32(8)
$\underline{C(\underline{X}, \underline{[0,1]})}$	der Raum aller stetigen Abbildungen von $\underline{X}$ nach [0,1]	3.1.11(5)
$\underline{U(\underline{X}, \underline{[0,1]})}$	der Raum aller gleichmäßig stetigen Abbildungen von $\underline{X}$ nach [0,1]	3.1.11(5)
$\underline{C^*(\underline{X})}$	der Raum aller beschränkten, stetigen Abbildungen von $\underline{X}$ nach $\underline{\mathbb{R}}$	3.1.11(5)
$\underline{U^*(\underline{X})}$	der Raum aller beschränkten, gleichmäßig stetigen Abbildungen von $\underline{X}$ nach $\underline{\mathbb{R}}$	3.1.11(5)
Compl $\underline{X}$	Vervollständigung von $\underline{X}$	3.6.6
$\underline{X}^n$		6.1.1
$\underline{X}^{\mathbb{N}}$		6.2.1
$\underline{X} \times \underline{Y}$	Produkt	6.1.2o

Operationen auf Teilmengen eines metrischen Raumes

cl A	abgeschlossene Hülle von A	1.2.9
fr A	Rand von A	1.2.32(4)
int A	offener Kern von A = Inneres von A	1.2.17

Konvergenz

$(x_n) \to x$	die Folge (x_n) konvergiert gegen x	1.3.1/7.1.4(6)

$(f_n) \xrightarrow{e} f$	die Folge (f_n) konvergiert einfach gegen f	6.0.1
$(f_n) \xrightarrow{gl} f$	die Folge (f_n) konvergiert gleichmäßig gegen f	6.0.2

Spezielle Abbildungen

inv: $\underline{\mathbb{R}\setminus\{0\}} \to \underline{\mathbb{R}}$	2.1.9
add: $\underline{\mathbb{R}^2} \to \underline{\mathbb{R}}$	2.1.9
mult: $\underline{\mathbb{R}^2} \to \underline{\mathbb{R}}$	2.1.9
p_i: $\underline{\mathbb{R}^n} \to \underline{\mathbb{R}}$ $(i=1,\ldots,n)$	2.1.11
$(f_1,\ldots,f_n)$: $\underline{X} \to \underline{\mathbb{R}^n}$	2.1.11

Oszillation

$\omega_f(B)$	Oszillation von f auf B	3.2.10(1)
$\omega_f(x)$	Oszillation von f in x	3.2.10(2)

Topologische Räume

cl	Topologie auf einer Menge	7.1.1(1.2.9)
cl_d	von einer Metrik induzierte Topologie	7.1.2(1)
int A	offener Kern von A	7.1.4(4) (1.2.22)

Nachbarschaftsräume und Proximitätsräume

δ	Nachbarschaftsstruktur	7.2.1
$\delta(d)$	von einer Metrik induzierte Nachbarschaftsstruktur	7.2.2

INDEX